Office 2007 实用技巧速查

主　编　杨奎河
副主编　马红霞 张雪梅
　　　　张　杨 赵玲玲

金盾出版社
JINDUN CHUBANSHE

内 容 提 要

本书介绍了 Office 2007 在实际应用与操作中的各种技巧和常见问题，全书共分 5 章，分别详细讲述了 Word 2007、Excel 2007、PowerPoint 2007 以及 Access 2007 中各类办公实用技巧和应用精粹，语言精练，实例丰富，内容实用。本书可用作广大办公软件使用者的快速查询之用，也可作为办公软件自学和教学的参考书。

图书在版编目(CIP)数据

Office 2007 实用技巧速查/杨奎河主编. —北京：金盾出版社，2009. 1
ISBN 978-7-5082-5376-3

Ⅰ. O… Ⅱ. 杨… Ⅲ. 办公室—自动化—应用软件，Office 2007 Ⅳ. TP317. 1-62

中国版本图书馆 CIP 数据核字(2008)第 141933 号

金盾出版社出版、总发行
北京太平路 5 号(地铁万寿路站往南)
邮政编码：100036 电话：68214039 83219215
传真：68276683 网址：www. jdcbs. cn
封面印刷：北京精美彩色印刷有限公司
正文印刷：北京蓝迪彩色印务有限公司
装订：北京蓝迪彩色印务有限公司
各地新华书店经销

开本：787×1092 1/16 印张：12 字数：300 千字
2009 年 1 月第 1 版第 1 次印刷
印数：1～7 000 册 定价：25. 00 元

前　言

微软公司发布 Office 2007 以来，越来越多的人在工作中了解并开始使用该软件。Office 2007 全新的界面设计更美观、操作更人性化，简化的工作区让常用工具更易使用。Office 2007 不仅功能更加强大，还增添了许多更实用的功能，取代 Office 2003 是大势所趋。本书对 Office 2007 的使用技巧和操作步骤进行了详细的讲解，并将一些常用的 Office 使用技巧用 Office 2007 逐一实现。全书 400 多个常见问题，基本覆盖了 Office 2007 使用过程中可能遇到的方方面面的问题。书中的每一个使用技巧都经过作者的精心挑选和实际验证，通过阅读本书，相信能使原来 Office 2003 的用户很快感受到使用 Office 2007 的乐趣，并成为 Office 2007 的使用高手。

本书由杨奎河任主编，马红霞、张雪梅、张杨、赵玲玲任副主编。赵松杰、王彦新、徐薇、赵博、纽时金为本书的编写做了很多基础性的工作。本书的作者均是多年从事计算机应用教学和科研的高等院校教师，有着丰富的教学和实践经验。在本书编写的过程中充分考虑到读者的实际需要和接受能力，语言精练，实例丰富，内容实用。

由于计算机技术发展迅速，加之时间仓促，书中难免会有疏漏和不足之处，敬请广大读者批评指正。

编　者

目　录

第 1 章

Office 2007 通用使用技巧

1.1 工作环境的设置

1. 修改文档打开和保存的默认路径

Office 的默认工作路径是“我的文档”，如果没有特别指定，文档都是保存在“我的文档”文件夹中。但这个文件夹位于 C 盘，当操作系统出现故障时，文件夹中的文件很容易丢失。如果将文件存于其他位置，每次打开文件或保存文件时都需要重新指定文件位置，很不方便。下面介绍如何修改 Office 的默认工作路径。

以 Word 为例，首先启动 Word，然后单击窗口左上方的【Office】按钮，打开如图1-1所示的下拉列表。单击右下方的【Word 选项】按钮，【Word 选项】对话框弹出，单击左侧的【保存】，出现如图 1-2 所示的界面，然后在右侧的【保存文档】栏中将【默认文件位置】项设置为用户文档的保存位置，单击【确定】按钮关闭对话框。例如，在【默认文件位置】项中输入

图 1-1 【Office】按钮的下拉列表

路径“D:\我的文档”，或单击【默认文件位置】对应的【浏览】按钮，打开【修改位置】对话框，选择或新建文件路径“D:\我的文档”。以后在 Word 中保存文档时，系统的默认路径就为“D:\我的文档”。其他组件的操作方法与上述方法类似。

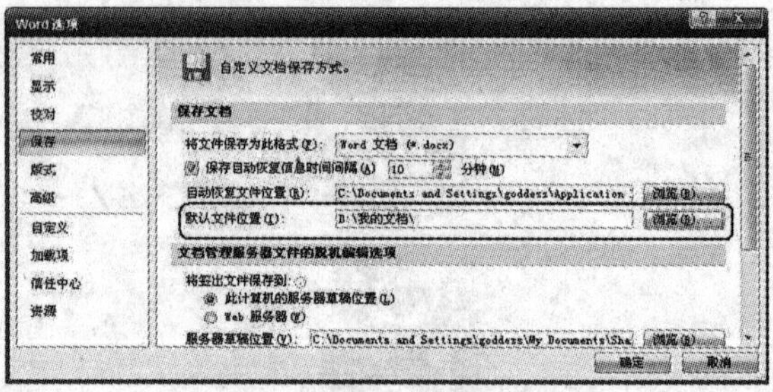

图 1-2 【Word 选项】对话框

2. 修改最近使用的文档列表中的文档数

【最近使用的文档】列表中所列的文档数量太多或太少会给用户的使用带来不便，这时用户可以使用以下方法修改“最近使用的文档”列表中的演示文稿的数量。

以 Word 为例，首先启动 Word，依次单击【Office】按钮→【Word 选项】按钮，打开【Word 选项】对话框，如图 1-3 所示。单击左侧的【高级】，然后在右侧的【显示】栏中将【显示此数目的“最近使用的文档”】项后面的数字设置为适当的大小，单击【确定】按钮关闭对话框。Office 最多支持显示 50 个最近使用的文档。其他组件的操作方法与上述方法类似。

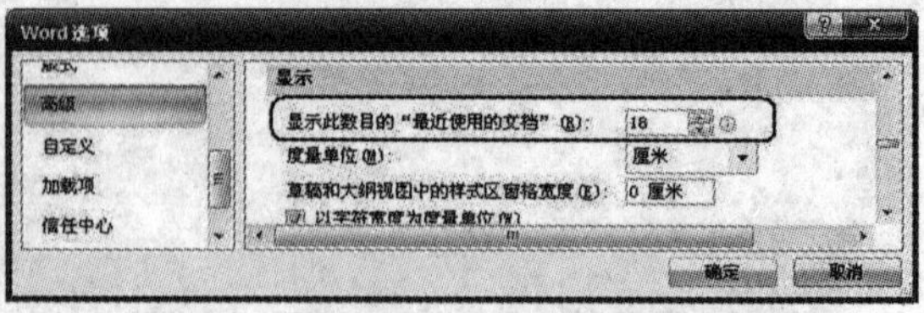

图 1-3 【Word 选项】对话框高级界面

3. 显示或隐藏标尺和网格线

编辑窗口中的标尺和网格线对于排版是非常有用的工具，有时需要将其显示出来，但有时用户希望将其隐藏以使界面更加简洁。下面介绍切换显示或隐藏标尺和网格线的方法。

以 Word 为例，单击窗口上部功能区中的

【视图】选项卡，可以看到【显示/隐藏】选项组，如图1-4所示。单击该选项组中的【标尺】复选框，当其被选中时，编辑窗口中显示标尺。单击该选项组中的【网格线】复选框，当其被选中时，编辑窗口中显示网格线。其他组件的操作方法与上述方法类似。

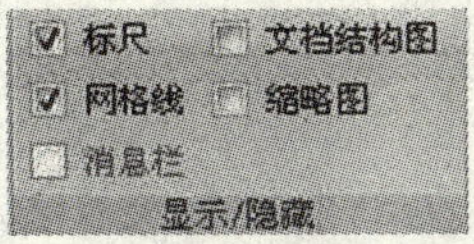

图 1-4　Word 窗口的【显示/隐藏】选项组

4. 显示及使用快捷键

Office 2007 使用户在双手不离开键盘的情况下，也能快速完成各项工作。它采用了多重快捷键方式，首先通过“Alt”键打开第 1 层快捷键，即在按下“Alt”键后快速访问工具栏和选项卡上都出现了相应的快捷键提示，如图 1-5 所示，然后按下相应的快捷键即可执行相应命令或进入第 2 层快捷键菜单。

例如，按下“Alt+H”组合键，激活【开始】选项卡，该选项上的按钮上也会显示相应的快捷键提示，如图 1-6 所示，按下快捷键就可以执行相应命令。

5. 自定义快速访问工具栏

默认情况下“快速访问工具栏”位于窗口的顶部，该工具栏提供了常用的保存、撤消和重复三个基本按钮给用户使用，如图 1-7 所示。可以根据需要在快速访问工具栏中添加或删除其他快速工具按钮。

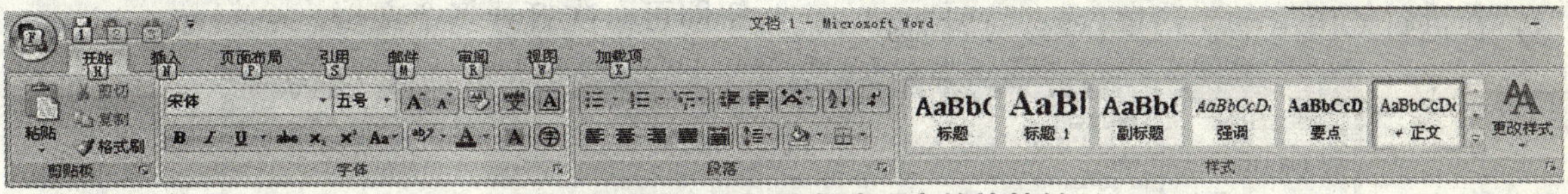

图 1-5　菜单、按钮及各选项卡的快捷键

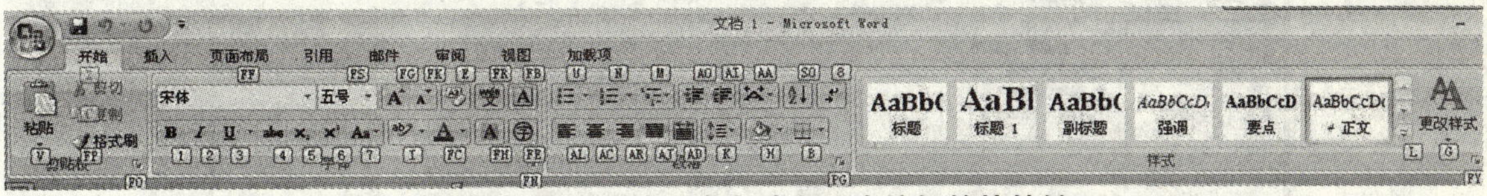

图 1-6　【开始】选项卡各选项组中按钮的快捷键

图 1-7　快速访问工具栏

以 Word 为例，单击快速工具栏旁边的小三角按钮，弹出【自定义快速访问工具栏】菜单，选择【其他命令】选项，如图 1-8 所示。弹出的【Word 选项】对话框，如图 1-9 所示。例如想添加【打开】，首先在左边的列表框中选中【打开】，然后单击【添加】按钮即可，【打开】按钮就会出现在快速访问工具栏上。其他按钮的添加与此操作类同。

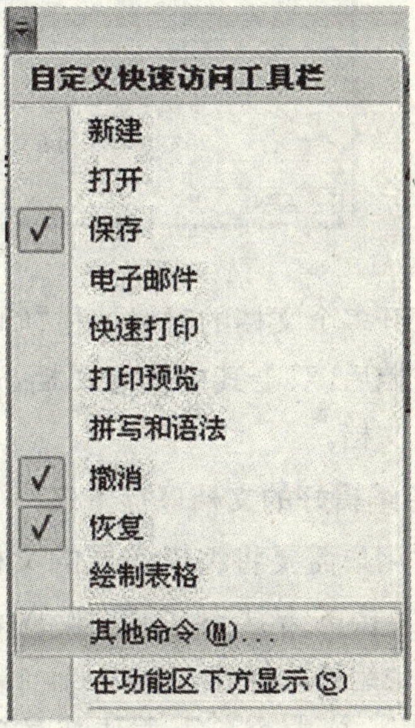

图 1-8　【自定义快速访问工具栏】菜单

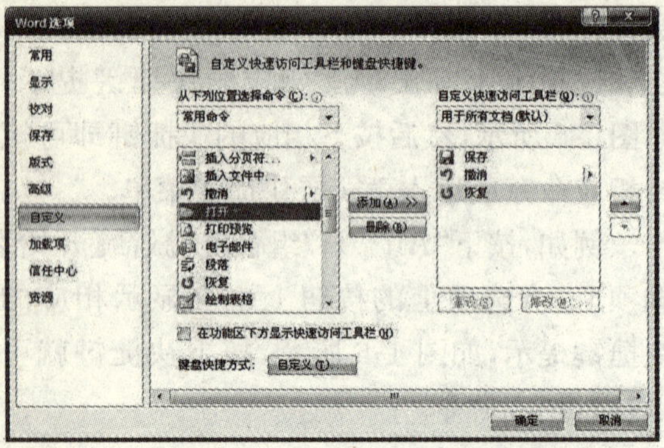

图 1-9 【Word 选项】对话框【自定义】界面

1.2 打开和保存文档

6. 一次打开多个文档

在进行 Office 的文档操作时，有时需要一次打开多个文档，这时可以采用下面的操作方法。

依次单击【Office】按钮→【打开】按钮，弹出【打开】对话框，如图 1-10 所示，在【查找范围】下拉列表中选择包含所需文档的驱动器、文件夹或 FTP 地址。在文件夹列表框中双击各层文件夹，直到打开包含所需要文档的文件夹。

如果需要在单个文件夹中选择多个不相邻的文件，可以单击其中一个文件名，然后按住“Ctrl”键，同时单击其余的文件名，如果选择多个相邻的文件，应先单击序列中的第一个文件名，然后按住“Shift”键，同时单击最后的文件名即可。选择完毕后，单击【打开】按钮即可一次打开多个文档。

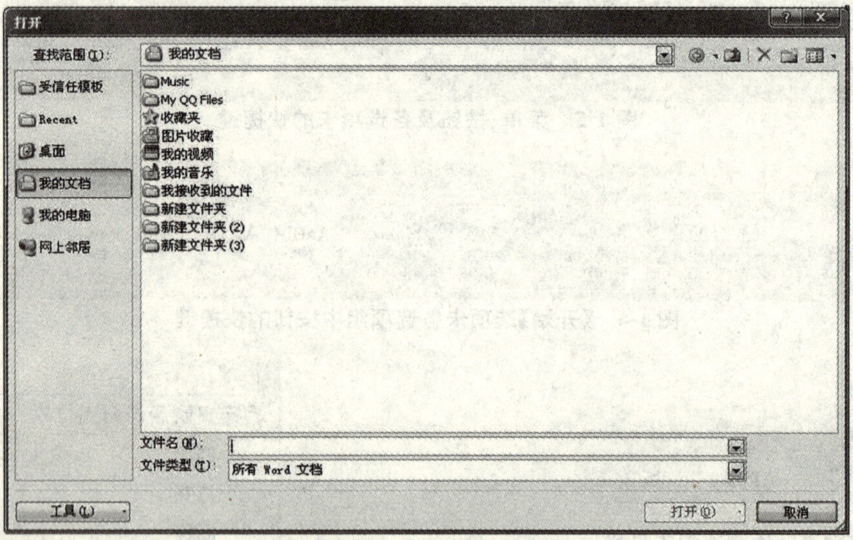

图 1-10 【打开】对话框

在打开多个文档的时候按住“Ctrl”键，选择多个文档后，双击其中任意文档，也可同时打开多个文档。

7. 将编辑好的文档保存下来

有时用户需要将编辑完成的文档保存起来，保存文档的方法有多种，以 Word 为例，Office 其他组件的操作与其类似。

方法一：单击窗口上方快速访问工具栏的【保存】按钮。

方法二：按下“Ctrl+S”快捷键。

方法三：依次单击【Office】按钮→【保存】按钮。

如果用户想要更改文档存储的路径或更改保存的文件名，可以如下操作：依次单击【Office】按钮→【另存为】按钮，打开【另存为】对话框，如图1-11所示，用户在此设置文档的保存位置和名称，然后单击【保存】按钮即可。

如果用户需要将文档另存为其他格式、

其他名称或者位置，只需要单击【Office】按钮，将鼠标移动至【另存为】菜单项右侧的三角按钮上，此时会弹出一个【保存文档副本】列表，如图 1-12 所示。用户可以在此选择一种保存格式，如“Word 文档”。打开【另存为】对话框，如图 1-11 所示，用户在此设置文档的保存位置和名称，然后单击【保存】按钮即可。

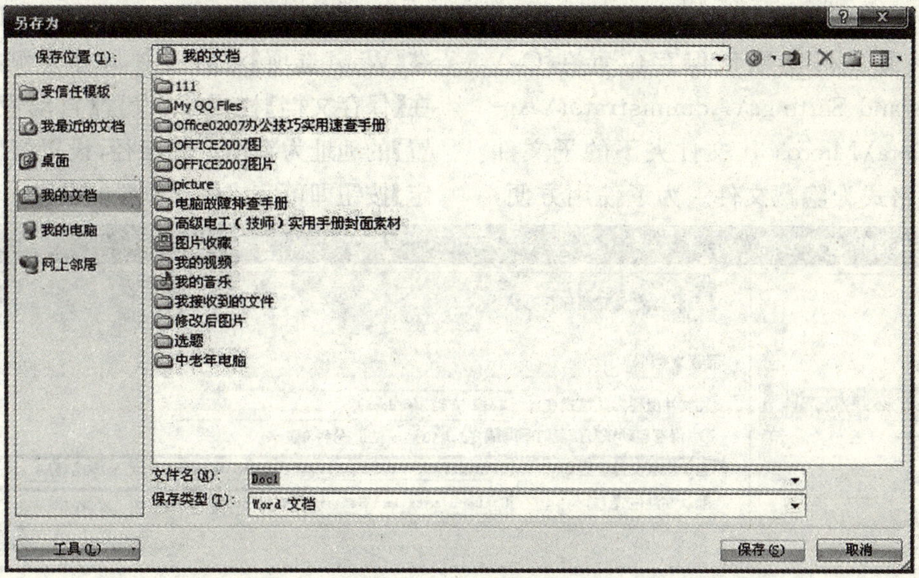

图 1-11 【另存为】对话框

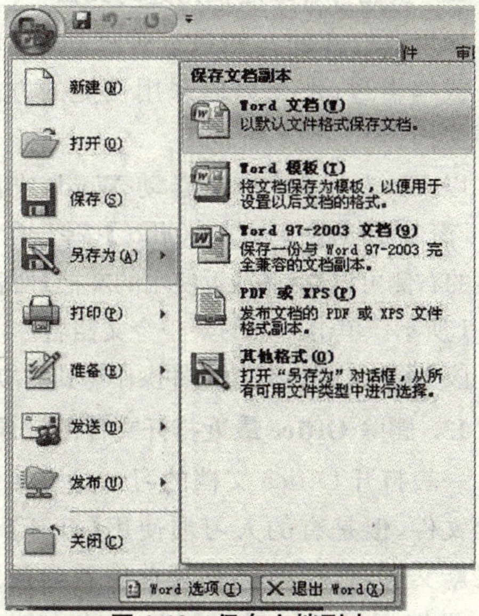

图 1-12 保存文档副本

8. 设置文档的自动保存时间

在工作中难免会遇到死机、停电等意想不到的情况，如果没有及时地保存刚刚编辑过的文档，那么之前所做的工作就白费了。Office 为用户提供了定时自动保存的功能，具体操作如下：

以 Word 为例，依次单击【Office】按钮→【Word 选项】按钮，弹出【Word 选项】对话框，如图 1-13 所示。

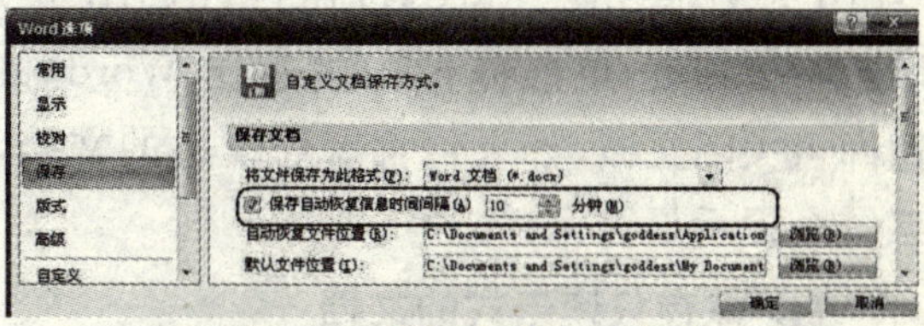

图 1-13 设置文档定时保存

在【Word 选项】对话框中单击左侧的【保存】，在右侧的【保存文档】选项区勾选【保存自动恢复信息时间间隔】复选框，然后单击右边数字框的微调按钮，设置保存时间间隔，最后单击【确定】按钮即可。Office 其他组件的操作与 Word 类似。

9. 设置自动恢复文件的保存位置

为了解决因电脑故障而导致工作内容丢失的问题，Office 设置了自动恢复功能，该功能可以每隔一段时间自动保存当前的工作内容，当遇到意外情况导致原工作内容丢失时，Office 会自动检查意外情况的状况，并调用自动保存的文件，将文档恢复到意外发生前的状态。

自动恢复文件的默认保存位置在 C:\Documents and Settings\Administrator\Application Data\Microsoft 文件夹下的子文件夹中，文件格式为隐藏文件。为了使用方便，可以将自动保存的文件换到别的文件夹下。以下以 Word 为例介绍设置的方法。

先单击窗口左上方的【Office】按钮，打开下拉列表，然后单击列表右下方的【Word 选项】按钮，打开【Word 选项】对话框，如图 1-14 所示。在【Word 选项】对话框中，单击左侧的【保存】，在【保存文档】栏目下，设置【自动恢复文件位置】的地址为新指定的路径，设置好后单击【确定】按钮即可完成保存位置的设置。

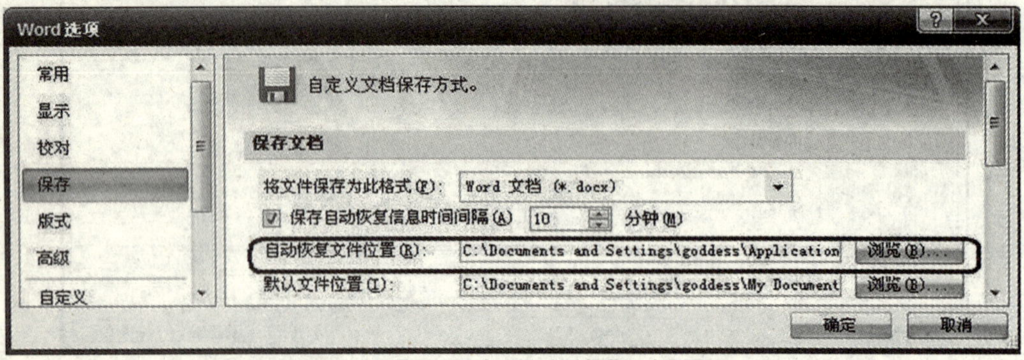

图 1-14 【Word 选项】对话框【保存】界面

10. 一次性关闭所有文档

通常关闭多个文档的时候是逐一在每个窗口上单击【关闭】按钮来完成的，如果想快速一次性关闭所有的文档，采用如下方法：以 Word 为例，单击【Office】按钮打开如图 1-1 所示下拉列表，单击右下角的【退出 Word】按钮即可关闭文档，如果包含有修改过的文档，系统会提示是否保存。

11. 保存只读形式的文档

由于不能将修改结果保存到只读文档中，因此当保存文档时提示文档是只读形式时，必须要以一个新文件名来保存文档。由于两个相同文件名的文档文件是不能放在同一个文件夹下的，所以要为文档另外命名保存，方法如下：

依次单击【Office】按钮→【另存为】按钮，在弹出的【另存为】对话框中输入新的文件名，如图 1-11 所示，最后单击【保存】按钮即可。

12. 快速打开最近使用过的文档

如果要打开的文档最近曾经利用 Office 打开或编辑过，那么可以采用快捷的方式打开该文档。

以 Word 为例，首先启动 Word，或激活 Word 窗口，单击左上方的【Office】按钮，在下拉列表的右侧可以看到【最近使用的文档】列表，如图 1-1 所示。单击其中的某一个文档名称，就会打开该文档。Office 其他组件操作与其类似。

13. 删除 Office 最近打开文件的记录

一般打开 Office 文档的习惯是直接双击文档文件，但是有的人习惯使用【打开】命令打开新文件，这样就会在菜单中看到最近打开的文档记录。如果想删除这些文档的记录，可以用下面的方法操作。

以 Word 为例，依次单击【Office】按钮→【Word 选项】，弹出【Word 选项】对话框，在该对话框中单击左侧的【高级】，然后在右侧的列表中找到【显示】栏的选项区，将【显示此数目的"最近使用的文档"】后面数字框中的个数改为 0，如图1-15所示，单击【确定】按钮即可。Office 其他组件操作与其类似。

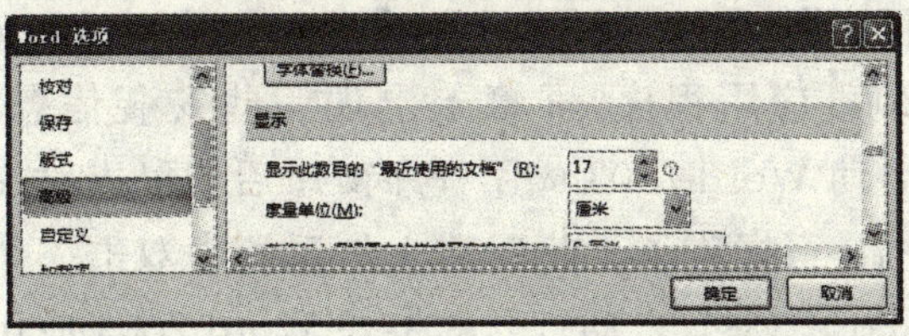

图 1-15　【Word 选项】对话框中【显示】界面

1.3　与 Office 旧版本的兼容

14. Office 2007 文档的扩展名和早期版本扩展名的区别

Word 2003 只有两种文件类型：文档和模板，文档的扩展名为 .doc，模板的扩展名为 .dot。

Word 2007 的文档有 4 种文件类型，其扩展名也就相应有以下 4 种：

.docx：不含宏或代码的标准 Word 文档
.dotx：Word 模板文件
.docm：可以包含宏或代码的 Word 文档
.dotm：可以包含宏或者代码的 Word 模板

PowerPoint 2007 文件格式有以下几种：

.pptx：PowerPoint 演示文稿
.pptm：启用宏的 PowerPoint 演示文稿
.ppsx：PowerPoint 放映
.ppsm：启用宏的 PowerPoint 放映文件
.potx：PowerPoint 模板文件
.potm：启用宏的 PowerPoint 模板文件
.ppam：PowerPoint 加载项

Excel 2007 文件格式有以下几种：

.xlsx：Excel 工作簿文件
.xlsm：启用宏的 Excel 工作簿文件
.xltx：Excel 模板文件
.xltm：启用宏的 Excel 模板文件
.xlsb：Excel 二进制工作簿文件
.xlam：Excel 加载项

此外，Office 2007 还可以将文档保存为 Office 97—2003 文档或者模板。

15. 用低版本的 Office 打开或编辑 Office 2007 的文档

用 PowerPoint 2007 编辑文档，缺省的文档保存格式在低版本的 Office 中均无法识别。利用微软官方的 Microsoft Office Word、Excel 和 PowerPoint 2007 文件格式兼容包可以让低版本的 Office 打开 Office 2007 文档。

首先到微软的官方网站（http://www.microsoft.com/china/downloads）下载所需文件。该兼容包可以用于 Office 2000、Office XP 和 Office 2003。下载完成后运行兼容包的安装程序，根据提示完成安装并重新启动操作系统。

安装该兼容补丁后，Office 2000、Office XP 和 Office 2003 就可以识别出 .docx、.docm 等格式的 Word 2007 文档，.pptx、.pptm、.potx、.potm、.ppsx、.ppsm 等格式的 PowerPoint 2007 文档，.xlsb、.xlsx、.xlsm、.xltx、.xltm 等格式的 Excel 2007 文档。可以对上述格式的文档进行打开、保存或新建等编辑操作。

16. 安装 Office 2007 时同时保留低版本的 Office

用 PowerPoint 2007 编辑文档，保存的文档格式经常与低版本的 Office 无法兼容，有时为了使用方便，需要在一台电脑中同时安装 Office 2007 和低版本的 Office。

以 Word 为例，在运行安装文件的过程中，会弹出如图 1-16 所示的【Microsoft Office Word 2007】对话框。单击其中的【自定义】按钮，则会打开如图 1-17 所示的【Microsoft Office Word 2007】对话框中的【升级】选项卡。

在对话框的【升级】选项卡中选择【保留所有早期版本】单选项，单击【立即安装】按钮，完成安装过程。这样就可以在一台电脑中同时安装 Office 2007 和低版本的 Office。

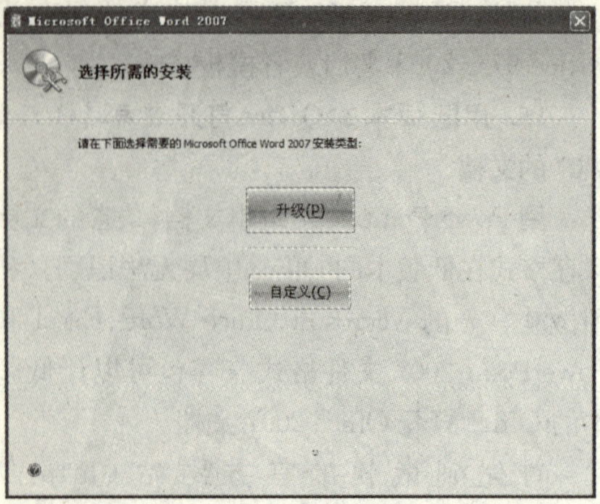

图 1-16 【Microsoft Office Word 2007】对话框

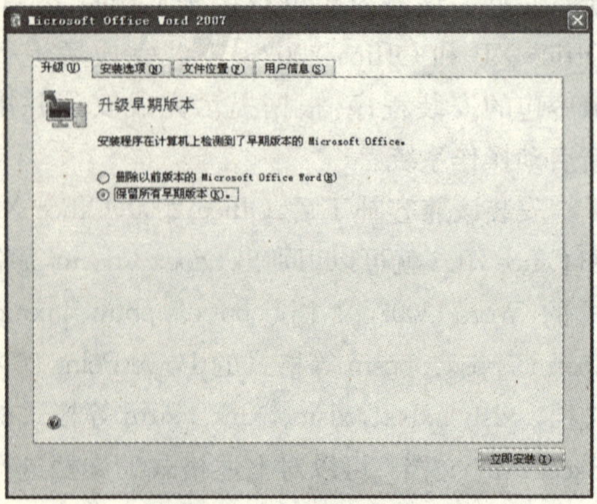

图 1-17 【Microsoft Office Word 2007】对话框中的【升级】选项卡

假设旧版本是 Office 2003。Office 2007 安装完成后，在文件系统中双击一个 Word 文档，自动打开的是 Word 2007 应用程序，如果想使用旧版本的 Office 打开文档，方法如下：在 Windows 桌面上依次单击【开始】→【所有程序】→【Microsoft Word 2003】，启动 Word 2003 应用程序，屏幕上出现一些安装信息。启动 Word 2003 应用程序窗口后就可以对文档进行操作了。此后在文件系统中双击一个 Word 文档，自动打开的将是 Word 2003 应用程序，如果想使用 Office 2007 打开文档，则依前述方法在 Windows 桌面上依次单击【开始】→【所有程序】→【Microsoft Word 2007】，启动 Word 2007 应用程序即可。

17. 在 Office 2007 中将文档保存为低版本 Office 兼容格式

用 Office 2007 编辑文档，保存的文档格式经常与低版本的 Office 无法兼容，有时为了使用方便，需要将 Office 2007 文档保存为低版本的 Office 文档格式。

以 Word 为例，单击【Office】按钮，将鼠标移动至【另存为】菜单项右侧的三角按钮上，此时会弹出一个【保存文档副本】对话框，如图 1-12所示。在此选择【Word 97—2003 文档】格式，打开【另存为】对话框，在该对话框中设置文档的保存位置和名称，然后单击【保存】按钮即可。Office 其他组件操作与其类似。

第 2 章

Word 2007 使用技巧

2.1 创建和编辑文档

1. 新建空白文档、博客文章和书法字帖

单击【开始】菜单，在【所有程序】中选择【Microsoft Office】，单击【Microsoft Office Word 2007】，打开 Word 2007 程序，此时自动生成一个空白文档。

如果用户已经打开 Word 2007，那么依次单击【Office】按钮→【新建】命令，打开【新建文档】对话框，如图 2-1 所示，单击左侧【模板】栏中的【空白文档和最近使用的文档】，然后在右侧选择【空白文档】，最后单击【创建】按钮即可。

随着博客的广泛流行，人们对于网络博客也不再陌生，但是在整理和编辑博客的时候，由于博客网页本身功能的限制，往往不能做出满意的页面，Word 2007 提供了直接制作博客文章的模板，用户可以通过模板快速编辑出满意的博客文章。

依次单击【Office】按钮→【新建】命令，选择【新建博客文章】选项，单击【创建】按钮，如图 2-2所示，这时系统弹出【是否注册博客】的提示，只要单击【以后注册】按钮，就可以开始编辑博客文章了。

注意：单击【立即注册】按钮后，会有相应的注册选项供用户操作，这里可能无法正常注册，建议用户直接到博客网站注册。

Word 2007 还为用户提供了【书法字帖】模板。

依次单击 Word 2007 中的【Office】按钮→【新建】命令，在【新建文档】对话框中选择【书法字帖】模板，如图 2-3 所示。

单击对话框中右下角的【创建】按钮，进入【增减字符】对话框，如图 2-4 所示。默认的书法字体是“汉仪赵楷繁”，如果需要其他字体的话，可以从【书法字体】的下拉列表框中进行选择。

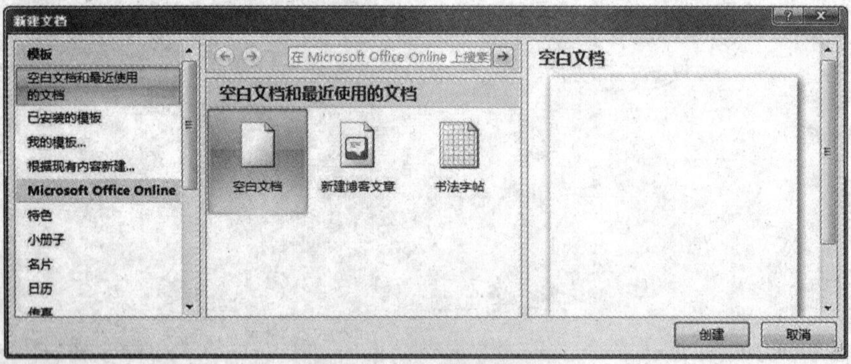

图 2-1 新建空白文档

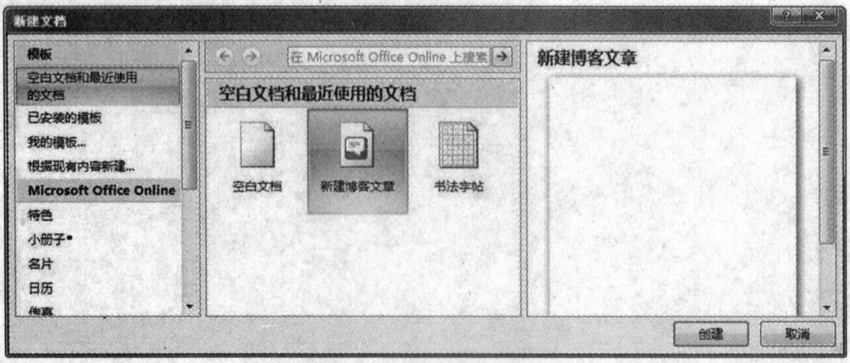

图 2-2 新建博客文章

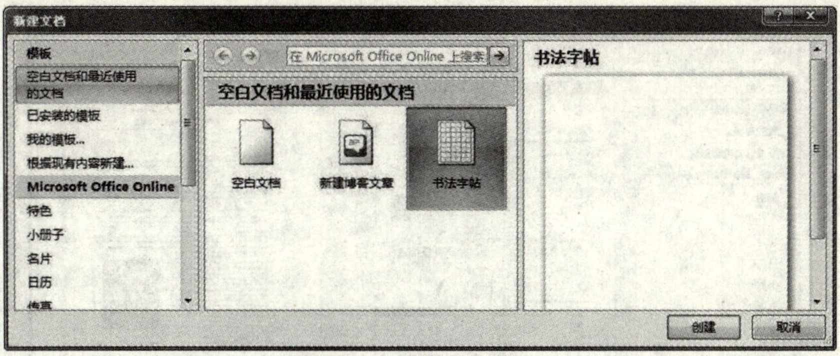

图 2-3　新建书法字帖

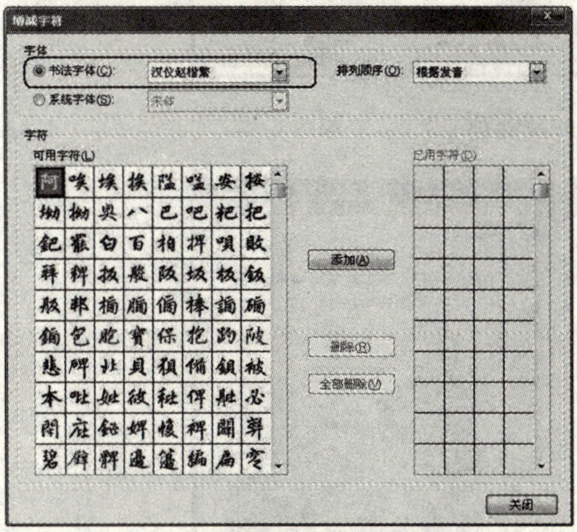

图 2-4　【增减字符】对话框

在【可用字符】下选择相应的字符，然后单击【添加】按钮将其添加到右侧的【已用字符】列表中，也可以直接双击将字符添加到【已用字符】中，还可按下“Shift”键或“Ctrl”键选择多个连续或不连续的字符，然后单击【添加】按钮，一次性将所有选中的字符添加到【已用字符】列表中。

单击【增减字符】对话框中的【关闭】按钮，所有选择的字符就出现在田字格中心，而且是空心字体。只要将制作好的书法字帖打印出来，就可以照着空心汉字的框架练习书法了。

2. 使用模板新建文档

依次单击【Office】按钮→【新建】命令，打开【新建文档】对话框，单击左侧【模板】栏中的【已安装的模板】，然后在【已安装的模板】下拉列表中选中一个合适的模板，在对话框右侧即显示该模板的效果图，如图 2-5 所示。单击【创建】按钮，就利用选中的模板新建了一个文档。

3. 利用 Microsoft Office Online 模板新建文档

Microsoft Office Online 提供了很多模板，可以利用这些模板快速新建一个文档。

依次单击【Office】按钮→【新建】命令，打开【新建文档】对话框，单击左侧【Microsoft Office Online】栏中的一项，如图 2-6 所示。例如单击【证书、奖状】，在【证书、奖项】列表中选中一个合适的模板，在右侧会显示该模板的效果图。

Microsoft Office Online 模板只提供给正版用户使用。当选择合适的模板后，单击【下载】按钮，弹出如图 2-7 所示的【Microsoft Office 正版增值】对话框，单击【继续】按钮，验证通过后就可以利用这个模板新建一个文档。

4. 自动生成文档封面

Word 2007 提供了很多可以满足不同风格的封面模板，熟悉并善于使用这些模板将使文档封面更加专业、精美。在【插入】选项卡的【页】组中单击【封面】按钮，如图 2-8 所示，打开内置的封面模板列表，从中选择适合的文档封面，如图 2-9 所示。

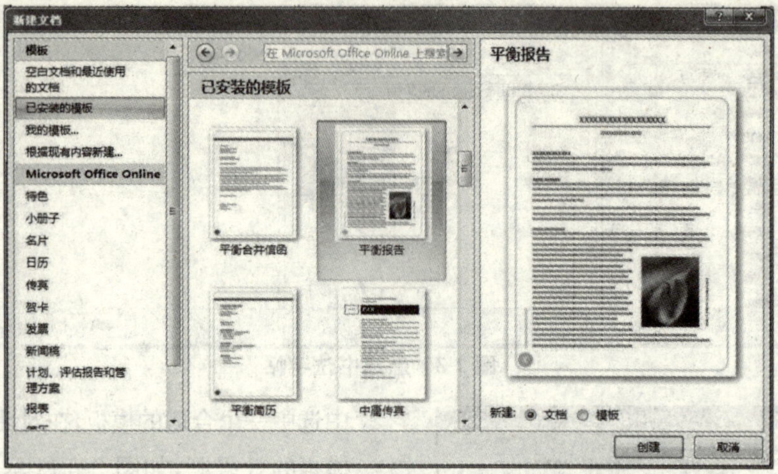

图 2-5 使用模板新建文档

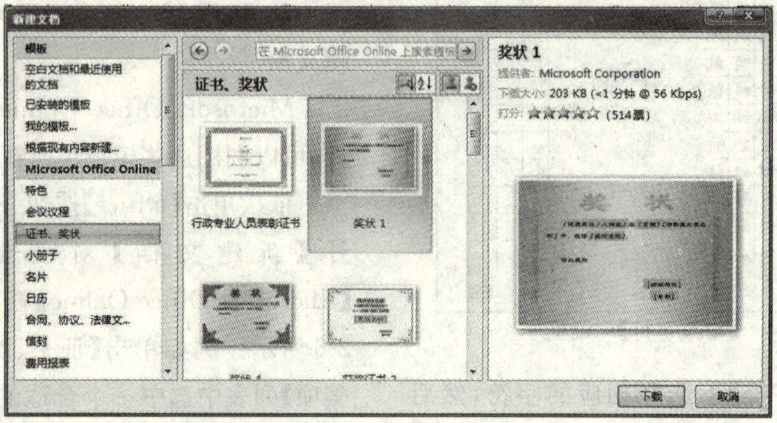

图 2-6 【Microsoft Office Online】模板

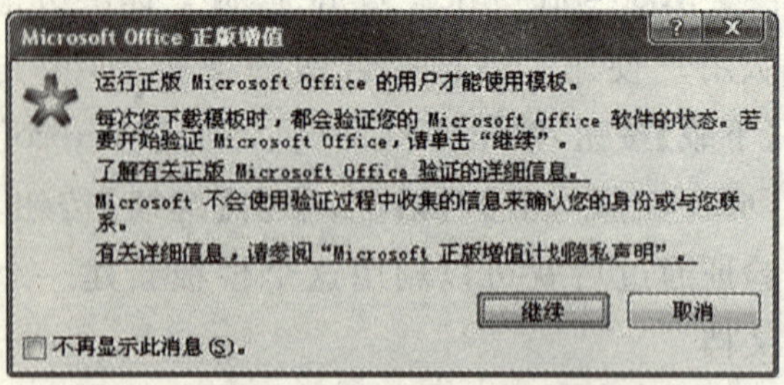

图 2-7 【Microsoft Office 正版增值】对话框

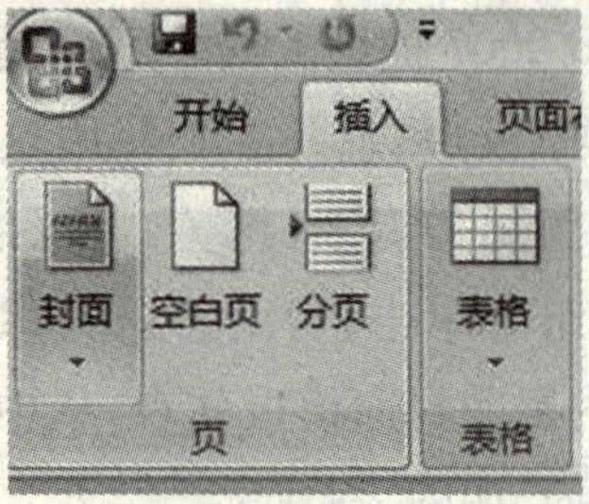

图 2-8 【封面】按钮

模板根据不同的风格，分别有不同的内容项可以直接填写。新插入的封面模板是以组合对象的形式呈现的，需要用户根据具体要求进行修改，单击不同部位就可以实现对象的删除、位置变换等操作。

5. 对 Word 2007 文档加密

通常有很多文档是不公开的，对于这些重要文档，用户可以对其加密保护，方法如下：

打开需要加密的文档，依次单击【Office】按钮→【另存为】，打开【另存为】对话框，如图 2-10 所示。单击【另存为】对话框左下角的【工具】按钮，弹出快捷菜单，如

图 2-11 所示。

图 2-9 封面模板

选择【常规选项】命令，打开【常规选项】对话框，如图 2-12 所示。根据实际需要在该对话框中的【打开文件时的密码】文本框和【修改文件时的密码】文本框中分别输入密码，最后单击【确定】按钮即可对文件设置密码保护。

6. 将多个文档合并为一个文档

Word 2007 可以帮助用户将多个 Word 文档合并为一个文档。例如，在写作一本书时，每一章都是一个单独的 Word 文档，可以将其合并为一个文档，以便一次性创建整本书的目录。具体操作步骤如下：

首先新建一个文档，使其页面设置等参数与要合并的多个文档一致。然后单击功能区中的【插入】选项卡，在【文本】组中单击【对象】按钮右侧箭头，在弹出菜单中单击【文件中的文字】命令，如图 2-13 所示，弹出【插入文件】对话框。

在【插入文件】对话框中选中要合并的多个文档，如图 2-14 所示，单击【插入】按钮即可。

如果要以链接形式插入文档，则在【插入文件】对话框中单击【插入】按钮右侧的箭头，弹出如图 2-15 所示的快捷菜单，选择【插入为链接】命令，这样所选的文档就插入到新的文档中了。

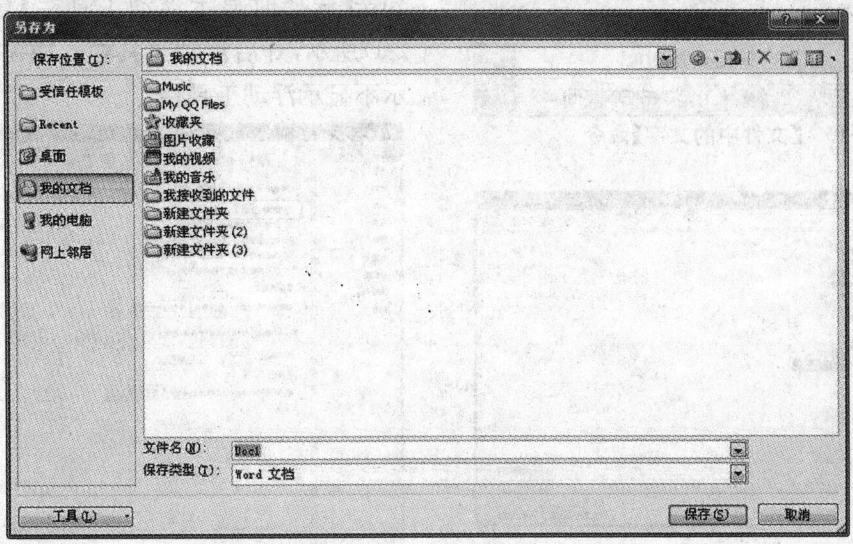

图 2-10 【另存为】对话框

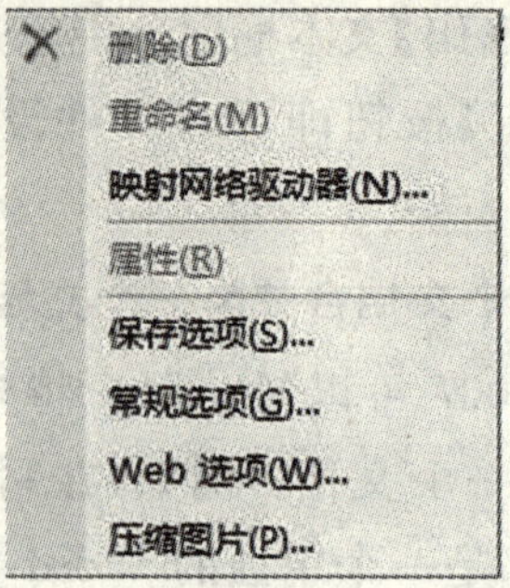

图 2-11　快捷菜单

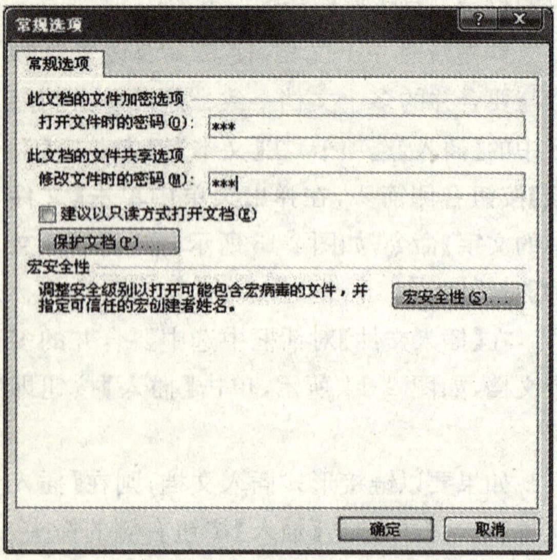

图 2-12　【常规选项】对话框

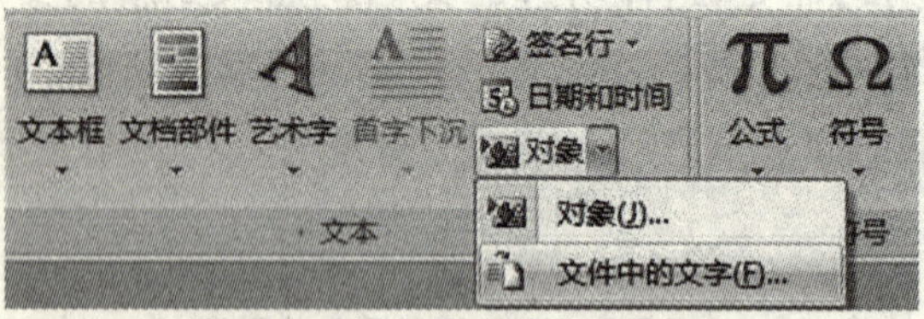

图 2-13　【文件中的文字】命令

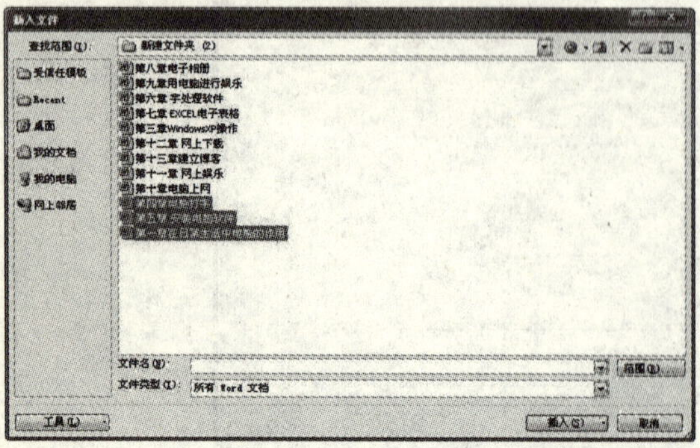

图 2-14　【插入文件】对话框

图 2-15　【插入】按钮的快捷菜单

7. 启动/禁用浮动工具栏

浮动工具栏是 Word 2007 的一个特设工具栏，当用户选中一段文字之后会隐约地出现一个方便、微型、半透明的浮动工具栏，如图 2-16 所示。将鼠标移动到该工具栏上，浮动工具栏就会完全显示出来。利用此工具栏可以设置字体、字号、对齐方式、文本颜色、缩进级别和项目符号等。如果不将鼠标移动至此工具栏上，则浮动工具栏就会自动消失，不会影响其他的操作。

图 2-16　浮动工具栏

浮动工具栏的作用在于帮助用户快速编辑文字，默认情况下，只要用户选择了文字，浮动工具栏就会自动显示，用户也可以控制浮动工具栏启动和关闭。

依次单击【Office】按钮→【Word 选项】按钮，在打开的【Word 选项】对话框中，单击【常用】选项，在【使用 Word 时采用的首选项】区域勾选【选择时显示浮动工具栏】复选框，如图 2-17所示，开启浮动工具栏。如果取消勾选表示不显示浮动工具栏。

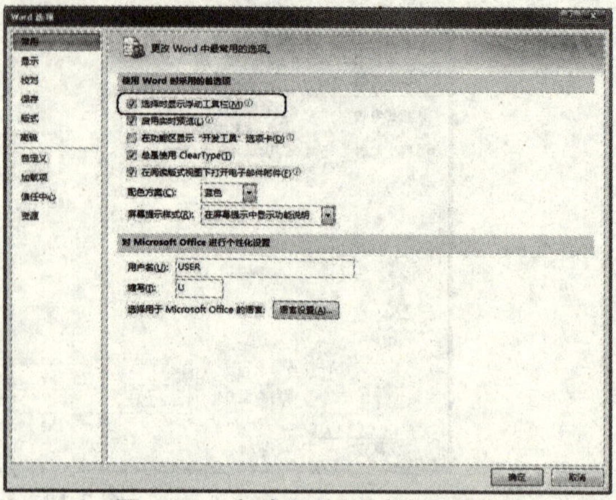

图 2-17　启动和关闭浮动工具栏

8. 在文档中查找文本、字符等

首先单击【开始】选项卡，在【编辑】组中单击【查找】按钮，弹出【查找和替换】对话框，如图 2-18 所示，然后在【查找内容】文本框中输入要查找的内容，单击【查找下一处】按钮，即从插入点开始查找，同时找到的符合条件的字符会以蓝底黑字的状态显示。不断地单击【查找下一处】按钮，就会查找到所有符合条件的文本内容。

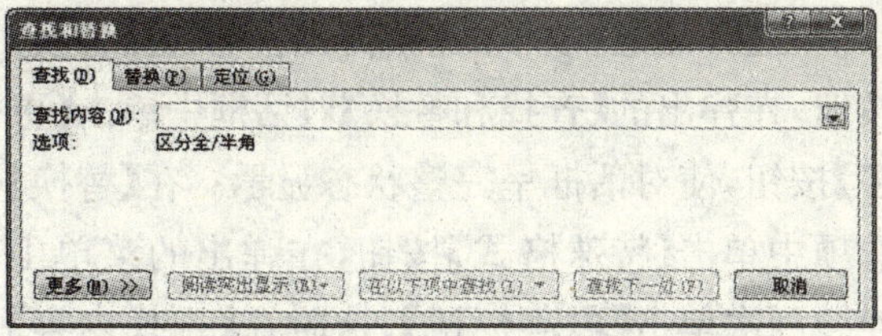

图 2-18　【查找和替换】对话框中的查找

9. 在文档中替换文本、字符等

有时用户需要把文档中的某些相同的内容修改为另一个内容，如果逐一修改会非常麻烦，这时可以使用替换功能快速地进行修改。

首先单击【开始】选项卡，在【编辑】组中单击【替换】按钮，弹出【查找和替换】对话框，如图 2-19 所示，然后在替换选项卡中的【查找内容】文本框中输入要替换的内容，在【替换为】文本框中输入新的内容，单击【查找下一处】按钮，系统就自动地找到符合条件的字符，同时找到的字符会以蓝底黑字的状态显示。单击【替换】按钮就可以将找到的字符替换为新的内容，同时下一个符合条件的字符会自动地以蓝底黑字的状态显示出来。

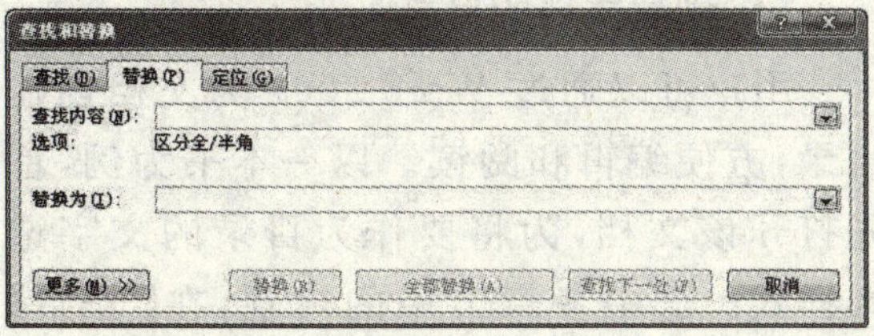

图 2-19　【查找和替换】对话框中的替换

不断地单击【替换】按钮，就会逐一将符合条件的文本替换为相应的内容。如果单击【全部替换】按钮，可以一次性替换文档中所有符合条件的文本。

10. 处理使用查找或替换功能时不能找到所需的字符的情况

如果使用查找或替换功能时不能找到所需的字符，那么单击【开始】选项卡，在【编辑】组中单击【查找】或【替换】按钮，弹出【查找和替换】对话框，单击【更多】按钮，使对话框呈完整状态显示，如图 2-20 所示，取消勾选【搜索选项】中的【使用通配符】复选框，再重新启动查找或替换功能即可。

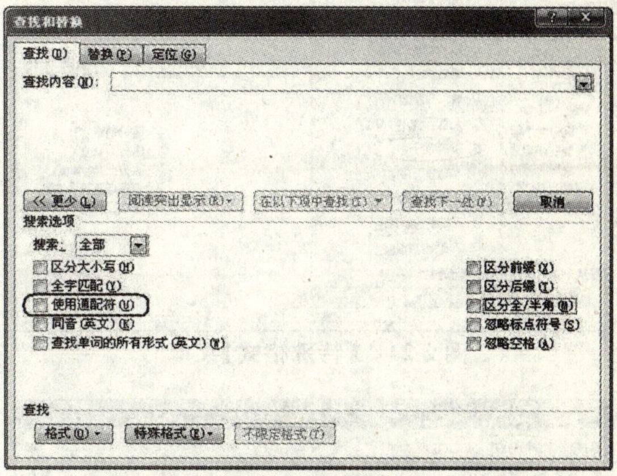

图 2-20　【查找和替换】对话框完整状态

11. 一次性消除硬回车

所谓硬回车，就是在文本处理时，没到换行的时候按回车键强制换行。从网上复制的文本粘贴到 Word 文档中时常常会出现很多硬回车，如果一行一行地删除，会浪费大量的时间。有没有一种好的方法能快速、简便地删除这些硬回车呢？此时可以利用替换功能完成这个任务。

单击【开始】选项卡，在【编辑】组中单击【替换】按钮，弹出【查找和替换】对话框，单击【更多】按钮，使对话框呈完整状态显示。将光标置于【查找内容】框中，在【替换】区域中单击【特殊格式】按钮，在弹出的菜单中选择【手动换行符】命令，如图 2-21 所示，这时在【查找内容】的文本框中出现“^ l”字样。

将光标移到【替换为】框中，单击【特殊格式】按钮，在弹出的菜单中选择【段落标记】，这时在【查找内容】的文本框中出现“^ p”字样，如图 2-22 所示。最后单击【全部替换】按钮，即可将所有的硬回车变为软回车。

如果只需删除硬回车，则在【替换为】框中什么也不输入，单击【全部替换】按钮即可。

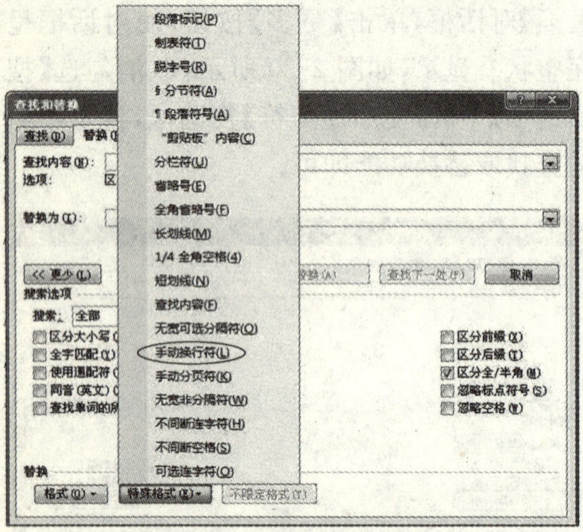

图 2-21 【特殊格式】菜单

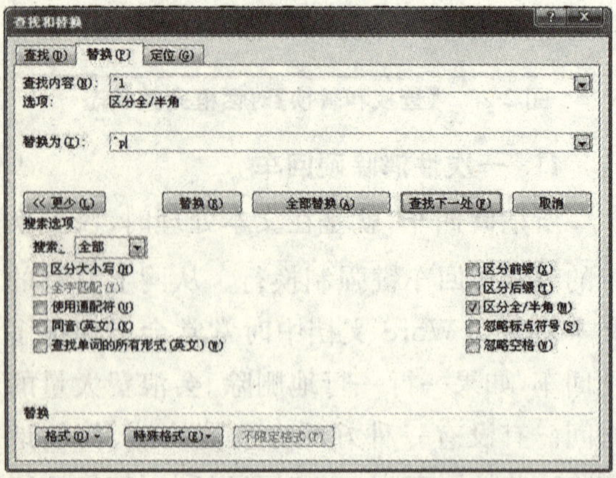

图 2-22 出现“^ p”后的【查找和替换】对话框

12. 快速删除文档中的大量空格

与上一问题类似，从网上下载下来的文章复制到 Word 文档中时，常常会在文档中形成大量的空格符号，如果用一般的方法逐一删除，会浪费很多时间。这时如果用查找替换功能可以轻松解决问题。具体操作是：

首先选中需要删除空格的文本，在【开始】选项卡的【编辑】组中单击【替换】按钮，弹出【查找和替换】对话框，然后将光标置于【查找内容】栏中，按下空格键，最后单击【全部替换】按钮，这时就会将所有的空格符号都删除掉了。

13. 快速删除文档中的多余空行

当文档中有很多空行时，同样可以使用查找和替换功能轻松解决。

在【开始】选项卡的【编辑】组中单击【替换】按钮，在弹出的【查找和替换】对话框中单击【更多】按钮，使对话框呈完整状态显示。在【替换】选项中单击【特殊格式】按钮，在弹出的菜单中连续两次单击【段落标记】，这时在【查找内容】的文本框中出现“^ p ^ p”字样。将光标移到【替换为】框中，单击【特殊格式】按钮，选择【段落标记】，这时在【查找内容】的文本框中出现“^ p”字样，如图 2-23 所示，单击【全部替换】按钮就删除了所有多余空行。

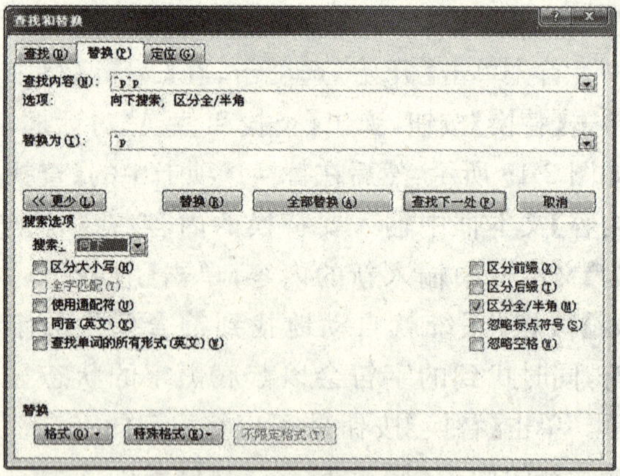

图 2-23 删除多余空行

14. 创建文档的目录

用户可以通过 Word 2007 为文档创建目录，方便编辑和阅读。以一本书为例，首先打开该文档，为将要作为目录的文字选择样式。选中各章节中的标题，在【开始】选项卡的【样式】组中分别按不同的级别设置标题样式，如图 2-24 所示。

图 2-24　【样式】组

如果没有看到所需的样式，单击【样式】组中右下角的【样式窗口启动器】按钮 ，打开【样式】窗口，如图 2-25 所示，从中选择所需样式。

然后单击【引用】选项卡【目录】组中的【添加文字】按钮，在弹出的下拉菜单中更改文字的大纲级别，如图 2-26 所示。

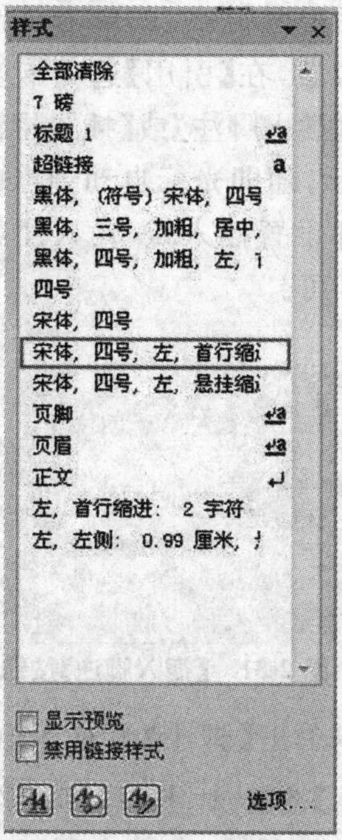

图 2-25　【样式】窗口

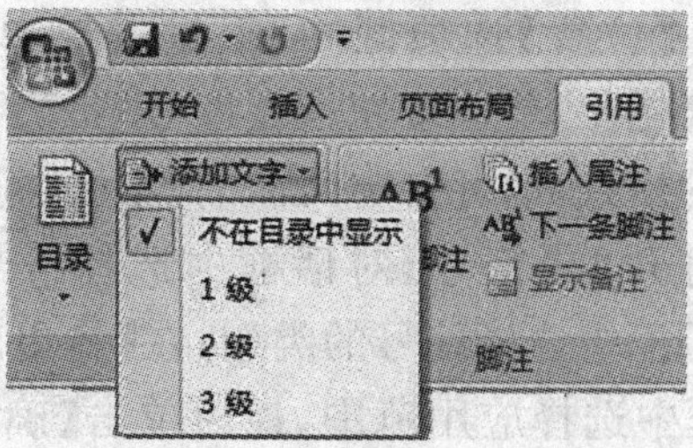

图 2-26　【添加文字】菜单

最后单击【目录】组中的【目录】按钮，在弹出的菜单中选择目录的样式，右键单击鼠标弹出菜单，选择插入位置，如图 2-27 所示，这样文档的目录就成功创建了。

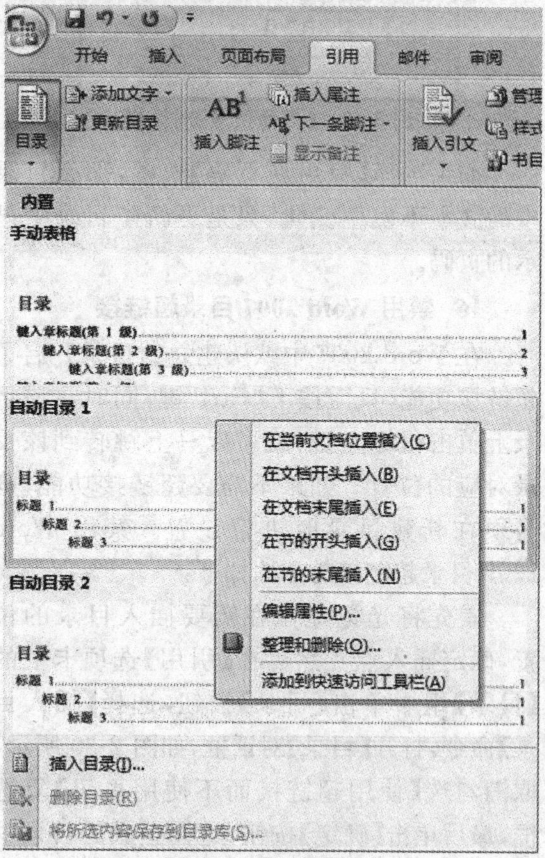

图 2-27　【目录】菜单

15. 处理文档修改后新生成的目录却没有改变的问题

当用户对文档的标题或其他文本修改和编辑之后，应该重新生成目录，否则就会造成目录与文档不对应。

单击【引用】选项卡上【目录】组中的【更新目录】按钮，如图 2-28 所示，打开【更新目录】对话框，如图 2-29 所示，选择【更新整个目录】选项，单击【确定】按钮，生成新的目录。

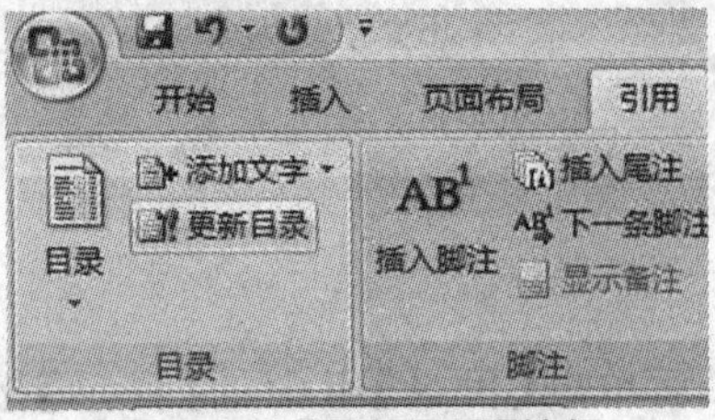

图 2-28 【更新目录】按钮

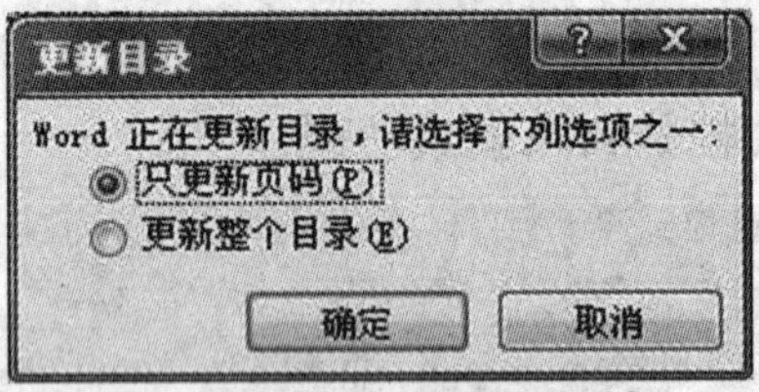

图 2-29 【更新目录】对话框

如果选择【只更新页码】选项，那么目录中的文本不发生变化，只是更新了目录中显示的页码。

16. 禁用 Word 2007 目录超链接

在 Word 2007 中默认建立的目录开启了超链接功能，只需按下“Ctrl”键，同时在该目录上单击鼠标左键，就可以马上跳转到该目录对应的位置。如果不需要超链接功能，则必须在新建目录时进行设置。禁用 Word 2007 目录超链接的方法如下：

首先将光标定位在需要插入目录的位置，确定插入点。然后在【引用】选项卡上的【目录】组中单击【目录】按钮，选择【插入目录】命令，打开【目录】对话框，如图 2-30 所示，取消勾选【使用超链接而不使用页码】复选框，最后单击【确定】按钮，这样生成的目录中就不会带有超链接功能了。

17. 为文档中的内容添加注释

在编辑文档时，如果需要对某些内容在页面的底部或文档的最后添加注释，该怎么办呢？脚注和尾注都是用来对文档中某个内容进行解释、说明或提供参考资料的。脚注通常出现在页面的底部，作为文档某处内容的说明，而尾注一般位于文档的末尾，用于说

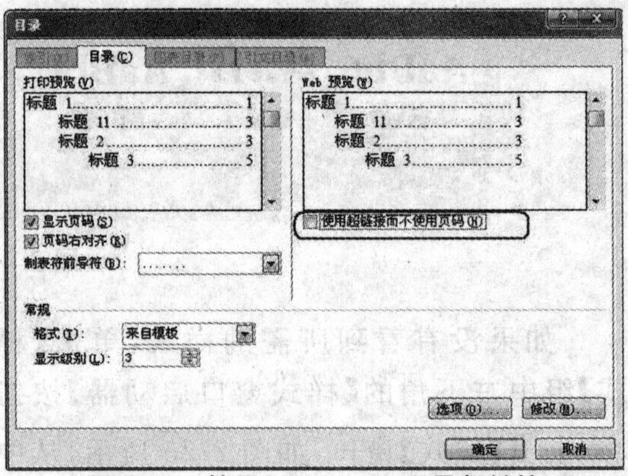

图 2-30 禁用 Word 2007 目录超链接

明引用文献的来源等。在同一个文档中可以同时包括脚注和尾注，在文档中插入脚注或尾注的方法如下：

在页面视图模式下，单击要插入注释引用标记的位置，在【引用】选项卡上的【脚注】组中，单击【插入脚注】或【插入尾注】按钮，如图 2-31 所示，随即光标自动到当前页面底部或文档尾部设置插入点，输入注释内容并设置其格式即可。

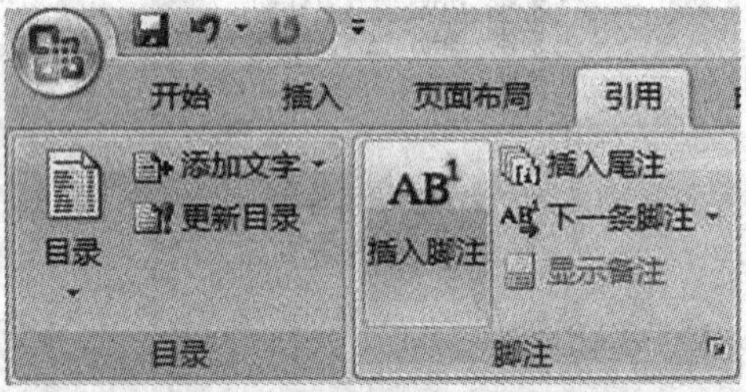

图 2-31 【插入脚注】按钮

也可以单击【脚注】组右下角的【脚注对话框启动器】按钮，打开【脚注和尾注】对话框，如图 2-32 所示，在其中可以进行多项设置。

在【位置】选项区中，根据需要单击【脚注】或【尾注】单选按钮；在【编号格式】下选择所需的格式，也可自定义标记（单击【符号】按钮在打开的【符号】对话框中选择符号）；在【编号】框中选择编号的类型；在【将更改应用于】框中选择应用范围，最后单击【确定】按钮退出。这时 Word 2007 将在脚注或尾注编

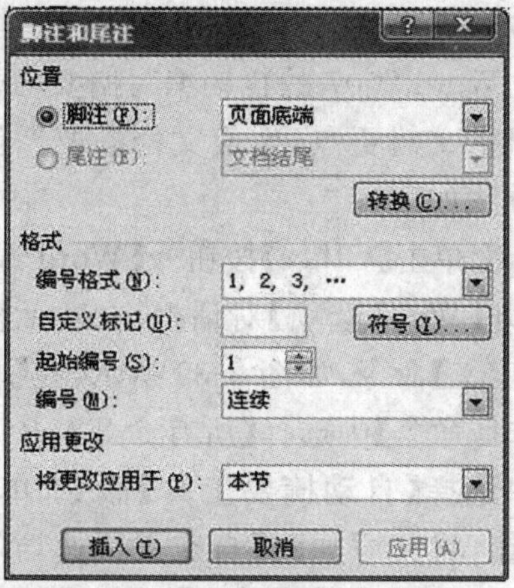

图 2-32 【脚注和尾注】对话框

辑区插入注释分隔线，并将插入点置于相应位置等待输入注释文本。

18. 创建脚注或尾注延续标记

如果脚注或尾注过长以致页面无法容纳，那么可以通过创建延续标记，使读者了解脚注或尾注被延续到下一页。

首先单击【视图】选项卡上的【文档视图】组中的【普通视图】按钮，然后在【引用】选项卡上的【脚注】组中，单击【显示备注】按钮，如图 2-33 所示。如果文档同时包含脚注和尾注，则会打开【查看脚注】对话框，如图 2-34 所示，单击【查看脚注区】或【查看尾注区】，然后单击【确定】按钮。

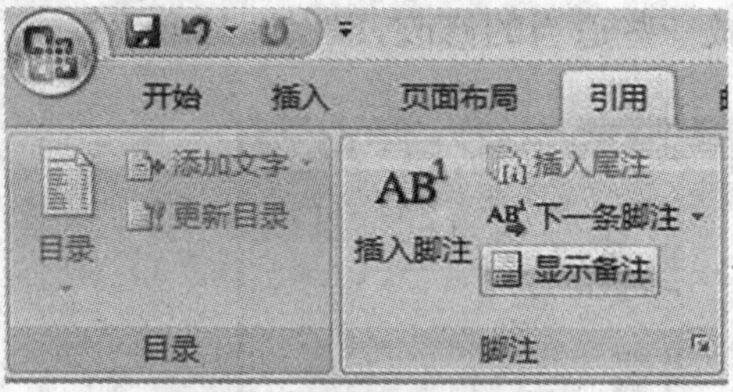

图 2-33 【显示备注】按钮

以选择【查看脚注区】为例，单击【确定】按钮后，出现注释窗格，在注释窗格列表中单击【脚注延续标记】，如图 2-35 所示。在注释窗格中，键入延续标记所用的文字，最后切换回【页面视图】即可。如果要创建尾注延续标记，那么在【查看脚注】对话框中选择【查看尾注区】，在尾注注释窗格列表中单击【尾注延续标记】，然后键入延续标记所用的文字，切换回【页面视图】即可。

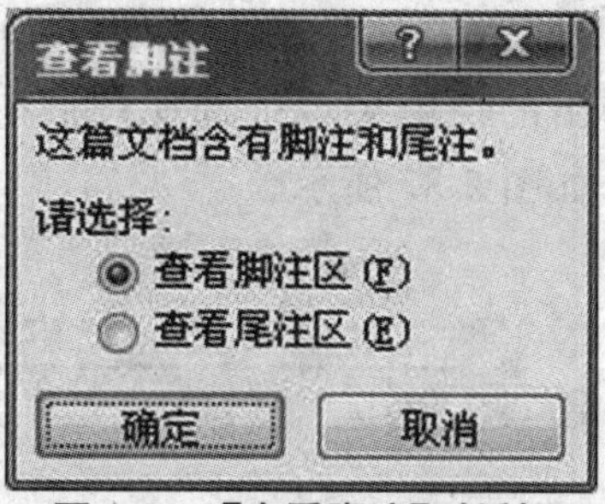

图 2-34 【查看脚注】对话框

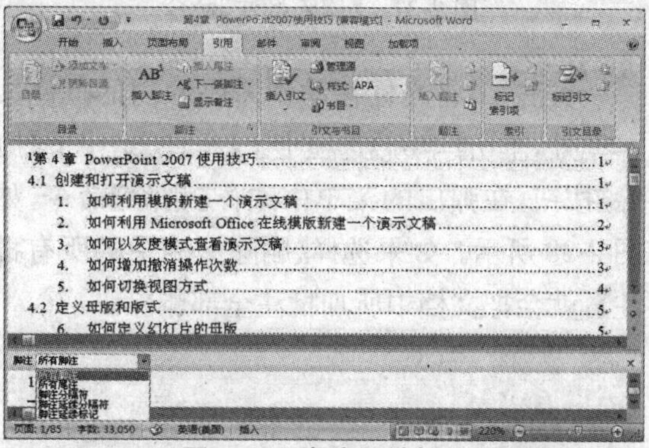

图 2-35 脚注延续标记

19. 给文本添加批注

一篇文档需要进行审阅批注时，可以通过批注功能完成。打开文档，选定文档中需要批注的文字，单击【审阅】选项卡上【批注】组中的【新建批注】按钮，如图 2-36 所示，就能在文档中插入批注的引用标记，用户可在批注框内输入批注文本。

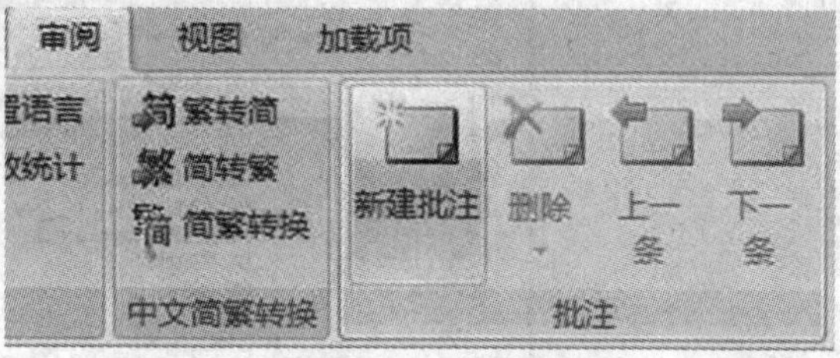

图 2-36 添加批注

20. 删除文档批注

如果想删除批注，可以采用下面的两种方法：

方法一：利用快捷菜单命令。将光标移

动到需要取消的批注文本框处，单击鼠标右键，在弹出的快捷菜单中选择【删除批注】命令即可，如图 2-37 所示。

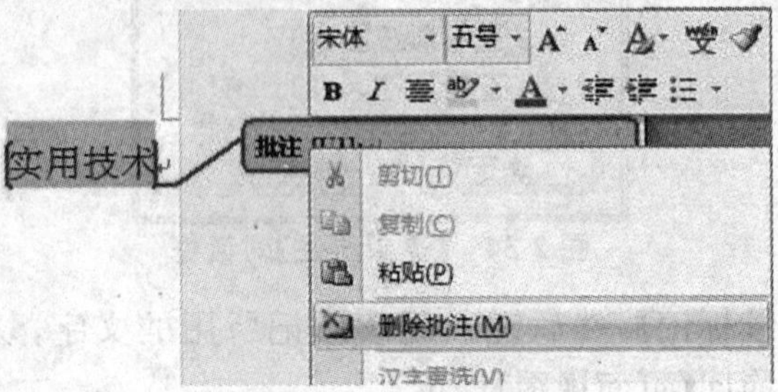

图 2-37 【删除批注】命令

方法二：将光标移动到需要取消的批注文本框处，单击【审阅】选项卡上【批注】组中的【删除】按钮，在弹出的菜单中选择【删除】命令，如图 2-38 所示。如果选择【删除文档中的所有批注】，就会把文档中所加批注全部删除。

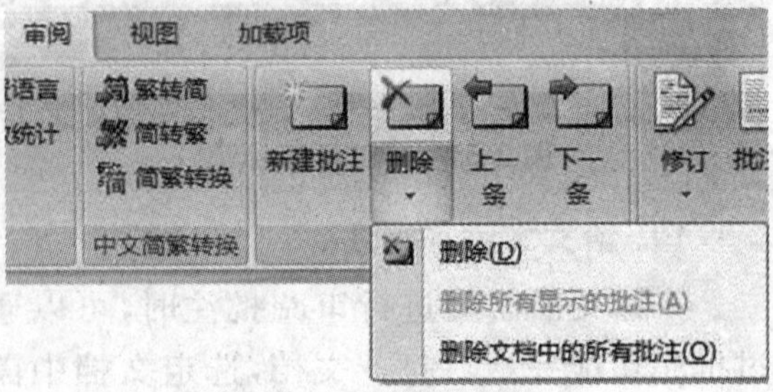

图 2-38 【删除】按钮

21. 自动为文档编写摘要

用 Word 2007 写文章，手工编写摘要有时太麻烦，这时用户可以用自动编写摘要的功能。Word 2007 的自动编写摘要功能可以自动概括文档要点，生成文档摘要。创建摘要的方法如下：

依次单击【Office】按钮→【Word 选项】按钮，打开【Word 选项】对话框，在对话框中单击【自定义】命令，如图 2-39 所示，在【从下列位置选择命令】中选择【所有命令】，从下面的列表中选择【自动摘要工具】命令，单击【添加】按钮，将其添加到【自定义快速访问工具栏】中。单击【确定】按钮后，【自动摘要工具】命令就会出现在 Word 2007 的【自定义快速访问工具栏】中了。

单击【自动摘要工具】命令，在菜单中选择【自动摘要】，如图 2-40 所示，Word 2007 就会自动为文档编写摘要。

当摘要编写完毕后，弹出【自动编写摘要】对话框，如图 2-41 所示。用户可以从【摘要类型】中选择其中一种，在【相当于原长的百分比】框中键入或选择摘要的详细程度，单击【确定】按钮，摘要内容将按选择的显示方式显示出来。

自动编写摘要功能是通过统计来确定文档要点的，它只能给用户以帮助，在完成后还要做一些适当的修改，以保证其准确性。

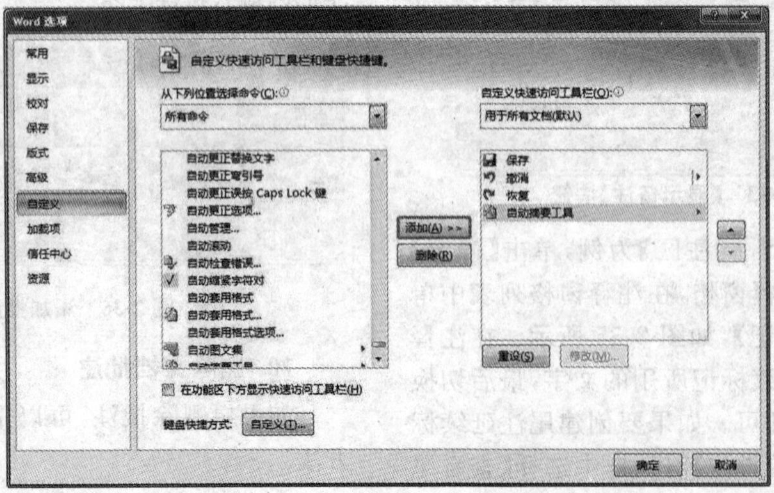

图 2-39 添加【自动摘要工具】命令

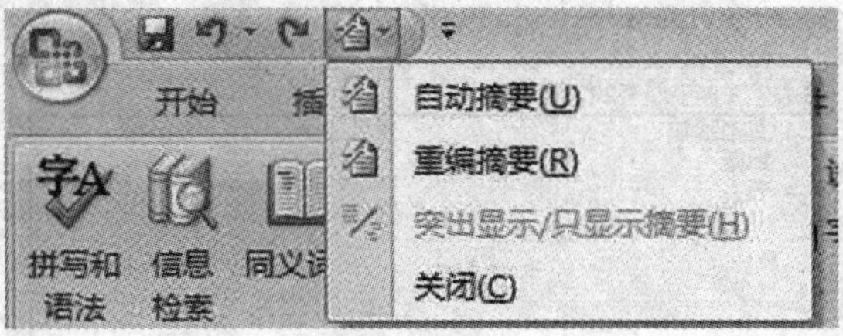

图 2-40 【自动摘要工具】命令

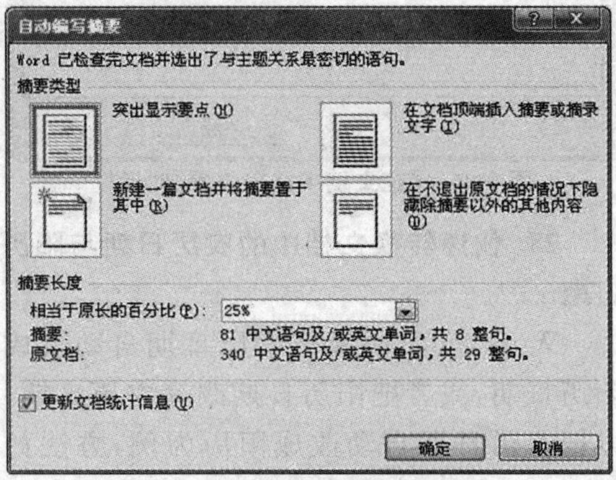

图 2-41 【自动编写摘要】对话框

22. 为文本设置或删除书签

书签主要用于标识所选定的文本，以供将来引用。例如，可以用书签来标识需要在以后进行修订的文本，修订时使用【书签】对话框可以直接定位到文本的相应位置，不需要在整篇文档中进行查找。这种功能对于书籍一类的长文档修改和查阅很有用。

首先选定要指定书签的文本或项目，或者单击要插入书签的位置，然后在【插入】选项卡的【链接】组中单击【书签】按钮，如图2-42所示，打开【书签】对话框。

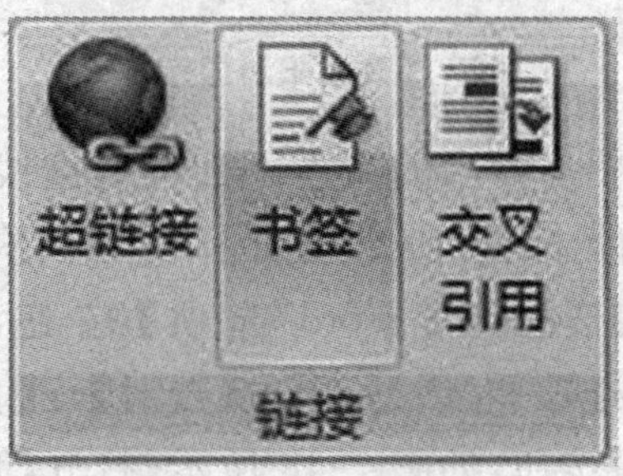

图 2-42 【书签】按钮

在【书签】对话框中的【书签名】文本框中输入书签名，如图 2-43 所示。书签名必须以字母开头，可包含数字但不能有空格，可以用下划线字符来分隔文字，最后单击【添加】按钮退出。为文本添加了书签后，需要使用时只需打开【书签】对话框，选中某一书签名，单击【定位】按钮就可立即将光标定位到书签指定的位置。

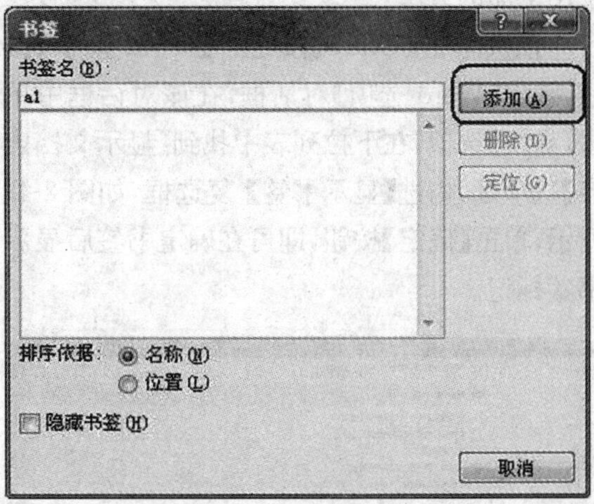

图 2-43 设置书签

如果用户想删除文本中已有的书签，可以通过下面的方法实现：

在【插入】选项卡的【链接】组中，单击【书签】按钮，打开【书签】对话框，如图 2-44 所示。在对话框中选中要删除的书签名，然后单击【删除】按钮即可。

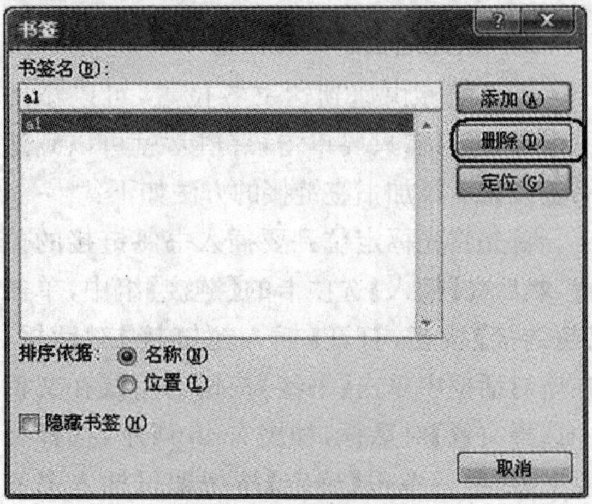

图 2-44 删除书签

若要将书签与用书签标记的项目（例如文本块或其他元素）一起删除，则先选定该项目，再按“Delete”键。

23. 在文档中显示书签标记

为文本块添加书签后，Word 2007 将选定文本用浅色灰方括号括起来作为标记，或者在指定位置出现一个“I”字符标记。书签标记在默认情况下是不显示的，若要显示书签标记，可采用下面的方法：

依次单击【Office】按钮→【Word 选项】按钮，弹出【Word 选项】对话框，在该对话框中单击【高级】选项，在下拉列表中找到【显示文档内容】选项区，勾选【显示书签】复选框，如图 2-45 所示，单击【确定】按钮，即可在确定书签后显示书签标记。

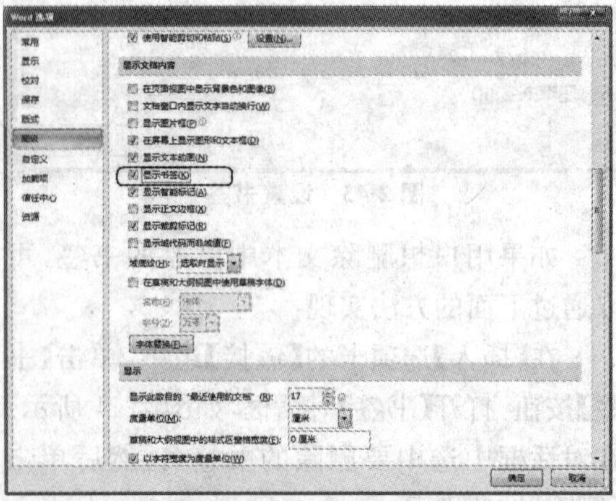

图 2-45 设置书签标记

24. 快速定位到书签位置

为了能够快速到达书签位置，可以添加一个书签链接，只要单击该链接，就可以到达书签位置。添加书签链接的方法如下：

首先将光标定位到要插入书签链接的位置，然后在【插入】选项卡的【链接】组中，单击【超链接】按钮，打开【插入超链接】对话框。在该对话框中单击【书签】按钮，打开【在文档中选择位置】对话框，如图 2-46 所示，选择所需书签，最后单击【确定】按钮即可插入书签链接。

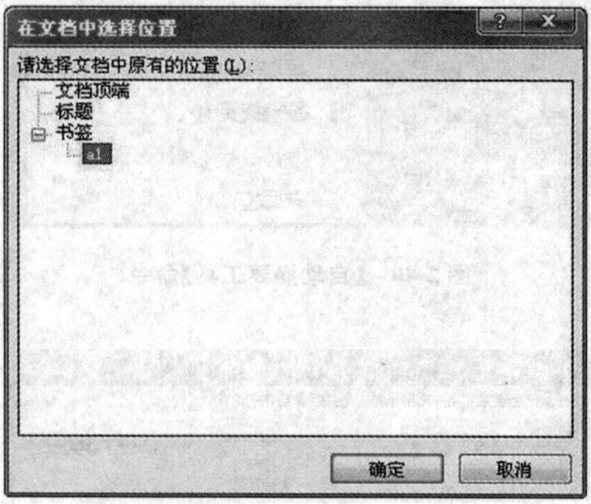

图 2-46 【在文档中选择位置】对话框

25. 快速转换文档中的农历日期与阳历日期

Word 2007 中能把农历日期自动改成阳历日期，或者把阳历日期改为农历日期。以把农历日期自动改成阳历为例，方法如下：

如果日期下方有一行浅虚线，只要将光标移至日期文字上，在文字的左上角就会出现一个【智能标记操作】按钮，单击该按钮，在弹出的菜单中选择【改成阳历显示】命令即可，如图 2-47 所示。要把阳历日期改为农历，操作方法与此类似。

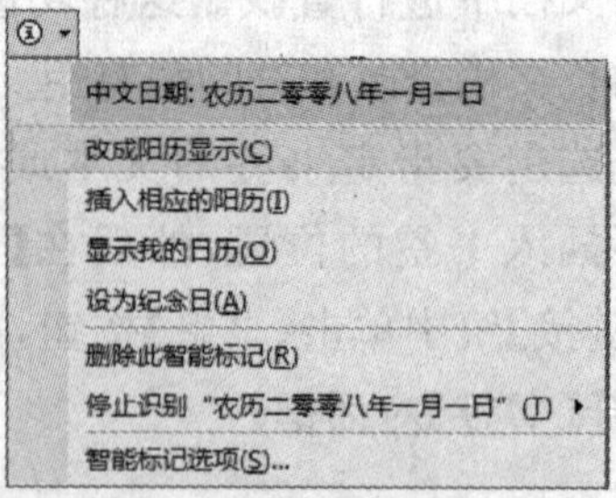

图 2-47 【改成阳历显示】命令

当用户输入的文本下面没有虚线，看不到【智能标记操作】图标时，依次单击【Office】按钮→【Word 选项】按钮，打开【Word 选项】对话框，单击【校对】→【自动更正选项】按钮，如图 2-48 所示，打开【自动更正】对话框。在【自动更正】对话框的【智能标记】选项卡中勾选【使用智能标记标识文字】和【显示“智能标记操作”按钮】两个复选框，如图 2-49 所示，单击【确定】按钮即可。

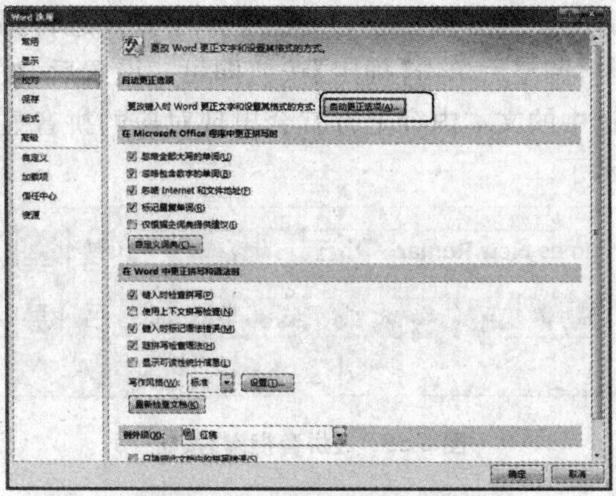

图 2-48 【自动更正选项】按钮

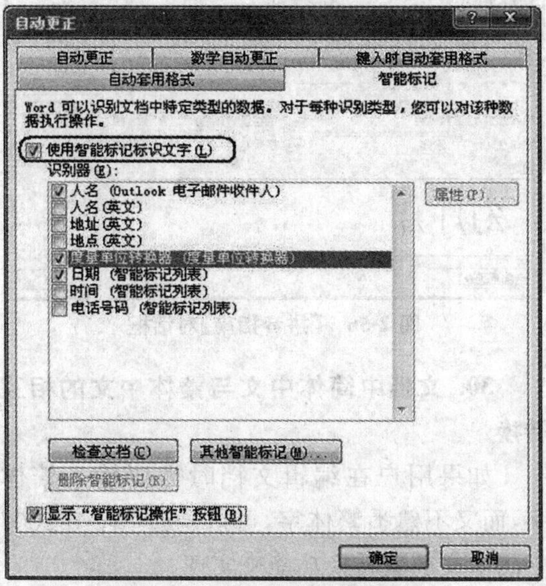

图 2-49 【自动更正】对话框

26. 快速转换文档中数字小写金额与中文大写金额

在日常的办公应用中，尤其是作为一名财务人员，经常需要输入大写金额形式的数字，用手工输入比较麻烦，其实只要输入小写数字并通过下面的方法就能达到快速输入的目的。

选中要转换的数字，如“123”，在【插入】选项卡的【符号】组中单击【编号】按钮，如图 2-50 所示，打开【编号】对话框。在【编号】对话框中的【编号类型】列表中选择【壹、贰、叁…】，如图 2-51 所示，单击【确定】按钮，数字“123”就变成了“壹佰贰拾叁”。

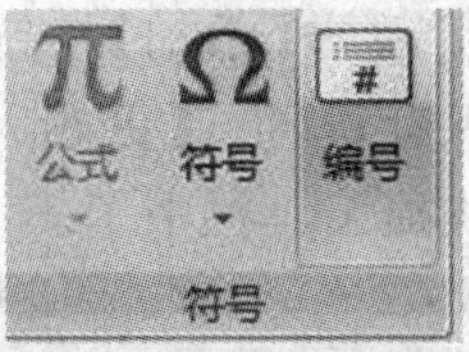

图 2-50 【编号】按钮

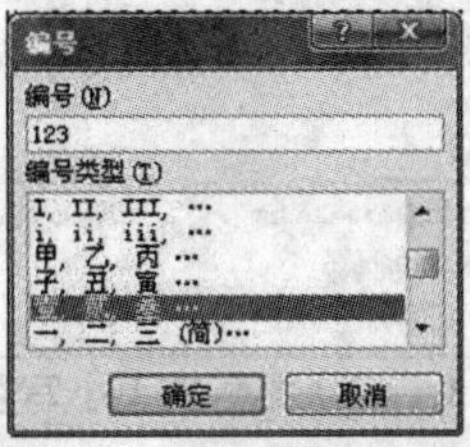

图 2-51 【编号】对话框

27. 快速转换文档中的大小写字母

在某些 Word 文档中，有时需要改变已录入英文的大小写状态，利用更改大小写功能可以快速地完成这项工作。首先选中需要转换大小写的文本，然后在【开始】选项卡的【字体】组中单击【更改大小写】按钮，弹出菜单，如图 2-52 所示。在菜单中选择需要转换的命令，如单击【全部大写】命令，即可将小写字母全部转换成大写字母。

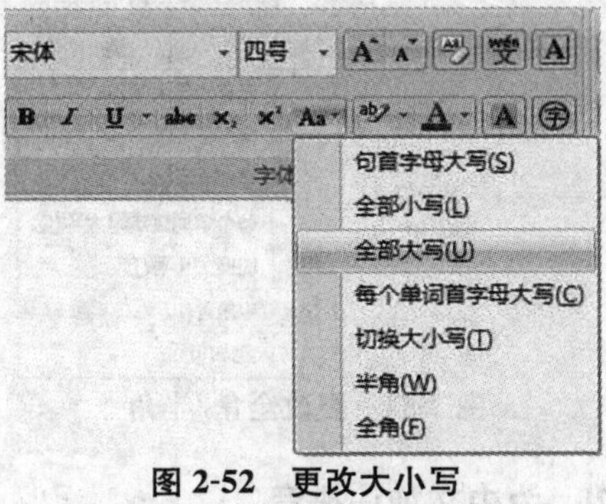

图 2-52 更改大小写

如果在【开始】选项卡的【字体】组中没有【更改大小写】按钮，这时需要手动来添加该按钮。依次单击【Office】按钮→【Word 选项】按钮，在【Word 选项】对话框中单击【自定义】，如图 2-53 所示，在【以下列位置选择命令】的下拉列表中选择【不在功能区中的命令】，在下方列表中选择【更改大小写】选项，然后单击【添加】按钮，最后单击【确定】按钮保存设置。【更改大小写】按钮便会出现在快捷工具栏中了。

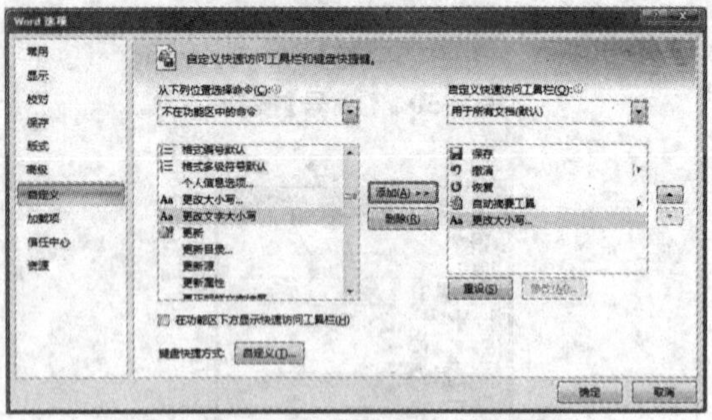

图 2-53　添加【更改大小写】按钮

28. 快速转换符号全角/半角

由于输入法的切换或按键失误，可能在输入的文档中夹杂了一些不相同的符号格式，如全角、半角等，这时用户可以通过更改大小写功能来快速统一符号格式。首先选中需要转换格式的内容，然后在【开始】选项卡的【字体】组中单击【更改大小写】按钮，弹出菜单，如图 2-54 所示，在菜单中选择【半角】或【全角】命令即可。

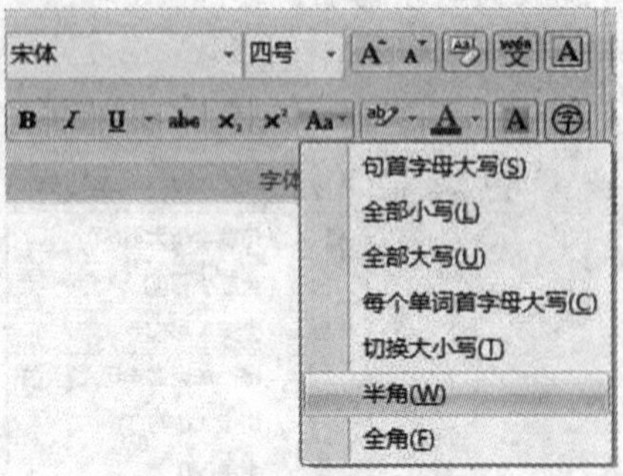

图 2-54　更改全角/半角

29. 为中文加注拼音

在编辑文档时，有时需要为中文加注拼音。为中文自动添加拼音的方法是：首先选中要加注拼音的文本内容，然后在【开始】选项卡的【字体】组中单击【拼音指南】按钮，如图 2-55 所示，打开【拼音指南】对话框如图 2-56所示，在【拼音指南】对话框内，可以对拼音的组合方式、显示方式、字体等方面进行调整，调整后单击【确定】按钮即可。设置后，被选中的文本内容上方就会出现对应的拼音显示了。

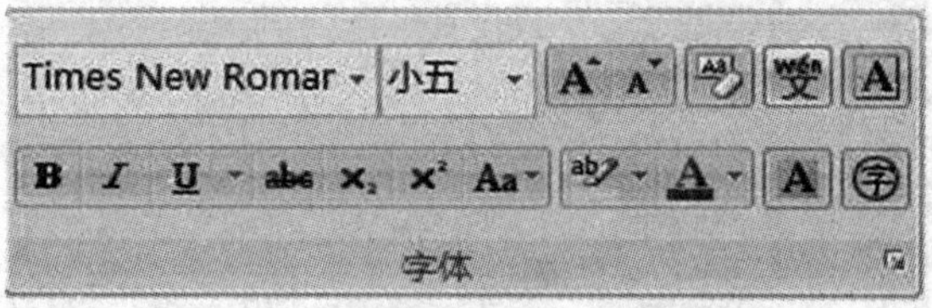

图 2-55　【拼音指南】按钮

图 2-56　【拼音指南】对话框

30. 文档中简体中文与繁体中文的相互转换

如果用户在编辑文档时需要输入繁体字，而又不熟悉繁体字，可以通过 Word 2007 中的中文简繁转换功能来实现。

首先选中需要转换的文本内容，然后在【审阅】选项卡的【中文简繁转换】组中单击【简转繁】按钮，如图 2-57 所示，被选中的简体中文就会自动转换为繁体中文了。若要将繁体中文转换为简体中文，只需在选中需转换的内容后，在【审阅】选项卡的【中文简繁转换】组中单击【繁转简】按钮，被选中的繁体中文就会自动转换为简体中文了。

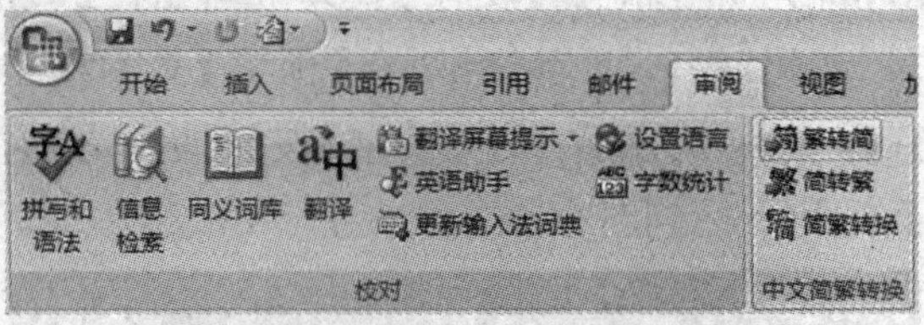

图 2-57 【简转繁】和【繁转简】按钮

31. 解决繁简中文转换时出错的问题

在使用繁简或简繁转换的时候，由于语言使用习惯的差异，转换后的文档内容可能会与原文要表达的意思不相同，这是由于 Word 在启动繁简转换时开启了转换常用词汇功能，如果转换后的意思差别太大，可以尝试取消该功能。

首先在【审阅】选项卡的【中文简繁转换】组中单击【简繁转换】按钮，打开【中文简繁转换】对话框，如图 2-58 所示。然后在该对话框中取消勾选【转换常用词汇】复选框，单击【确定】按钮即可。

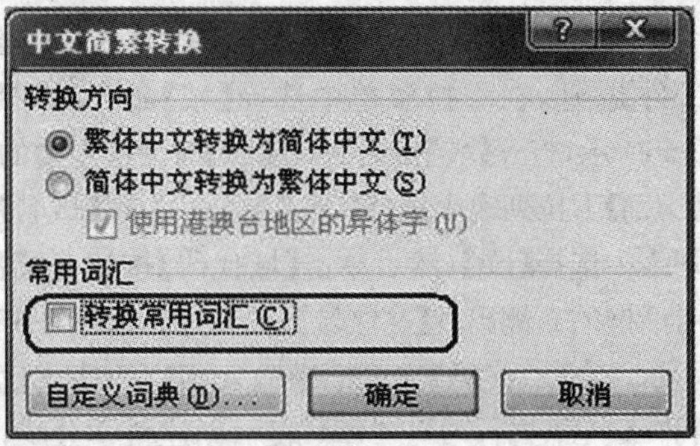

图 2-58 【中文简繁转换】对话框

32. 在文档中插入特殊符号

在编辑文档时，有时需要插入一些特殊符号，这时可以采用下面的方法。

以插入千分号和万分号为例，在【插入】选项卡的【特殊符号】组中单击【,符号】按钮，弹出如图 2-59 所示的菜单，单击"‰"即可插入千分号。或者在该菜单中单击【更多】，打开【插入特殊符号】对话框，如图 2-60 所示，在【单位符号】选项卡中选择"‰"，之后单击【确定】按钮即可将"‰"插入文档中。

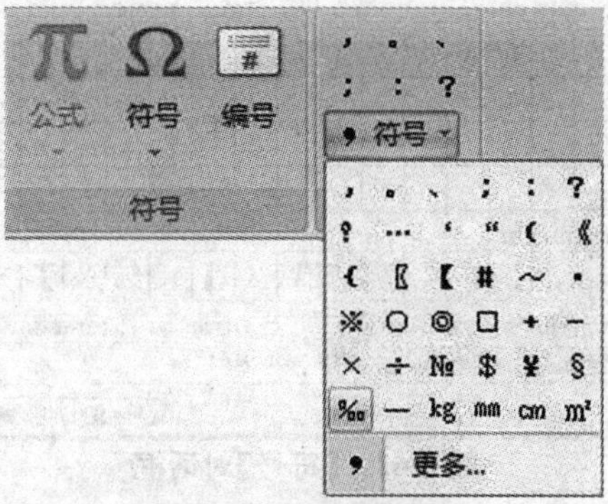

图 2-59 【符号】菜单

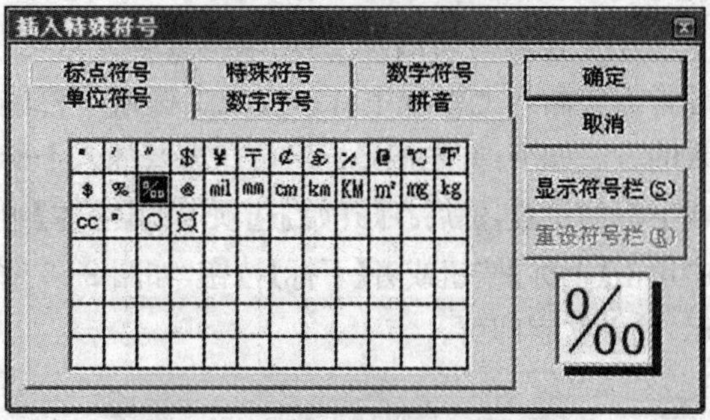

图 2-60 【插入特殊符号】对话框

插入万分号的方法类似，在【插入】选项卡的【符号】组中单击【符号】按钮，弹出如图 2-61 所示的菜单，单击【其他符号】，打开【符号】对话框，如图 2-62 所示，在【符号】选项卡的【字体】下拉列表中选择【Lucida Sans Unicode】选项，在【子集】下拉列表中选择【广义标点】选项，此时用户就可在符号列表中选择万分号，之后单击【插入】按钮即可。

其他特殊符号插入方法类似。

图 2-61 【符号】按钮

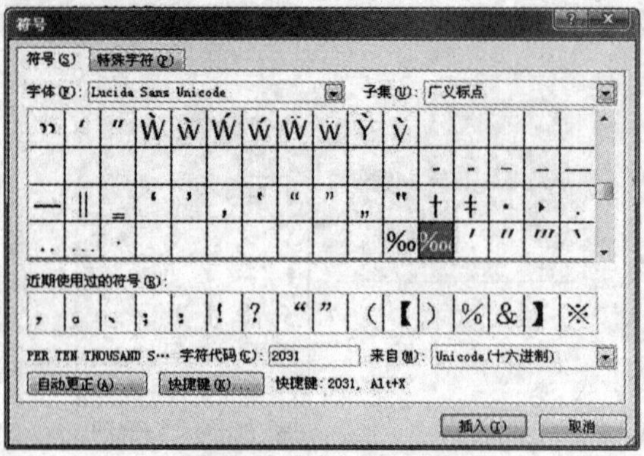

图 2-62 【符号】对话框

33. 快速插入上标或下标

用户在编辑文档，特别是编辑数学公式时，经常需要插入上标或下标。实现上标或下标输入的方法如下：首先把光标定位在需要插入上标或下标的位置，然后在【开始】选项卡的【字体】组中单击【上标】按钮或者【下标】按钮，如图 2-63 所示，输入文字即可。

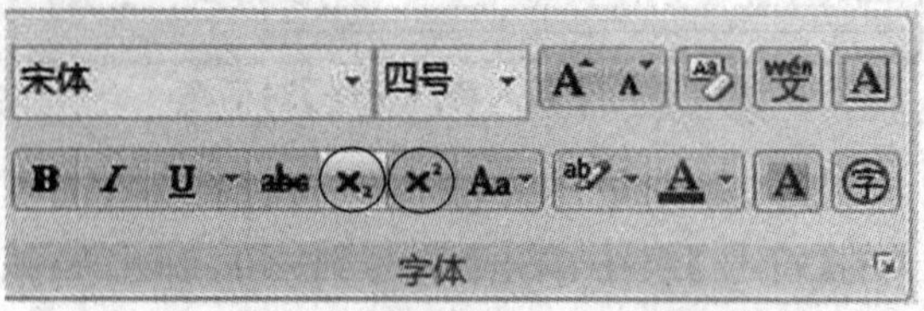

图 2-63 【上标】按钮和【下标】按钮

在文档中有时需要上下标同时存在，如 X_4^2，这时可以采用如下方法：

首先输入文本“X24”，再选中“24”，然后在【开始】选项卡的【段落】组中单击【中文版式】按钮，如图 2-64 所示，在弹出的菜单中选择【双行合一】命令，打开【双行合一】对话框。在打开的【双行合一】对话框中，如图 2-65 所示，将光标定位到【文字】文本框中的“2”和“4”之间，按一下空格键，在【预览】文本框中查看效果，满意后单击【确定】按钮即可，此时上标和下标同时存在。

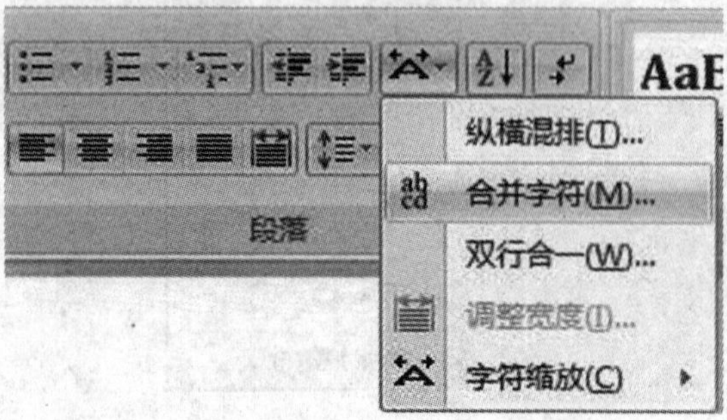

图 2-64 【双行合一】命令

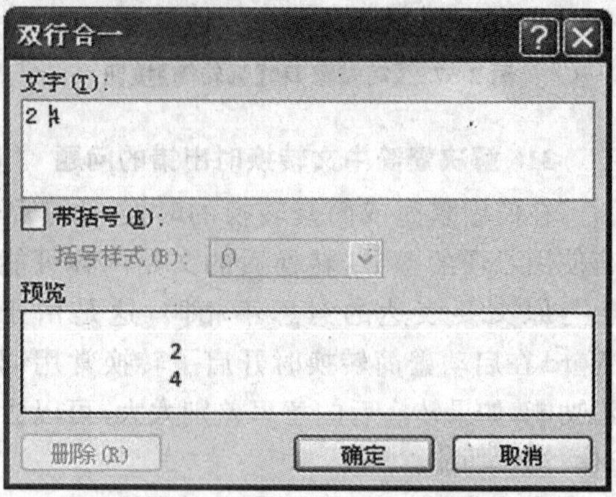

图 2-65 【双行合一】对话框

34. 在文字上打勾

在编辑文本时，有时需要在文字上打勾。这时可以通过插入域的办法实现在一个字上打勾，操作如下：

在【插入】选项卡的【文本】组中，单击【文档部件】按钮，在下拉菜单中选择【域】命令，如图 2-66所示，打开【域】对话框，在【域】对话框左边的【类别】下拉列表中选择【等式和公式】，在【域名】列表中选择【Eq】，然后单击【域代码】按钮，【域】对话框的右侧出现【高级域属性】区域，如图 2-67 所示。在【域代码】文本框中输入相应的格式代码“EQ \O(男,√)”。“EQ”表示创建科学公式，“\O”表示将每一个连续的元素重叠在其前一个元素上，这一段代码的意思是将“√”重叠在“男”文字上。注意 EQ 后面有个空格。单击【确定】按钮，即可实现在一个字上打勾。

图 2-66 【域】命令

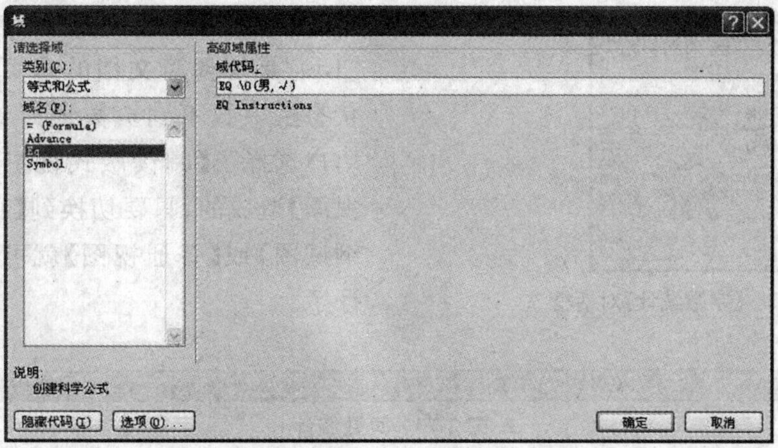

图 2-67 【域】对话框中的域代码

可以使用“Alt＋F9”组合键切换显示域代码，分别设置“男”和“√”的文字格式。例如将“男”设为宋体五号，而“√”则为宋体、三号、红色，如图 2-68 所示。再次使用“Alt＋F9”组合键，切换到隐藏域代码状态，文档中就会出现需要的效果，如图 2-69 所示。

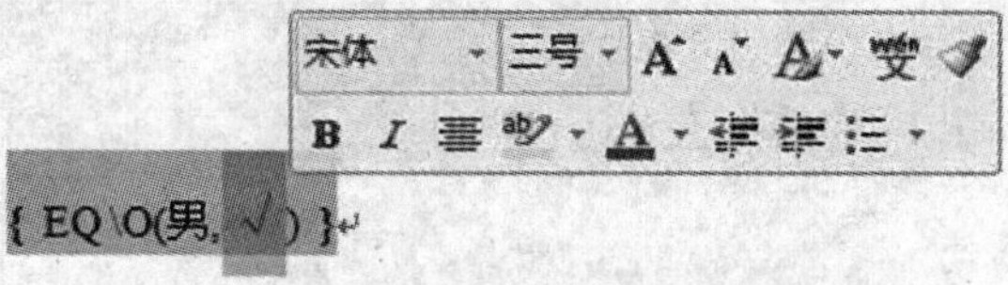

图 2-68 设置域代码中文字的格式

图 2-69 在文字上打勾

35. 快速查看文档的字数

在编辑文档时，如果想知道当前文档的字数，直接在 Word 窗口下方的状态栏就可以查看字数统计结果，如图 2-70 所示。

如果只想知道某一段文字的字数时，只要选中需要统计字数的文本内容，就会发现状态栏中的数字变成了分数形式，如图 2-71 所示。例如“641/47,633”，其中“641”是指选中的文字字数，“47,633”是指整篇文档的字数。

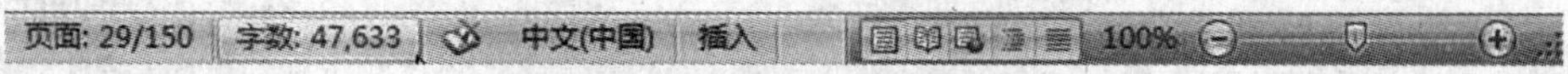

图 2-70 状态栏中的字数统计

图 2-71 状态栏中的字数统计

36. 查看字数统计信息

状态栏上的字数显示的仅仅是文字数量，如果要统计当前文本的页数、字符数、段落数、行数等信息，都可以由 Word 2007 一次性完成统计。

选取要统计的文本内容，在【审阅】选项卡的【校对】组中单击【字数统计】按钮，如图 2-72 所示。或者直接单击状态栏中的字数，打开【字数统计】对话框，如图 2-73 所示，各种统计信息就包含在此对话框中。

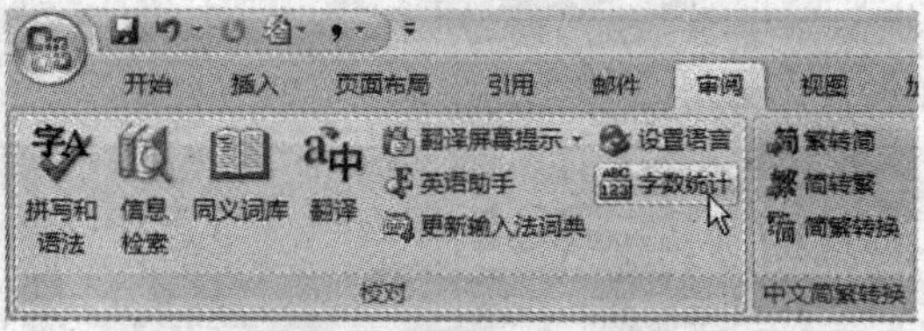

图 2-72 【字数统计】按钮

37. 快速了解当前的页数

在编辑文档时，如果想了解当前页面的页数时，可以查看 Word 窗口下方状态栏左侧的页数统计信息，如图 2-74 所示。例如

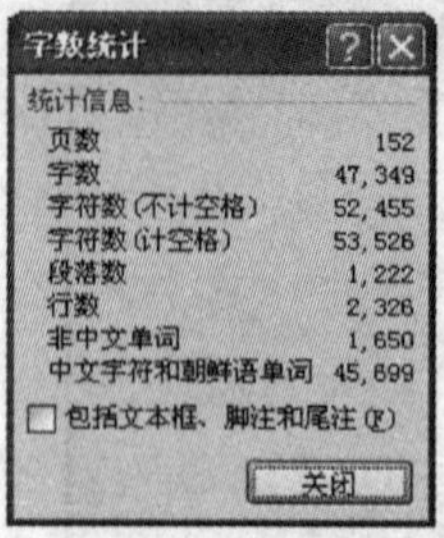

图 2-73 【字数统计】对话框

“28/150”,其中“28”是指当前页面的页数,“150”是指整篇文档的总页数。当用户在状态栏中找不到页数统计信息时,是由于用户选择了【阅读版式视图】和【Web 版式视图】造成的,只要切换到【页面试图】、【大纲试图】或【普通视图】就可以看到页数统计了。

图 2-74 页数统计

38. 将文档页面设置中页边距的单位由磅变为厘米

在编辑文档过程中,进入页面设置对话框后,设置页边距时系统的计量单位有时不是厘米,而是磅,恢复为厘米单位的方法如下:

依次单击【Office】按钮→【Word 选项】按钮,弹出【Word 选项】对话框,在该对话框中单击【高级】选项,然后在列表中找到【显示】选项区,如图 2-75 所示,单击【度量单位】的下拉列表,选择【厘米】选项,单击【确定】按钮即可。

利用此方法还可以设置其他不同的度量单位。

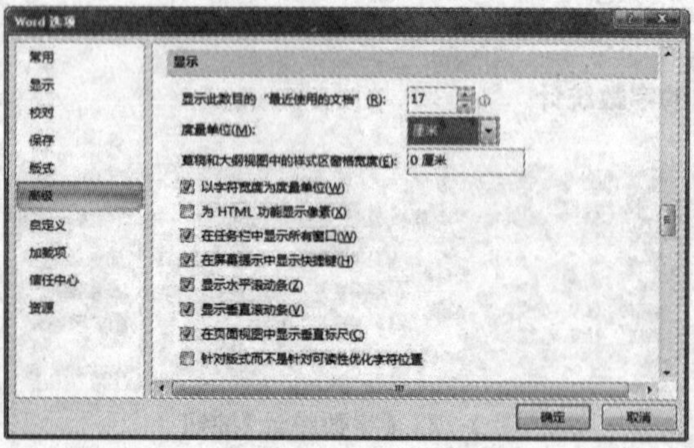

图 2-75 设置度量单位

39. 给文档添加行号

在实际工作中,有时会遇到需要在某些特殊文档中加入行号的情况,譬如说英文阅读材料、法律文书、名人手稿等,显然人工添加是不现实的。在 Word 2007 中为大家提供了这样的功能,操作如下:

打开 Word 文档,单击【页面布局】选项卡,在【页面设置】组中单击【行号】按钮,如图 2-76 所示,在下拉菜单中选择合适的命令,即可对文本添加行号。

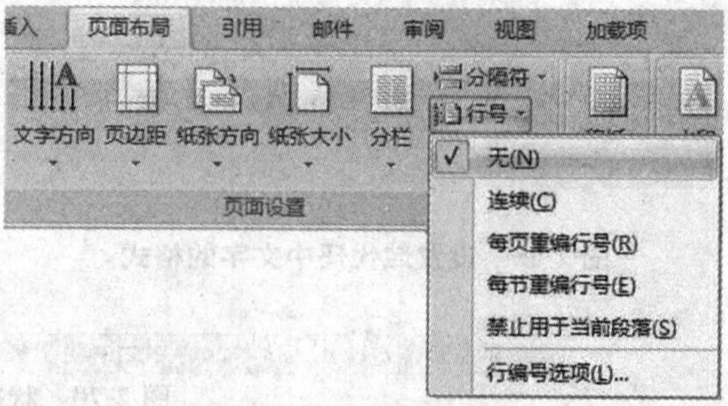

图 2-76 【行号】按钮

40. 精确设置制表位

制表位是指用户按一下键盘上的“Tab”键后插入点将移动到的位置。在输入文本的过程中,设置适当的制表位并灵活地加以应用,可以快速、轻松、整齐地插入需要上下对齐的表格形式文本。制表位分为默认制表位和特殊制表位两类。默认制表位从标尺左端起自动设置,即每按一次“Tab”键,插入点移动默认的 0.75 厘米;而特殊制表位则可根据上下文对齐的实际需要由用户自行设置。一旦由用户设定了特殊制表位,则每按一次

"Tab"键，插入点就将快速移动到所设定的下一个特殊制表位的位置。精确设置特殊制表位的位置操作步骤如下：

选择要设置制表位的段落或将插入点置于该段落中，在【页面布局】选项卡的【段落】组中单击【段落对话框启动器】按钮，打开【段落】对话框，如图 2-77 所示，单击【制表位】按钮，打开【制表位】对话框，如图 2-78 所示。在【制表位位置】框中，输入要设置制表位的位置；在【对齐方式】区域中选择该制表位的对齐方式。如果需要的话，可在【前导符】区域中选择一种前导符，之后单击【设置】按钮，最后单击【确定】按钮即可。

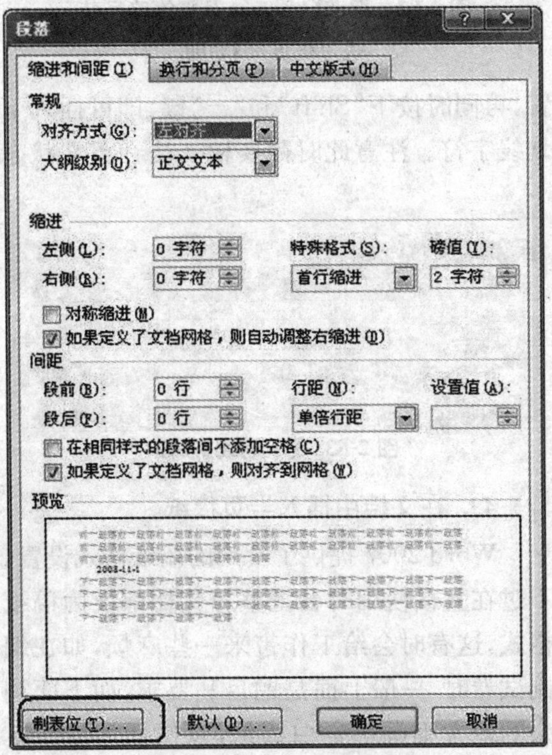

图 2-77　【段落】对话框

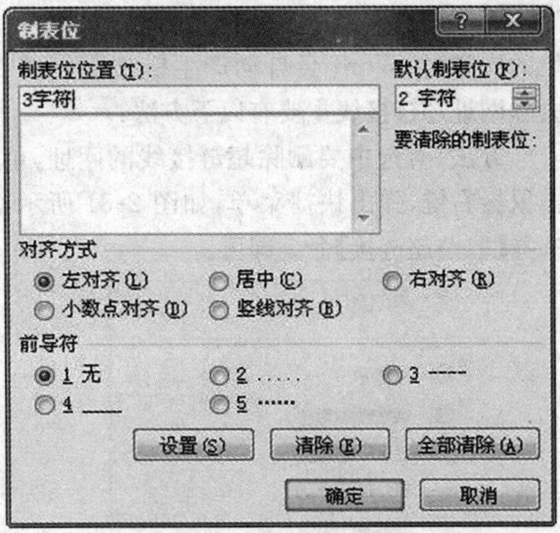

图 2-78　【制表位】对话框

将光标移至需要插入超链接的位置，在【插入】选项卡的【链接】组中，单击【超链接】按钮，如图 2-79 所示，打开【插入超链接】对话框。在【插入超链接】对话框的【地址】栏中输入要链接的网页地址，如图 2-80 所示，然后单击【确定】按钮，添加的超链接文字就会变成蓝色，只要按住"Ctrl"键不放，在超链接文字上单击鼠标就可以链接到目标网页。还可以在文档中链接其他的文档、图片、音频、视频等各种不同的文件。在【插入超链接】对话框的【查找范围】中选择所需文件，之后单击【确定】按钮即可。

图 2-79　【超链接】按钮

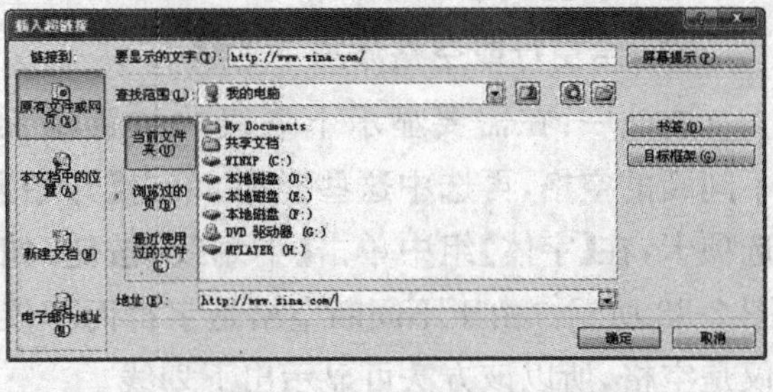

图 2-80　【插入超链接】对话框

41. 在 Word 文档中插入和取消超链接

为了方便阅读，可以在 Word 文档中添加到网页的超链接，只要单击一下就可以跳转到要浏览的网页。在 Word 文档中插入超链接的方法如下：

当用户在文档中输入网址或粘贴带有网址的内容时，Word 会自动产生链接下划线。去除网址超链接线主要有以下方法：

方法一：选中要删除超链接线的网址，单击鼠标右键，弹出快捷菜单，如图 2-81 所示，选择【取消超链接】命令即可。

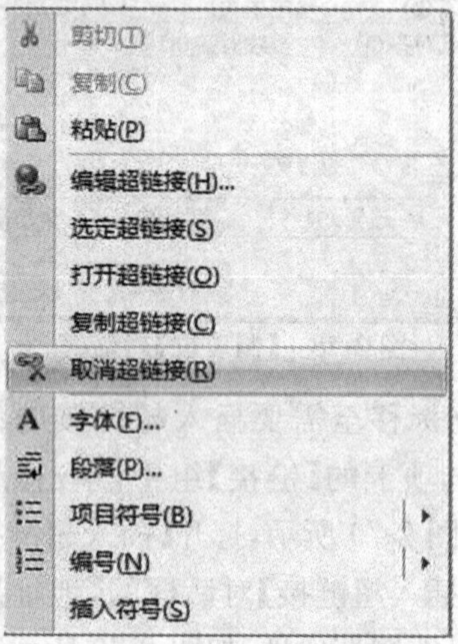

图 2-81 【取消超链接】命令

方法二：在输入网址或粘贴带有网址的内容时产生超链接线，是由于 Word 自动修改功能引起的，关闭相应的功能即可取消超链接线，步骤如下：依次单击【Office】按钮→【Word 选项】按钮，弹出【Word 选项】对话框，在该对话框中单击【校对】选项，然后单击【自动更正选项】选项区的【自动更正】按钮，打开【自动更正】对话框，切换到【键入时自动套用格式】选项卡，如图 2-82 所示，取消勾选【Internet 及网络路径替换为超链接】复选框，最后单击【确定】按钮即可。

42. 给空行或空格添加下划线

方法一：在需要显示下划线的位置输入不间断的空格，再选中这些空格，单击【开始】选项卡，在【字体】组中单击【下划线】按钮，如图 2-83 所示。由于不间断空格是字符而不仅仅是空格，所以该方法可显示出下划线。

方法二：将插入点置于下划线的开始位

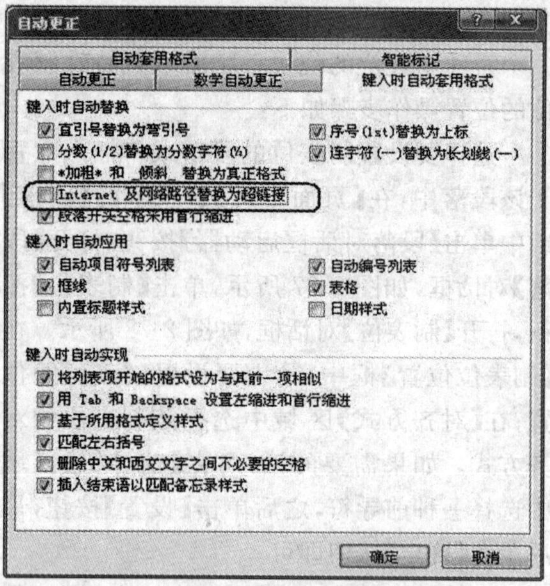

图 2-82 取消【Internet 及网络路径替换为超链接】功能

置，再同时按下“Shift”和“—”键，即可插入下划线字符。注意此时需要输入法在英文状态下。

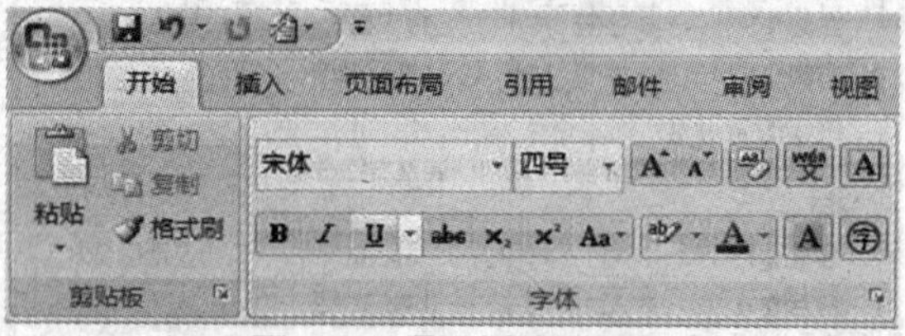

图 2-83 【下划线】按钮

43. 在文档中插入半页稿纸

Word 2007 提供了常用的稿纸格式设置，不过在直接使用时会把整篇文档都设为稿纸格式，这有时会给工作带来一些麻烦，如在编制试卷时，一般上面是题目和要求，而下面剩余的地方则画上空白稿纸，以便让学生在其中进行答题。如要实现这种格式设置，可采用下面的方法：

在录入完文档中的文字部分后，依次单击【Office】按钮→【新建】→【空白文档】，创建一个空白文档。在新建的空白文档中，单击【页面布局】选项卡的【稿纸】组中的【稿纸设置】按钮，如图 2-84 所示，打开【稿纸设置】对话框，如图 2-85 所示。在该对话框中设置好稿纸格式、行列数和网格颜色等内容后单击【确定】按钮退出，把这个新建的文档保存为一个文件备用。

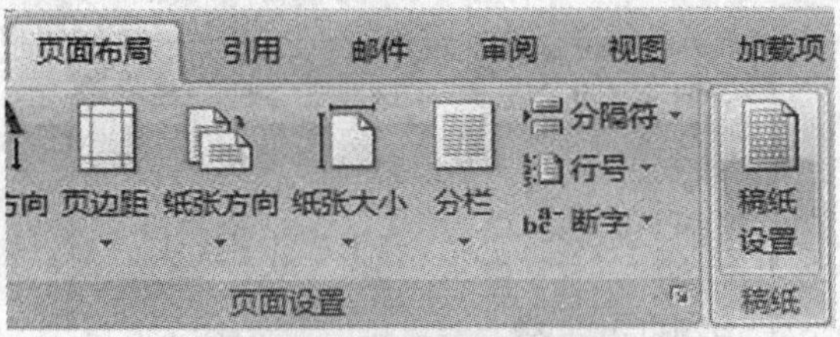

图 2-84　【稿纸设置】按钮

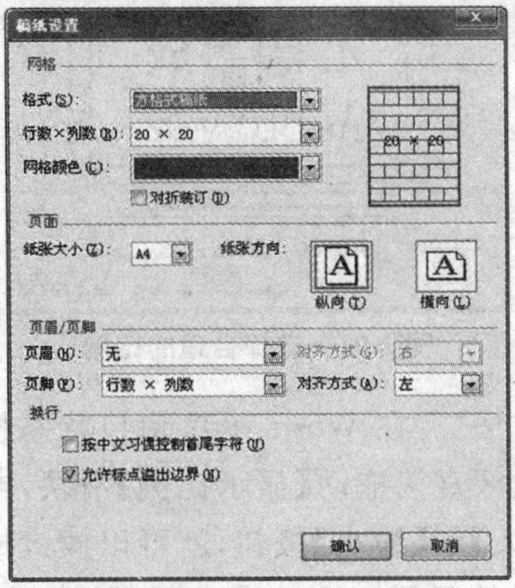

图 2-85　【稿纸设置】对话框

返回到原文档中，单击【插入】选项卡，在【文本】组中单击【对象】按钮，在打开的【对象】对话框中选择【由文件创建】选项卡，如图 2-86 所示，单击【浏览】按钮找到上步保存的稿纸文档文件，单击【确定】按钮，稿纸即被插入到文档中。

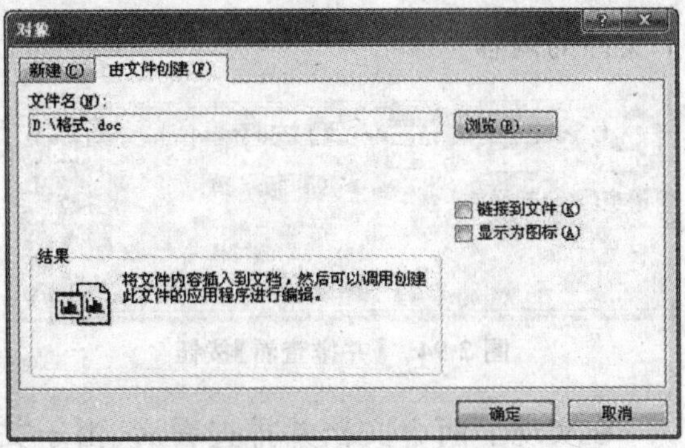

图 2-86　【对象】对话框

右键单击插入的稿纸，在弹出的菜单中选择【设置对象格式】命令，打开【设置对象格式】对话框，如图 2-87 所示。在【设置对象格式】对话框中选择【图片】选项卡，根据所需要的稿纸大小在【裁剪】区域中【下】的文本框内输入一个数字，把插入的稿纸下边裁掉一部分，单击【确定】按钮即可。如果想在插入的半页稿纸中输入文字，如作文题目，那么双击插入的稿纸，会新打开一个稿纸录入文档，录入作文题目后直接关闭该文档即可，如图2-88 所示。

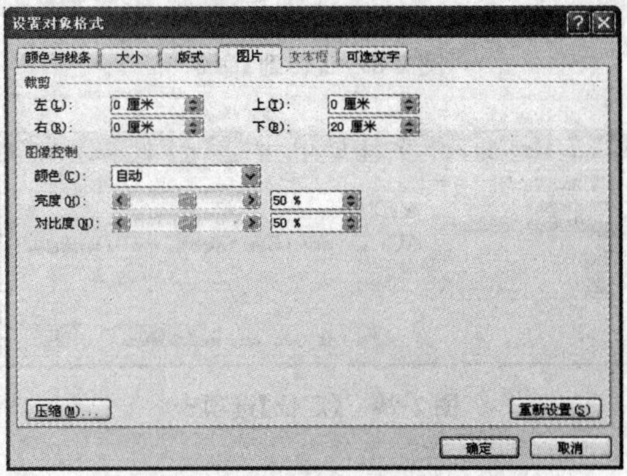

图 2-87　【设置对象格式】对话框

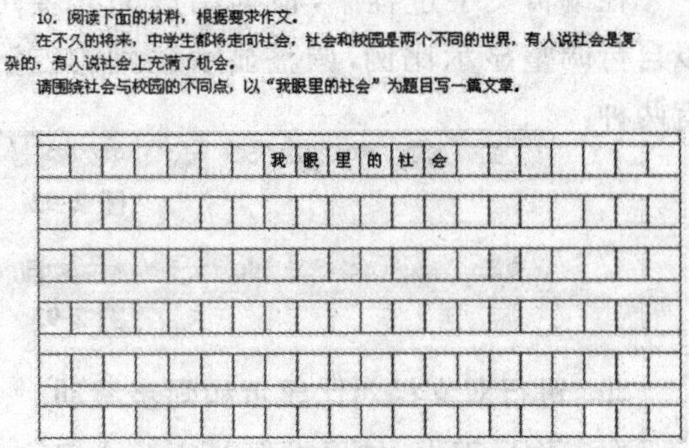
10. 阅读下面的材料，根据要求作文。
在不久的将来，中学生都将走向社会，社会和校园是两个不同的世界，有人说社会是复杂的，有人说社会上充满了机会。
请围绕社会与校园的不同点，以“我眼里的社会”为题目写一篇文章。
我眼里的社会

图 2-88　插入稿纸后的文档

44. 在长文档中快速翻页

当编辑一个很长的文档时，查看内容若用右侧的滚动条或是键盘上的“Page Up”、“Page Down”键来翻页速度较慢，而且非常麻烦，这时可以通过定位功能来迅速翻到指定的页。

在【开始】选项卡的【编辑】组中单击【查找】按钮旁的箭头▾，在打开的菜单中单击【转到】命令，如图 2-89 所示，弹出【查找和替换】对话框。在【查找和替换】对话框中单击【定位】选项卡，如图 2-90 所示，在【定位目标】列表中选择【页】，在【输入页号】文本框中输入想要翻到的页码，然后单击【定位】按钮就可以快速翻到该页上。

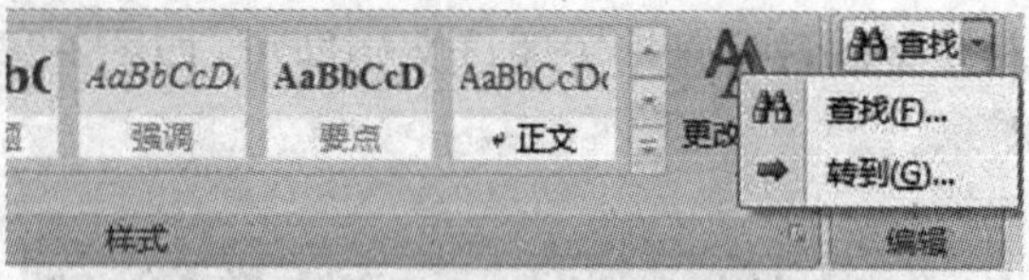

图 2-89 【转到】命令

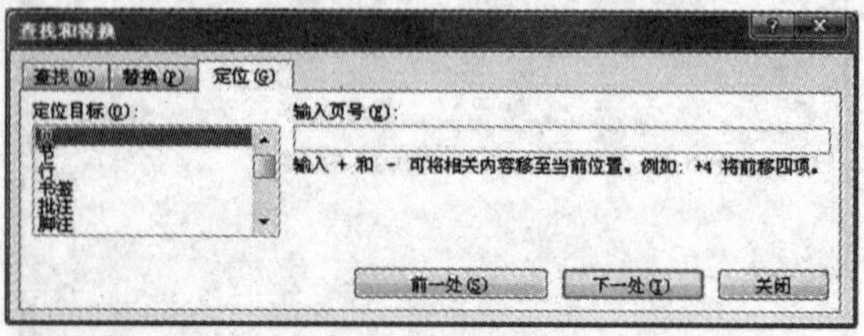

图 2-90 【定位】选项卡

45. 调整文档的显示比例

在编辑文字过程中，根据用户的需要可以自行调整显示比例，调整显示比例的方法有两种：

方法一：首先在【视图】选项卡的【显示比例】组中单击【显示比例】按钮，然后在【显示比例】对话框中选择合适的显示比例，如图 2-91所示。

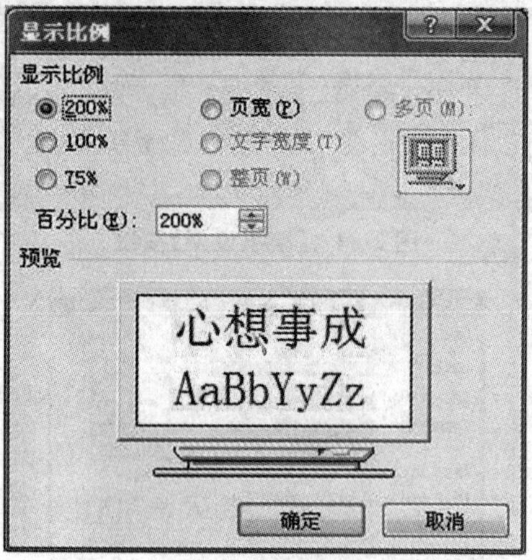

图 2-91 选择合适的比例

方法二：在 Word 2007 窗口状态栏的比例缩放区直接拖动【显示比例】滑块，或者单击【放大】和【缩小】按钮，就可以放大或者缩小文档的显示比例，如图 2-92 所示。

单击【缩放级别】按钮 100%，如图 2-93 所示，也可以弹出【显示比例】对话框，用户可以在此设置文档的显示比例。

图 2-92 【显示比例】滑块

图 2-93 【缩放级别】按钮

46. 进行双文档对比显示和同步滚动

在工作过程中，如果需要对比两个 Word 文档的差异，频繁地切换文档显得非常麻烦。为了让两个文档之间的阅读更方便，用户可以采用并排查看的方式。

打开需要对比的两个文档，在【视图】选项卡的【窗口】组中单击【并排查看】按钮，如图 2-94 所示，这时两个文件立即以两个窗口并排显示的方式排列，方便用户同时查看两个文件的内容。

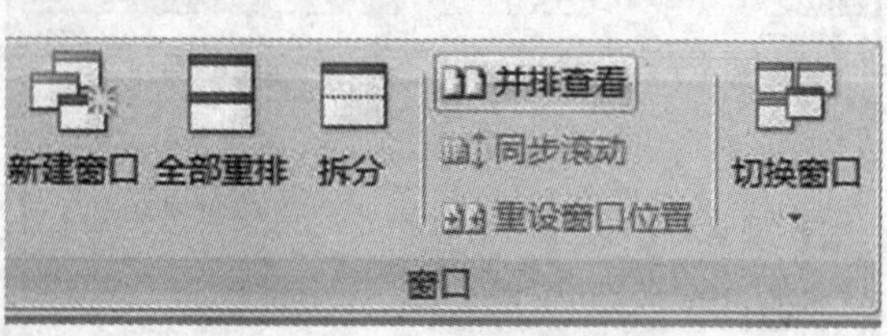

图 2-94 【并排查看】按钮

在实现了两个文档并排查看后，由于文档对比工作需要同步进行，所以希望两个文档能够同步滚动，实现的方法是在【视图】选项卡的【窗口】组中单击【同步滚动】按钮，如图 2-95 所示。这时使用鼠标滚动其中的一个文档时，另一个文档也会随之滚动。

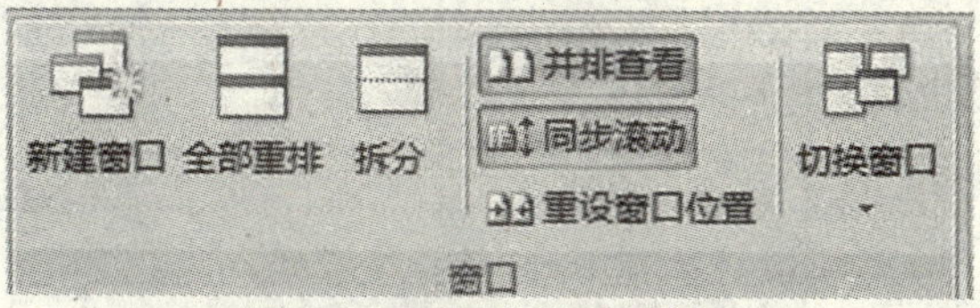

图 2-95　【同步滚动】按钮

47. 关闭页面空白

在编辑一篇图文混排的文档时，如果图片正好被排版在页面的最下方，那么就很有可能因为剩余的页面无法容纳该图片而留下一大片的空白，影响我们的正常阅读，在 Word 2007 中关闭页面空白，可以使用两种方法。

方法一：依次单击【Office】按钮→【Word 选项】按钮，打开【Word 选项】对话框，然后在该对话框中单击【显示】命令，在【页面显示】选项中将【在页面视图中显示页面间空白】一项关闭即可，如图 2-96 所示。

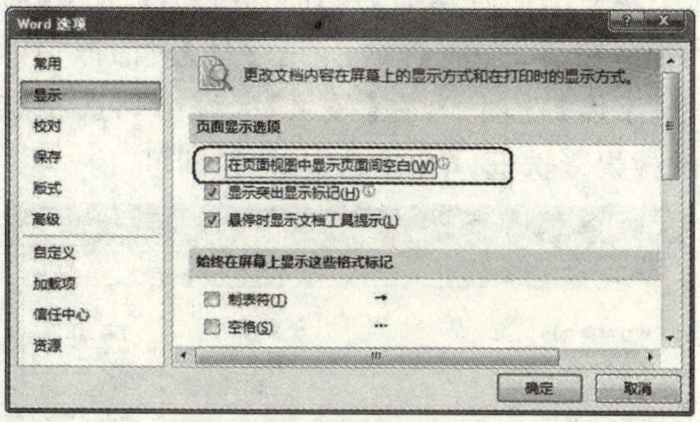

图 2-96　关闭页面间空白

方法二：按住“Ctrl”键单击页面之间的空隙处。

2.2　设置文档格式

48. 设置文字的字体、字号和颜色

在 Word 2007 中可以使用 3 种方法来设置文字的字体、字号和颜色。

方法一：使用浮动工具栏。选中要编辑的文字，当出现半透明的浮动工具栏时，将鼠标移动到浮动工具栏上，使浮动工具栏完全显示出来，这时分别从浮动工具栏中的【字体】、【字号】和【字体颜色】下拉列表中选择需要的选项，所选文字就会变成用户设置的效果。

方法二：单击【开始】选项卡，在【字体】组中进行设置，如图 2-97 所示。

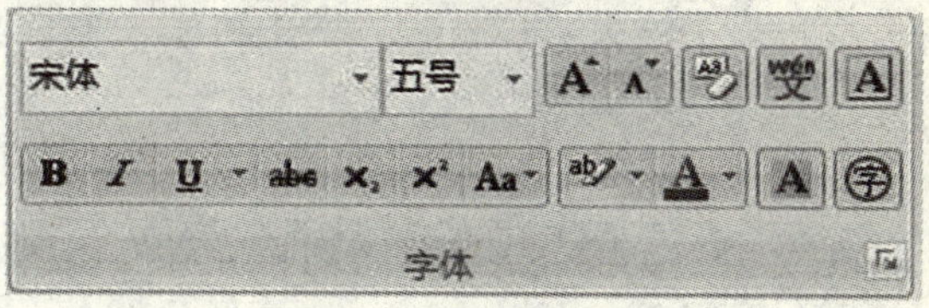

图 2-97　【字体】组

方法三：单击【开始】选项卡，在【字体】组中单击右下角的【字体对话框启动器】按钮 ，如图 2-97 所示，打开【字体】对话框进行设置，如图 2-98 所示。

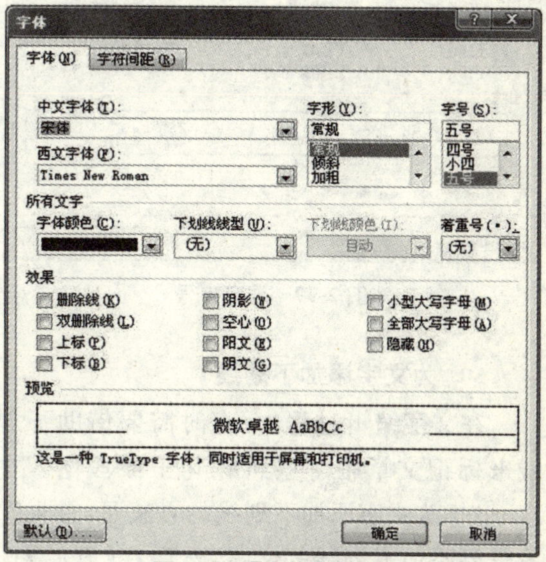

图 2-98　【字体】对话框

49. 在 Word 文档中设置特大字和特小字

在 Word 文档编辑过程中选择适当大小的字体，可使文档美观大方，具有较好的阅读性。然而 Word 文档字号的默认设置最大为 72 磅，最小为 5 磅，如何输入比 72 磅大或者比 5 磅小的字呢？具体操作如下：

单击【开始】选项卡，在【字体】组中单击右下角的【字体对话框启动器】按钮，打开【字体】对话框，在【字号】文本框中输入所需的磅值即可，如图 2-99 所示，字号大小的磅值范围在 1～1638，单击【确定】按钮即可。

技巧 在改变字号时，可以连续使用“Ctrl+]”组合键使文字逐渐增大，“Ctrl+[”组合键使文字逐渐减小，直到满意为止。

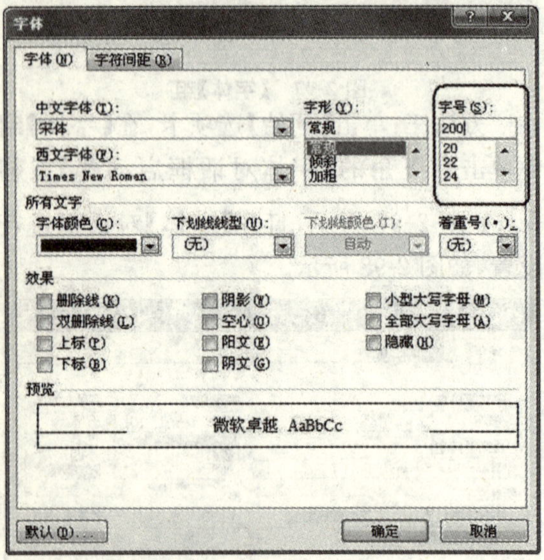

图 2-99　改变字号

50. 为文字添加下划线

在文字编辑过程中，有时需要借助下划线来标记文章中一些特殊句子或段落。在 Word 中为文字添加下划线的方法是：首先选取需要添加下划线的文字，然后在【开始】选项卡的【字体】组中单击【下划线】按钮旁边的箭头，展开【下划线】下拉菜单，如图 2-100 所示，选择一种合适的下划线即可。

默认情况下，用户为文字添加的下划线是黑色的，如果想要改变下划线的颜色，可选择【下划线颜色】命令，如图 2-100 所示，在弹出的菜单中选择下划线的颜色。

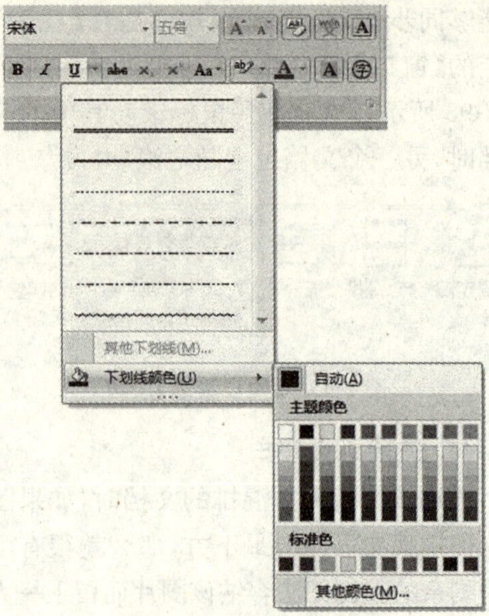

图 2-100　选择下划线

51. 为文字添加特殊效果

Word 2007 可为文字添加阴影、删除线、空心、阴阳文等特殊效果，具体操作如下：

首先选取要添加特殊效果的文字，然后在【开始】选项卡的【字体】组中单击右下角的【字体对话框启动器】按钮，打开【字体】对话框，如图 2-101 所示。在【字体】对话框中单击【字体】选项卡，在【效果】区域中勾选相应的效果复选框，单击【确定】按钮即可。

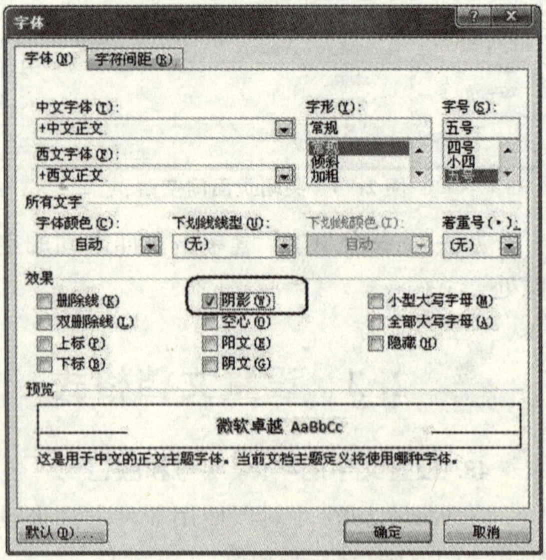

图 2-101　为文字添加阴影效果

技巧

可在选中要添加特殊效果的文字后，直接在【开始】选项卡的【字体】组中单击所对应的按钮，快速为文字添加特殊效果，如图 2-102 所示。

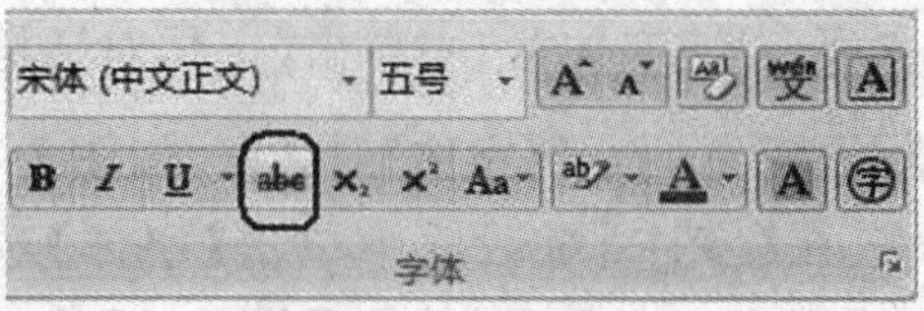

图 2-102 【字体】组

52. 制作带圈文字效果

首先选中要制作带圈效果的文字，在【开始】选项卡的【字体】组中单击【带圈字符】按钮，如图 2-103 所示，打开【带圈字符】对话框。在【带圈字符】对话框中，选择要添加的圈号，如图 2-104 所示，最后单击【确定】按钮即可。

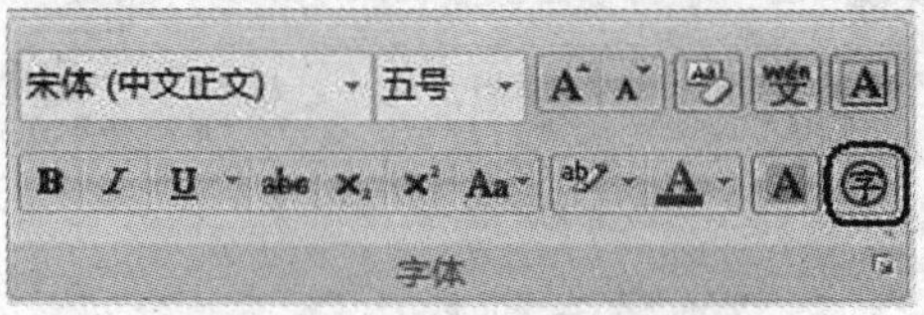

图 2-103 【带圈字符】按钮

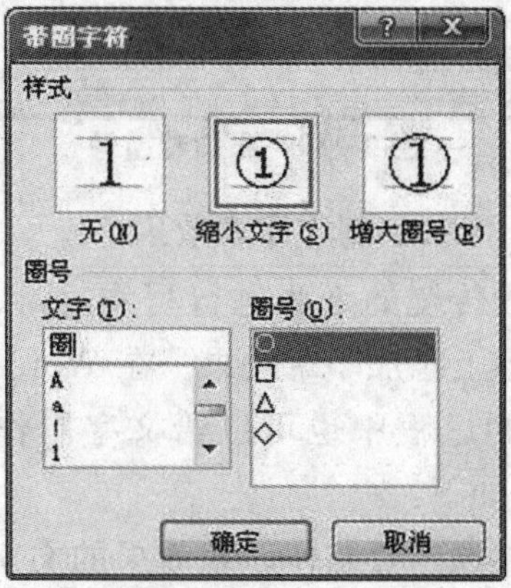

图 2-104 【带圈字符】对话框

53. 为文字添加边框

在文档中为了突出显示某些文字内容，可以为这些文字添加边框，方法如下：

首先选中要添加边框的文字，然后在【开始】选项卡的【字体】组中单击【字符边框】按钮，如图 2-105 所示，即可为文字添加上边框效果。

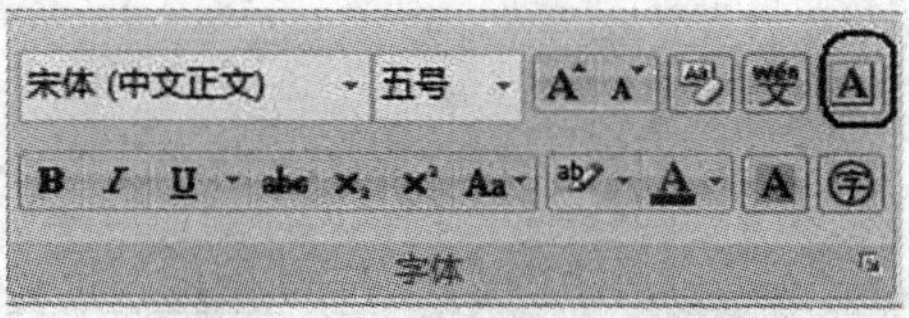

图 2-105 【字符边框】按钮

Word 2007 中边框的默认颜色是黑色，如果要修改边框的颜色，可以采用下面的方法：

首先选中要更改边框颜色的文字，然后在【开始】选项卡的【段落】组中单击【下框线】按钮，如图 2-106 所示，从下拉菜单中选择【边框和底纹】命令，打开【边框和底纹】对话框。在【边框和底纹】对话框中，单击【边框】选项卡，如图 2-107 所示，在【颜色】区域展开下拉列表，从中选择一种合适的边框颜色即可。

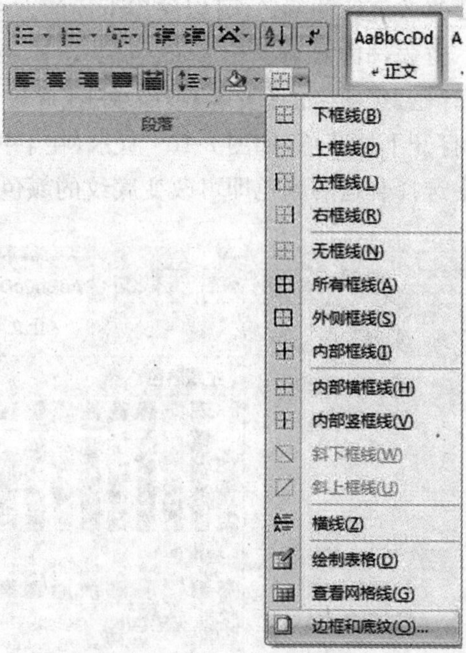

图 2-106 【边框和底纹】按钮

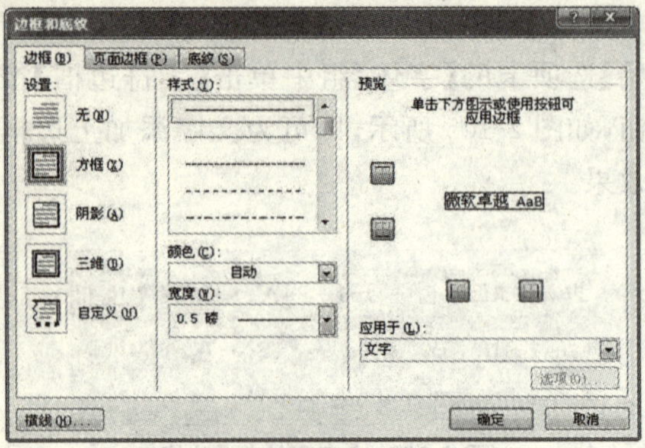

图 2-107 【边框和底纹】对话框

54. 为文字添加底纹

首先选中要添加底纹的文字，在【开始】选项卡的【字体】组中单击【字符底纹】按钮，如图 2-108 所示，即可为文字添加上底纹效果。

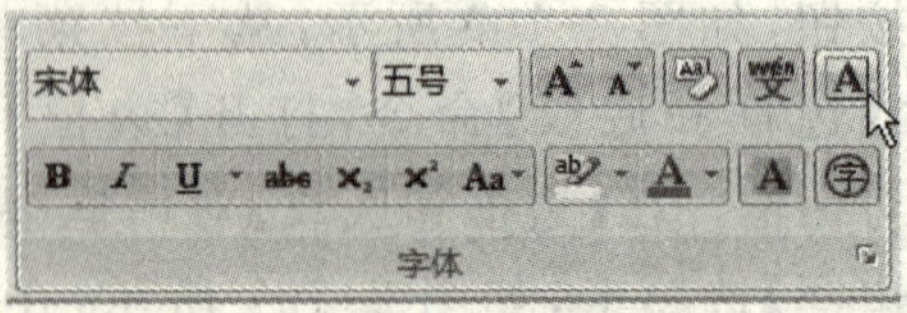

图 2-108 【字符底纹】按钮

Word 2007 中底纹的默认颜色是灰色，如果要修改底纹的颜色，可以采用下面的方法：

首先选中要修改底纹颜色的文字，然后在【开始】选项卡的【段落】组中单击【底纹】按钮，打开下拉菜单，如图 2-109 所示，在下拉菜单中选择合适的颜色即可改变底纹的颜色。

图 2-109 修改底纹颜色

55. 为文字添加着重号

为了强调某些文字或者让读者提高注意力，在编写文档的过程中，用户可以为这些文字添加着重号。在 Word 2007 中为文字添加着重号的方法如下：

首先选中要添加着重号的文字，在【开始】选项卡的【字体】组中单击【字体对话框启动器】按钮，打开【字体】对话框，如图 2-110 所示。在【字体】对话框中单击【字体】选项卡，在【所有文字】区域中的【着重号】的下拉列表中选择“·”符号，最后单击【确定】按钮即可。

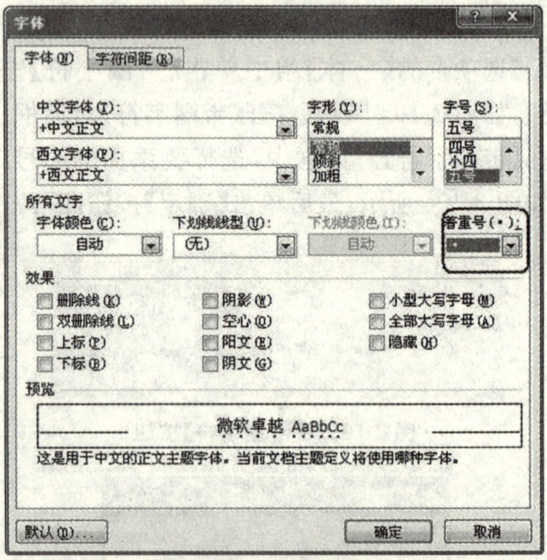

图 2-110 添加着重号

56. 为文字制作印章效果

使用传统的纸张进行写作时，人们总喜欢在内容上添加印章效果。在 Word 2007 编写文字的过程中也可以给文字制作印章效果，方法如下：

首先选中要制作印章效果的文字，在【开始】选项卡的【段落】组中单击【中文版式】按钮，如图 2-111 所示，在下拉菜单中单击【合并字符】命令，打开【合并字符】对话框。在【合并字符】对话框中用户可以根据需要选择各种字体和字号，如图 2-112 所示，最后单击【确定】按钮，所选文字立即合并为印章效果。

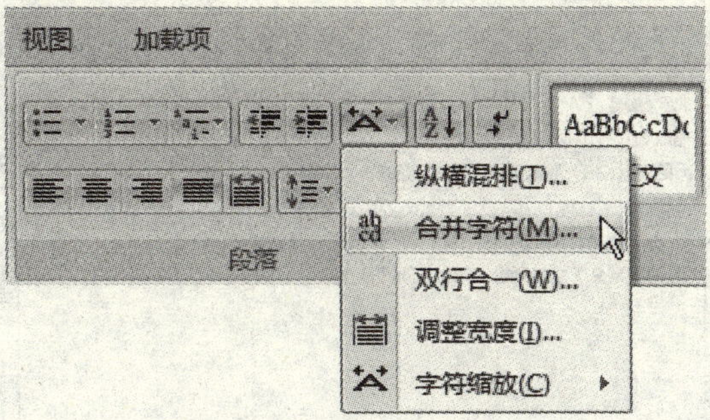

图 2-111 【合并字符】命令

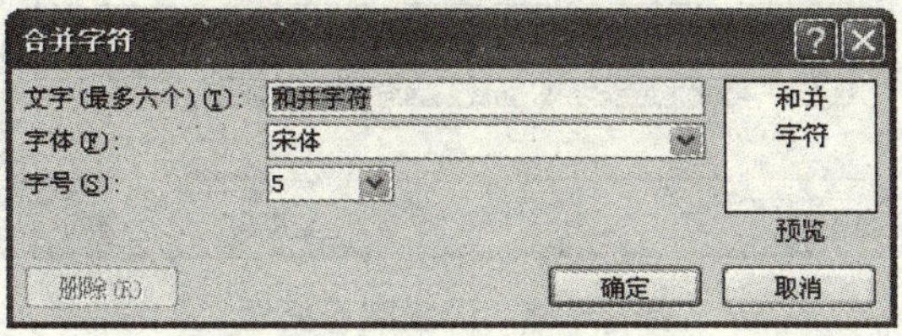

图 2-112 【合并字符】对话框

57. 设置和恢复隐藏文字

用户在编辑完文档以后，如果只想打印文章中的某些内容，而另一些内容不想打印出来，可以把这些内容隐藏起来。隐藏文字的方法如下：

首先选中要隐藏的文字，在【开始】选项卡的【字体】组中单击【字体对话框启动器】按钮 ，打开【字体】对话框。在【字体】对话框中单击【字体】选项卡，在【效果】区域中勾选【隐藏】复选框，如图 2-113 所示，最后单击【确定】按钮即可。

把文字设置成隐藏后，在文档中就看不见了，这时如果想查看这些内容，只要在【开始】选项卡的【段落】组中单击【显示/隐藏编辑标记】按钮，如图 2-114 所示，被隐藏的文字就会以下方添加下划线的形式出现。此时进行【打印预览】操作，将会发现设置隐藏的文字不见了，打印时，这些文字不显示。

如果用户想把文档中设置成隐藏的内容恢复，可以采用下面的方法：

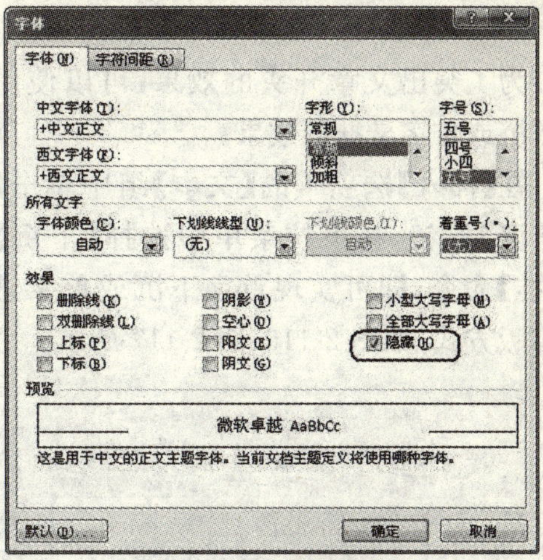

图 2-113 设置隐藏文字

图 2-114 【显示/隐藏编辑标记】按钮

首先将文档内容全部选中，然后打开【字体】对话框，这时在【字体】对话框的【字体】选项卡【效果】区域中的【隐藏】复选框上是“■”，而不是“√”，如图 2-115 所示，选中此项会出现“√”，再选一次“√”就没有了，最后单击【确定】按钮即可。

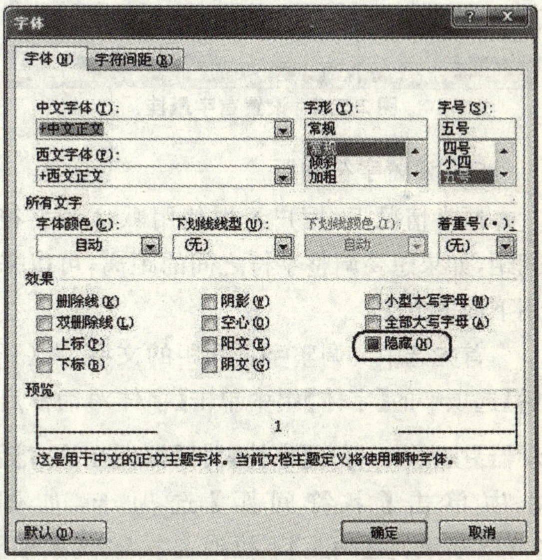

图 2-115 恢复隐藏文字

58. 设置首字下沉或首字悬挂格式

为了突出文章开头的效果，可以使用首字下沉或首字悬挂的效果。

在【插入】选项卡的【文本】组中单击【首字下沉】按钮，在下拉菜单中选择【下沉】或【悬挂】命令，即可实现首字下沉或首字悬挂的排版方式，如图 2-116、图 2-117 所示。

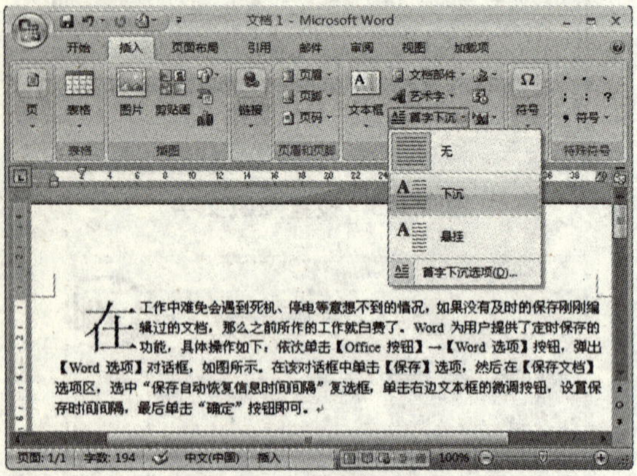

图 2-116　设置首字下沉

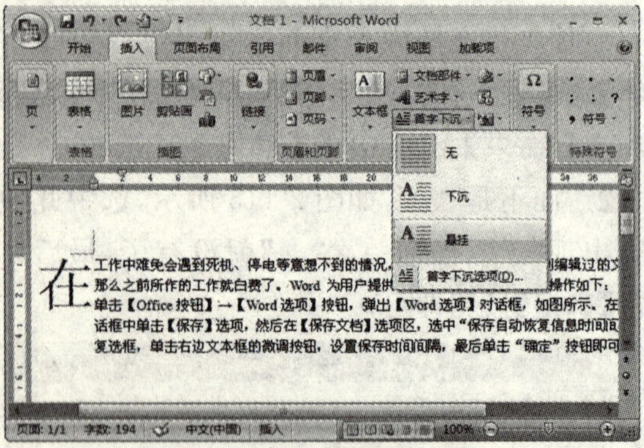

图 2-117　设置首字悬挂

59. 设置字符间距

通常情况下，用户习惯使用默认的字符间距，如果想要调整字符之间的距离，可以采用下面的方法：

首先选中要调整字符间距的文字，在【开始】选项卡的【字体】组中单击【字体对话框启动器】按钮，打开【字体】对话框。在该对话框中单击【字符间距】选项卡，如图 2-118 所示，在【间距】下拉列表中选择【紧缩】或者【加宽】选项，在【磅值】中设置字符间距值，最后单击【确定】按钮，即可改变文本中字符的间距。

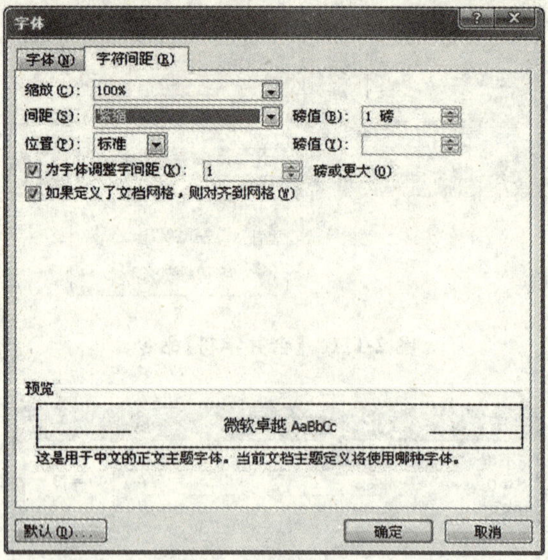

图 2-118　设置字符间距

技巧

选择【紧缩】选项，那么磅值越大，字符间距越小。反之，如果选择【加宽】选项，那么磅值越大，字符间距越大。

60. 设置段落的对齐方式

段落格式是文档段落的一个重要属性。在 Word 2007 中提供了左对齐、右对齐、居中对齐、分散对齐和两边对齐方式等 5 种段落对齐方式。用户可以按照需要设置不同的对齐方式，方法如下：

选取需要设置对齐的段落，单击【开始】选项卡，在【段落】组中依次排列着【左对齐】、【居中】、【右对齐】、【两端对齐】和【分散对齐】按钮，如图2-119 所示，这时用户根据需要单击不同的按钮即可实现段落的不同对齐方式。或者在【开始】选项卡的【段落】组中单击【段落对话框启动器】按钮，打开【段落】对话框。在【缩进和间距】选项卡【常规】区域的【对齐方式】的下拉列表中选择需要的对齐方式，如图 2-120 所示，最后单击【确定】按钮即可。

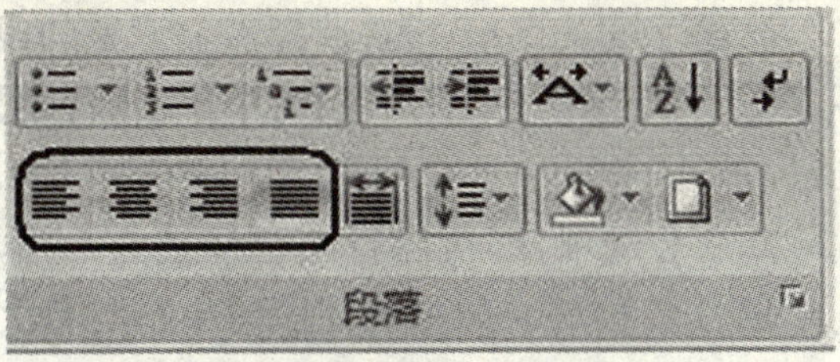

图 2-119　【对齐方式】按钮

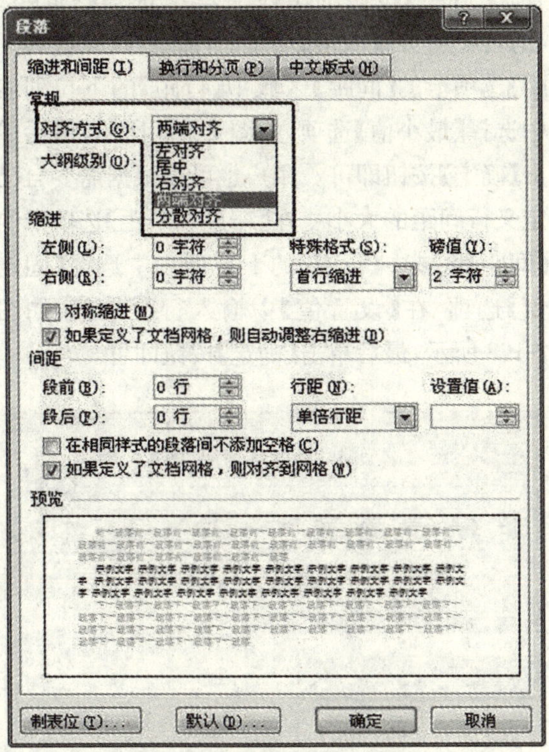

图 2-120　设置段落对齐方式

61. 设置段落缩进

一般情况下，用户使用默认的缩进格式。设置段落默认缩进的方法是：在【开始】选项卡的【段落】组中单击【段落对话框启动器】按钮，打开【段落】对话框。在段落对话框中，选择缩进的位置和格式，如图 2-121 所示，然后单击【默认】按钮，最后单击【确定】按钮即可。

如果段落与页面边框左边的距离太窄，想腾出更多的位置时，可以采用快速调整段落缩进的方法。首先选取需要缩进的内容，然后单击【开始】选项卡，在【段落】组中单击【增加缩进量】按钮，如图 2-122 所示，即可扩大段落与边框的距离。反之，单击【减少缩进量】按钮，如图 2-123 所示，就会使段落与边框的距离更少。

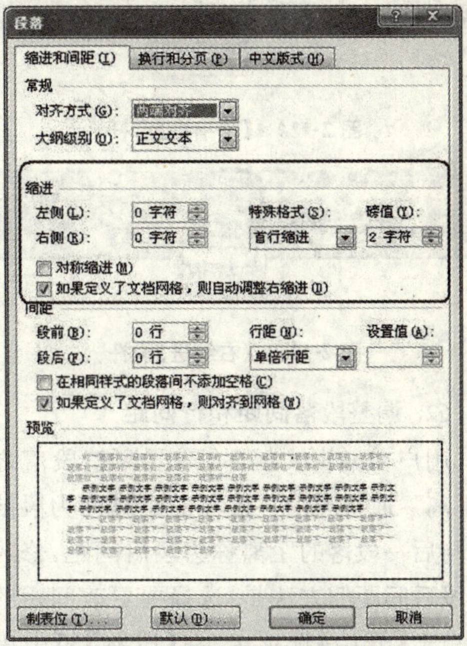

图 2-121　修改默认的缩进方式

图 2-122　【增加缩进量】按钮

图 2-123　【减少缩进量】按钮

技巧

用户可使用以下方法快速调整段落缩进量。选择需要调整的段落内容，单击 Word 2007 窗口右侧滚动条上方的【标尺】按钮，显示标尺。拖曳【左缩进】滑杆，如图 2-124 所示，即可快速调整段落左缩进；拖曳【右缩进】滑杆，如图 2-125 所示，即可快速调整段落右缩进。

图 2-124 【左缩进】滑杆

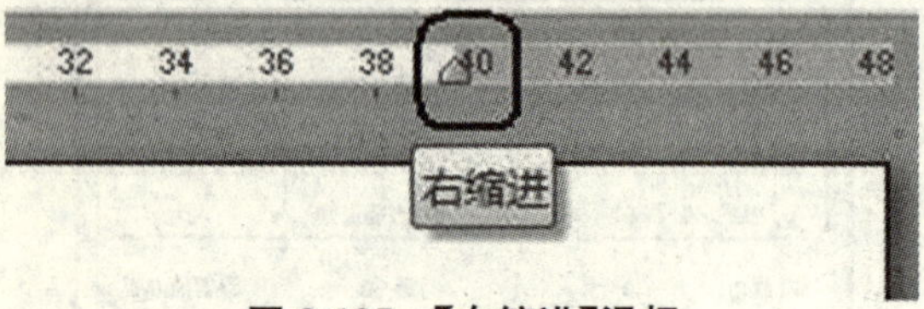

图 2-125 【右缩进】滑杆

62. 调整段落间距和行间距

用户在编辑文档时，需要调整段落之间的距离。通常与前一段落的距离称为段前间距，与后一段落的距离称为段后间距，修改段前、段后间距的方法是：选择要更改间距的段落，单击【开始】选项卡，在【段落】组中单击【段落对话框启动器】按钮，打开【段落】对话框。在【段落】对话框中单击【缩进和间距】选项卡，在【间距】区域中【段前】或【段后】框中输入所需的间距，如图 2-126 所示，最后单击【确定】按钮即可。

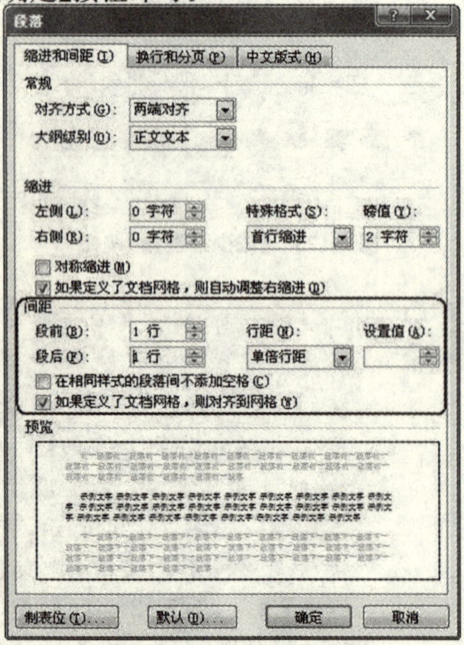

图 2-126 调整段落间距

设置行间距的方法是：选择需要调整的段落，在【开始】选项卡的【段落】组中单击【行距】按钮，如图 2-127 所示，在下拉菜单中选择 1.0、1.15、1.5 等选项，即可将行间距调整为 1 倍，1.15 倍、1.5 倍等。如果想让段落中行与行之间的距离比较紧密，可以设置最小行距，这时只要在【行距】按钮的下拉菜单中选择【行距选项】，就会打开【段落】对话框，然后在【缩进和间距】选项卡的【间距】区域中【行距】的下拉列表中选择【最小值】选项，如图 2-128 所示，最后单击【确定】按钮即可。用户也可以根据需要自己定义行间距的大小。在【缩进和间距】选项卡的【间距】区域中【行距】的下拉列表中选择【固定值】选项，在【设置值】中输入行距数值，如图 2-128 所示，最后单击【确定】按钮即可。

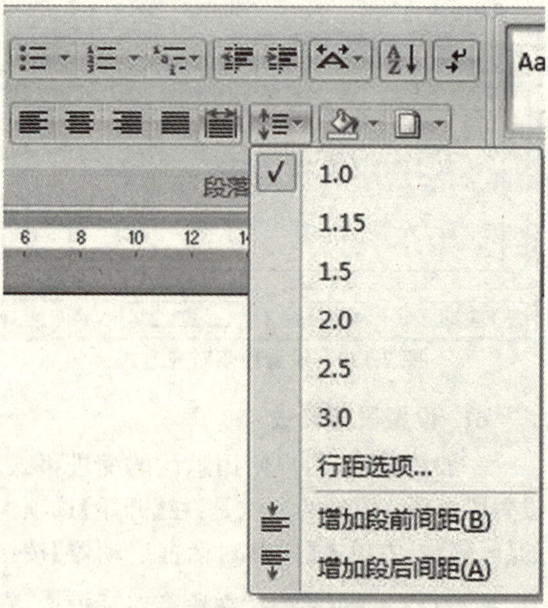

图 2-127 设置行间距

63. 快速复制字符样式

为某段文字设置格式后，如果想该格式能够尽快套用到其他文字中，可以借助 Word 2007 中的格式刷功能来实现。选取完成格式设置的文字，在【开始】选项卡的【剪贴板】组中单击【格式刷】按钮，如图 2-129 所示。启用格式刷后，鼠标立即变为刷子形状，此时，按

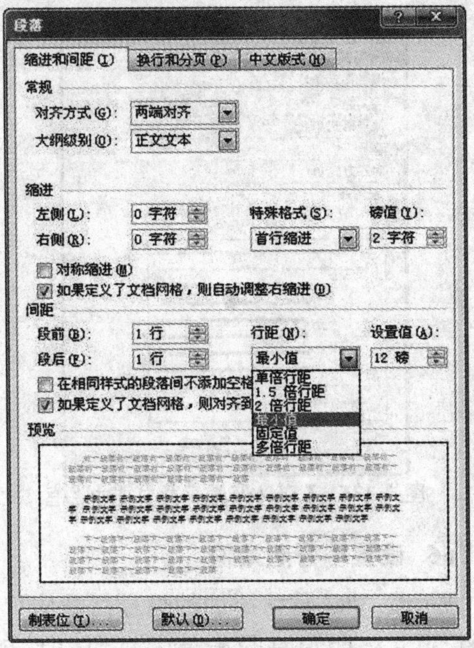

图 2-128　最小行间距

下鼠标左键不放，选取要复制格式的文字，然后松开鼠标左键即可。

图 2-129　【格式刷】按钮

技巧　双击【格式刷】按钮，则可以连续地刷新不同的文字，再次单击【格式刷】按钮取消该功能。

64. 为段落添加项目符号

首先选择需要添加项目符号的段落，然后在【开始】选项卡的【段落】组中单击【项目符号】按钮，如图 2-130 所示，即可为段落快速添加项目符号。用户还可以为文本内容设置其他的项目符号样式。选中需要添加项目符号的文本，然后在【开始】选项卡的【段落】组中单击【项目符号】按钮旁的箭头▾，弹出【项目符号库】，如图 2-131 所示，从中选择一种合适的项目符号样式即可。

图 2-130　【项目符号】按钮

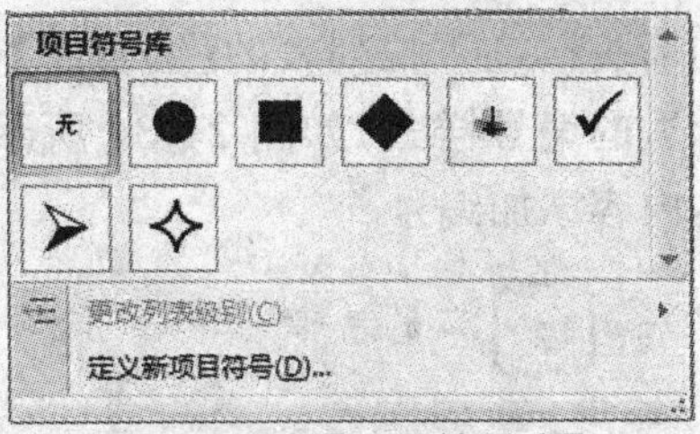

图 2-131　【项目符号库】

如果项目符号库中没有合适的符号，用户还可以定义多种样式的新项目符号至符号库中，为制作个性化的项目符号提供素材。在打开的下拉菜单中选择【定义新项目符号】命令，打开【定义新项目符号】对话框，如图 2-132 所示。在【定义新项目符号】对话框中单击【符号】或【图片】按钮，弹出相应的对话框，用户可在此选择合适的符号或图片，单击【确定】按钮，返回到【定义新项目符号】对话框。此时用户可在【预览】区中预览新设置的项目符号样式。最后单击【确定】按钮即可将其添加至项目符号库中。用户还可以根据需要单击对话框中的【字体】按钮设置项目符号的颜色和大小。

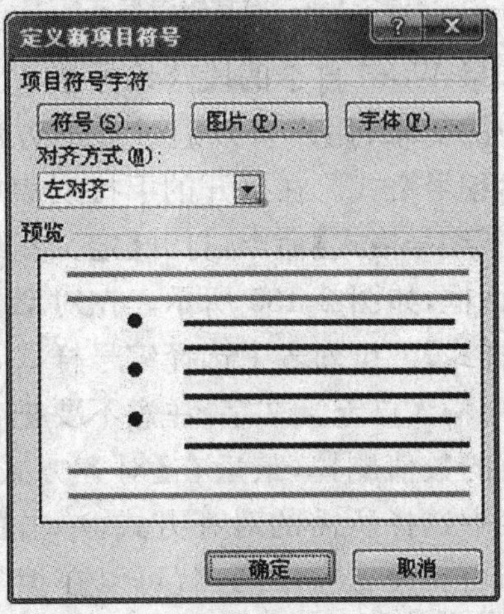

图 2-132　【定义新项目符号】对话框

65. 为段落添加编号

首先选择需要添加编号的段落，在【开始】选项卡的【段落】组中单击【编号】按钮，如图 2-133 所示，即可为段落快速添加编号。用户还可以为文本内容设置其他的编号样式。首先选中需要添加编号的文本，然后在【开始】选项卡的【段落】组中单击【项目符号】按钮旁的箭头，在下拉列表的【编号库】中选择一种合适的编号样式，如图 2-134 所示，即可为文本内容添加编号。

图 2-133 【编号】按钮

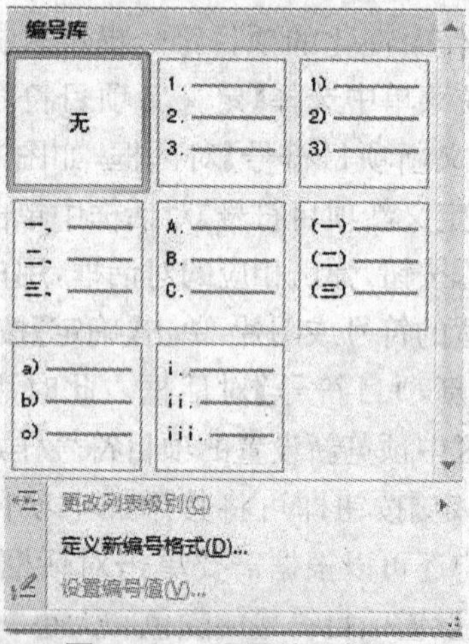

图 2-134 设置编号样式

如果 Word 自带的段落编号格式无法满足用户的需求，用户可以通过以下方法自定义段落编号格式。在打开的下拉列表中选择【定义新编号格式】命令，打开【定义新编号格式】对话框，如图 2-135 所示。在对话框中的【编号样式】下拉列表中选择编号样式，【编号格式】中输入自定义文字，注意不要把带有灰色底色的数值删掉，最后在【对齐方式】的下拉列表中选择所需的对齐方式，单击【确定】按钮即可。设置完毕后，就可以在编号库中看到自定义的编号格式了。

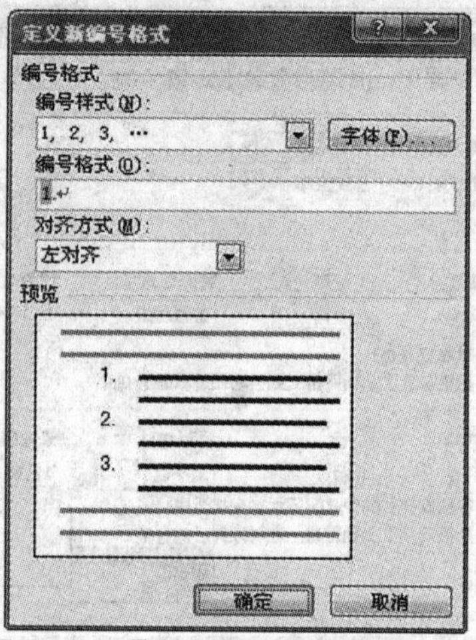

图 2-135 【定义新编号格式】对话框

66. 设置编号起始值

Word 2007 默认添加的编号都是从“1”开始的，当文档的编号起始值不是“1”时，可以通过以下操作为段落设置起始编号。

首先选中要设置编号值的段落，在【开始】选项卡的【段落】组中单击【编号】按钮旁的箭头，从下拉列表中选择【设置编号值】命令，如图 2-136 所示，弹出【起始编号】对话框。在【起始编号】对话框中，如图 2-137 所示，选择【继续上一列表】选项，然后选中【前进量(跳过数)】复选框，再根据实际情况，在【值设置为】框中输入数值，例如输入“3”，即表示选中段落的起始编号为 3，最后单击【确定】按钮即可。如果用户想撤销段落的现有编号值，使段落的编号重新变为从“1”开始的格式，则可以选中这些段落，按照前面介绍的方法，打开【起始编号】对话框，选择【开始新列表】选项，在【值设置为】框输入“1”，然后单击【确定】按钮，即可使编号重新从“1” 开始。

67. 取消自动添加项目符号和编号

首先选中想要取消项目符号或编号的段落，单击【项目符号】按钮或【编号】按钮即可取消他们。以上的方法虽然很简单，但是每次都要设置，很不方便。如果想永久取消自动添加项目符号和编号功能，则可以采用下

图 2-136　【设置编号值】命令

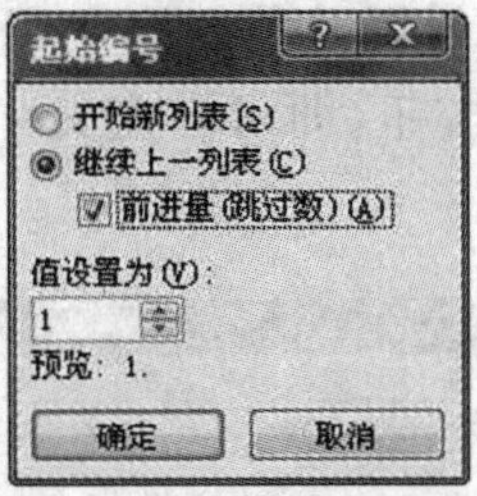

图 2-137　设置新编号

面的方法：

依次单击【Office】按钮→【Word 选项】按钮，打开【Word 选项】对话框，在该对话框中单击【校对】选项，然后在【自动更正选项】选项区中单击【自动更正选项】按钮，打开【自动更正】对话框，如图 2-138 所示，单击【自动套用格式】选项卡，在【应用】区域中取消【自动项目符号列表】复选框。单击【键入时自动套用格式】选项卡，在【键入时自动应用】区域取消【自动项目符号列表】复选框和【自动编号列表】复选框，如图 2-139 所示，最后单击【确定】按钮即可永久取消自动添加项目符号和编号功能。

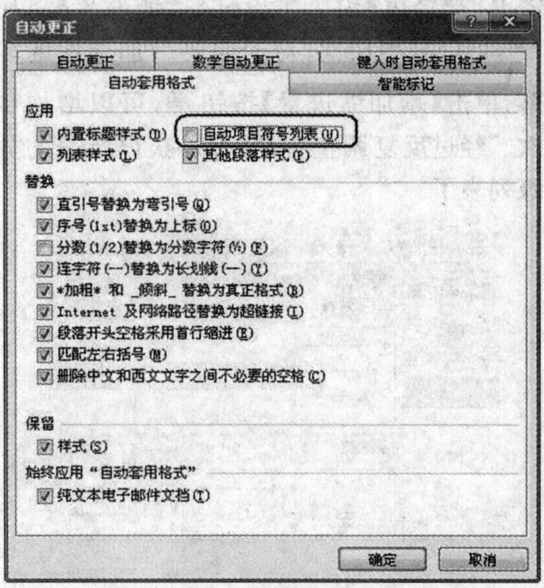

图 2-138　取消【自动项目符号列表】复选框

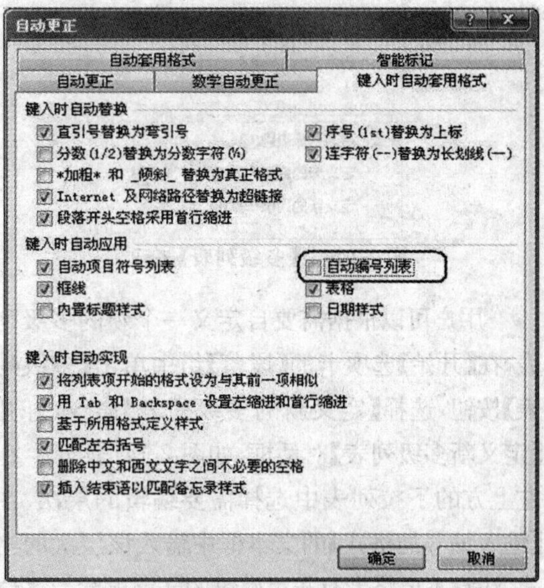

图 2-139　取消自动添加项目符号和编号

68. 使用和设置分级列表

首先选中需要套用分级列表的段落内容，然后在【开始】选项卡的【段落】组中单击【多级列表】按钮，如图 2-140 所示，从列表库中选择一种分级列表样式即可。套用完毕后，选择需要修改层次的段落。

对于需要提升层次的段落，在【开始】选

项卡的【段落】组中单击【减少缩进量】按钮，可以减少层次；对于需要增加层次的段落，单击【增加缩进量】按钮，可以增加层次。经过反复调整后，就可以获得所需的分级列表了。

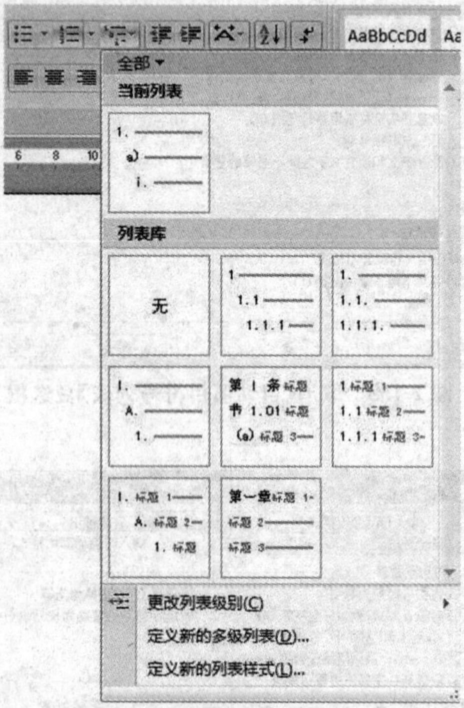

图 2-140　【多级列表】按钮

用户可以根据需要自定义一个新的多级列表，在【开始】选项卡的【段落】组中单击【多级列表】按钮，选择【定义新的多级列表】命令，打开【定义新多级列表】对话框，如图 2-141 所示。在左上方的下拉列表中选择需要编辑的层次，在【输入编号的格式】的文本框中输入该层次的格式，注意不要将带有灰色底纹的文字删除，在【位置】区域设置该层次的对齐方式和对齐位置。重复在【定义新多级列表】对话框中的操作，设置其他级别的格式，最后单击【确定】按钮，即可自定义一个新的多级列表。

为了让各层次的内容更容易辨识，还可以为不同级别的文字制定样式。在【开始】选项卡的【段落】组中单击【多级列表】按钮，在下拉列表中选择【定义新的列表样式】命令，

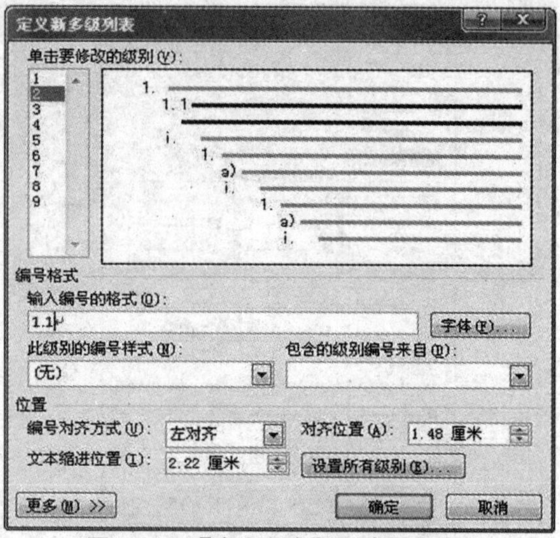

图 2-141　【定义新多级列表】对话框

打开【定义新列表样式】对话框，如图 2-142 所示。在该对话框中，为新列表样式定义一个名称，在【格式】区域的【起始编号】中输入所需编号，在【将格式应用于】的下拉列表中选择级别，然后调整字形、字号等文字样式。重复上述操作，设置其他级别文字的样式，最后单击【确定】按钮，即可自定义一个新的列表样式。

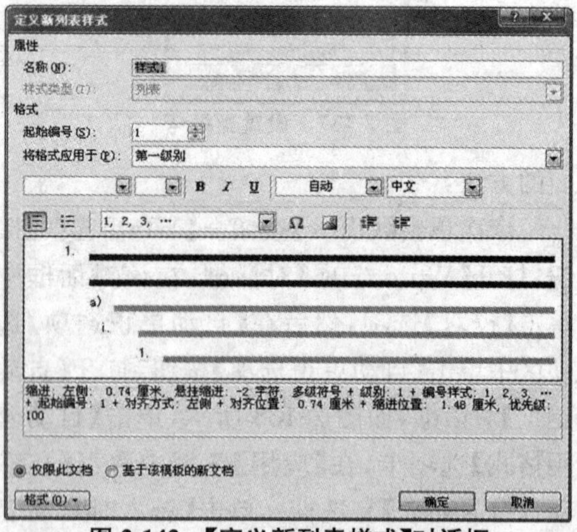

图 2-142　【定义新列表样式】对话框

69. 将两行文字合并为一行

首先选中想要压缩的文本，然后在【开始】选项卡的【段落】组中单击【中文版式】按钮，如图 2-143 所示，在下拉菜单中选择【双行

合一】命令即可。

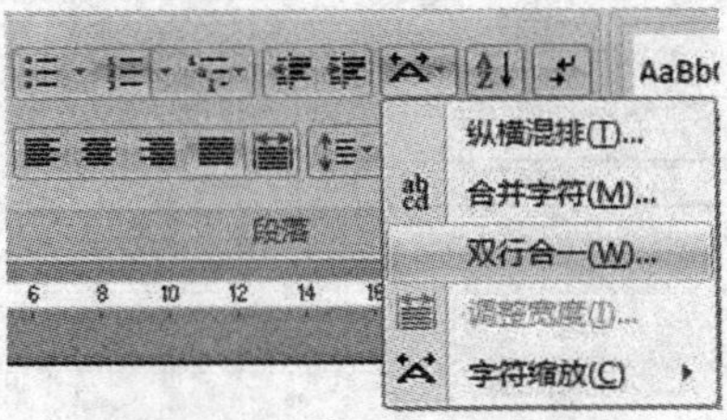

图 2-143　【双行合一】命令

70. 设置文本样式

首先选中要设置样式的文本，然后在【开始】选项卡的【样式】组中单击所需样式的按钮，如图 2-144 所示。例如单击【标题】按钮，所选的文本就以标题形式在文档中存在。如果【样式】组中没有所需样式，可以单击【其他】按钮，打开样式库，如图 2-145 所示，用户可以在此选择所需样式。

将系统提供的样式应用于文档之后，用户还可以对其进行修改。在【样式】组中单击【其他】按钮，在弹出的菜单中选择【应用样式】命令，打开【应用样式】对话框，在【应用样式】对话框中单击【修改】按钮，打开【修改样式】对话框，如图 2-146 所示，在对话框的下方显示出了当前文档的样式特征，这时用户可以通过设置字体、字号等来改变样式的字体效果。在对话框中单击【格式】按钮，在弹出的菜单中选择【编号】命令，打开【编号和项目符号】对话框。用户可以在【编号和项目符号】对话框选择合适的编号，如图 2-147 所示。单击【确定】按钮，返回到【修改样式】对话框，再单击【确定】按钮，文本样式即被改变。

图 2-144　【标题】按钮

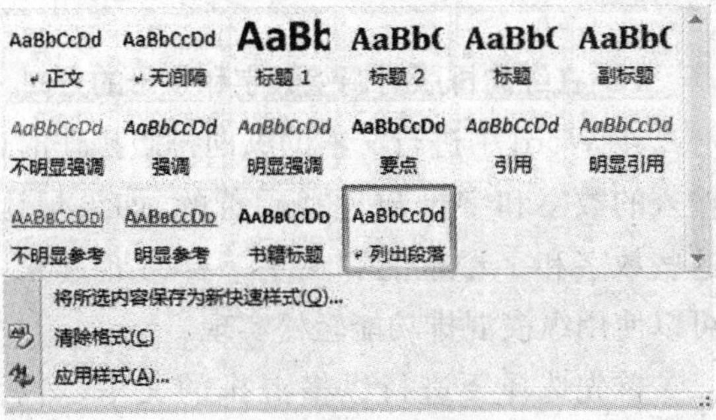

图 2-145　样式库

71. 改变文字的方向

首先选中要改变方向的文本，然后单击【页面布局】选项卡，在【页面设置】组中单击【文字方向】按钮，弹出下拉菜单，选择不同的方向即可。但是此时在【文字方向】下拉菜单中的 5 种方向选择，只能选用其中 3 种，另外两种不能被选用，而这 3 种能选用的方向却

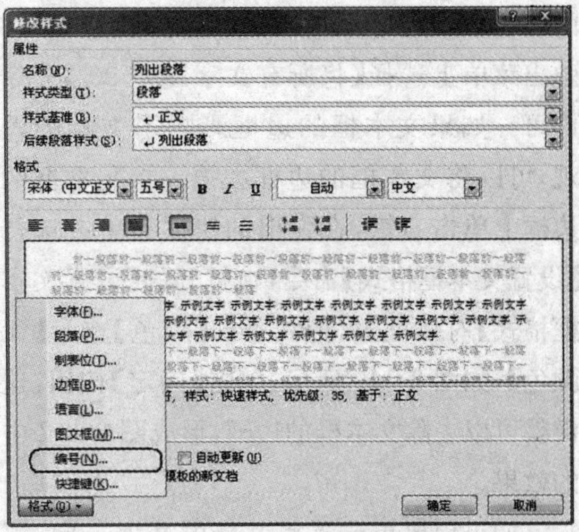

图 2-146　【修改样式】对话框

做不出如图 2-148 所示的排版。其实，只要是在图形和文本框中的文字就可以应用所有的文字方向。

图 2-147 【编号和项目符号】对话框

图 2-148 排版实例

以图 2-148 为例，首先在文档中插入一个文本框，写入文字，然后在【页面布局】选项卡的【页面设置】组中单击【文字方向】按钮，在弹出菜单上选择【将所有文字旋转 90°】命令即可。如果文本框的边框影响了文档的美观，可以将文本框的边框去掉。在文本框的边框上单击右键，在弹出的快捷菜单上选择【设置文本框格式】命令，在打开的【设置文本框格式】对话框上，把线条的【颜色】选为【无颜色】，如图 2-149 所示，单击【确定】按钮，这样就可以去除文本框的边框，形成图 2-148 中的效果。

如果想要更改整篇文档的文字方向，那么在【页面布局】选项卡的【页面设置】组中单击【文字方向】按钮，在弹出菜单上选择【文字方向选项】命令，打开【文字方向 · 主文档】对话框，如图 2-150 所示，首先在【方向】栏中选

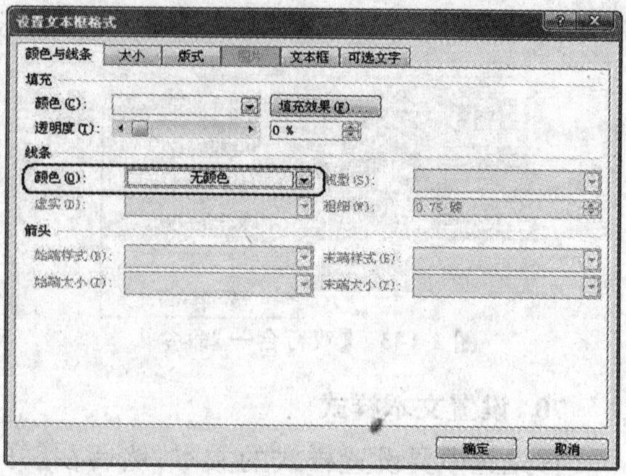

图 2-149 【设置文本框格式】对话框

择一种文字方向，然后在【应用于】下拉列表中选择整篇文档，最后单击【确定】按钮即可。

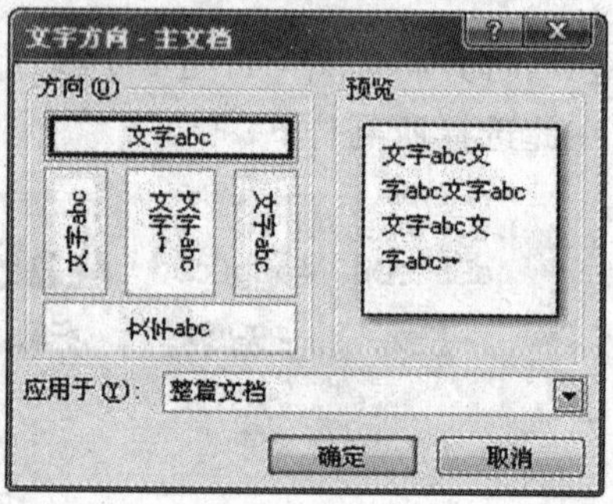

图 2-150 【文字方向 · 主文档】对话框

72. 在纵向排版时调整数字和字母的方向

在 Word 中进行文本的纵向排版操作时，输入的数字和字母却是“躺”着的，如果想让这些数字和字母也能和文字一样“站”起来，可以使用纵横混排功能轻松实现。

首先选择要进行纵横混排的文本，然后在【开始】选项卡的【段落】组中单击【中文版式】按钮，在下拉菜单中选择【纵横混排】命令即可，如图 2-151 所示。

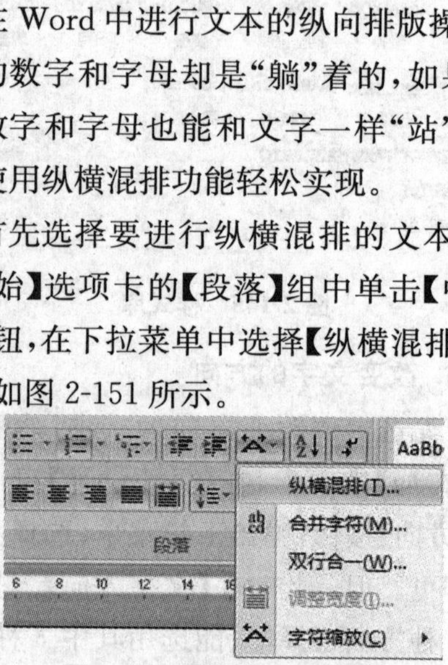

图 2-151 【纵横混排】命令

技巧 纵横混排功能不支持对所有的数字和字母一起操作，只能一个一个地转换。

73. 设置文档中每行的字符数和每页的行数

单击【页面布局】选项卡，在【页面设置】组中单击【页面设置对话框启动器】按钮，打开【页面设置】对话框。在【页面设置】对话框中切换到【文档网格】选项卡，将其中的【指定行和字符网格】一项选中，如图 2-152 所示，在【每行】和【每页】中的文本框中对字符数和行数分别进行设置，最后单击【确定】按钮，即可改变文档中每行的字符数和每页的行数。

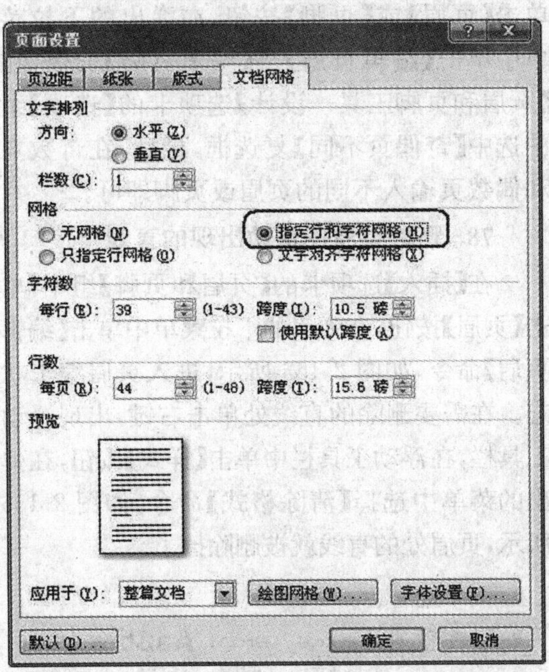

图 2-152 设置每行中的字符数和每页中的行数

74. 设置页眉和页脚

将插入点置于要插入页眉与页脚的节中，如果文档没有分节，则将给整个文档插入页眉与页脚。在【插入】选项卡的【页眉和页脚】组中，单击【页眉】按钮，如图 2-153 所示。在【页眉】的下拉菜单中选择合适的页眉设计，页眉即被插入到文档的每一页中，如图 2-154 所示，这时在工具栏中增加了【页眉和页脚工具—设计】选项卡。在输入文字处输入合适的页眉文字后，单击【页眉和页脚工具—设计】选项卡中【关闭】组的【关闭页眉和页脚】按钮，即可为文档添加页眉。

添加页脚的方法与页眉类似。在【插入】选项卡的【页眉和页脚】组中，单击【页脚】按钮，在【页脚】下拉菜单中选择合适的页脚设计，页脚即被插入到文档的每一页中，这时在输入文字处输入合适的页脚文字后，单击【页眉和页脚工具—设计】选项卡中【关闭】组的【关闭页眉和页脚】按钮，即可为文档添加页脚。

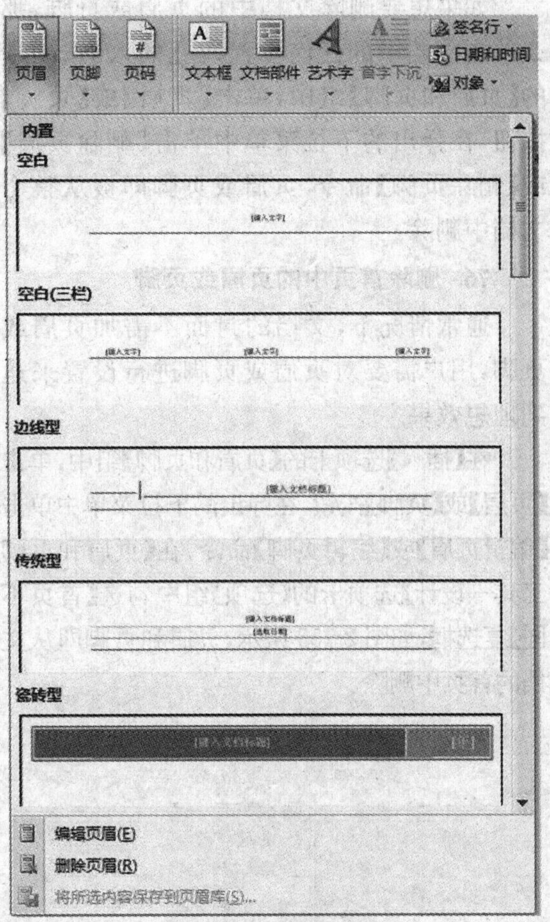

图 2-153 【页眉】按钮

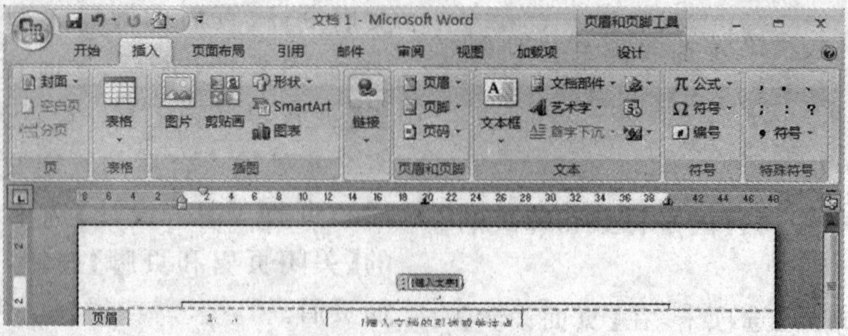

图 2-154　添加页眉

技巧　在输入页眉或页脚内容时，可单击【页眉和页脚工具—设计】选项卡中的【转至页眉】按钮或者【转至页脚】按钮在页眉页脚间进行快速切换。

75. 删除整个文档中的页眉或页脚

如果想要删除文档中的页眉或页脚，那么单击文档中的任何位置，在【插入】选项卡的【页眉和页脚】组中，单击【页眉】或【页脚】按钮，在弹出的下拉菜单中单击【删除页眉】或【删除页脚】命令，页眉或页脚即被从整个文档中删除。

76. 删除首页中的页眉或页脚

通常情况下，文档的封面不需加页眉或页脚，用户需要对页眉或页脚进行设置来达到理想效果。

在【插入】选项卡的【页眉和页脚】组中，单击【页眉】或【页脚】按钮，在弹出的下拉菜单中单击【编辑页眉】或【编辑页脚】命令，在【页眉和页脚工具—设计】选项卡的【选项】组中勾选【首页不同】复选框，如图 2-155 所示，页眉和页脚即从文档的首页中删除。

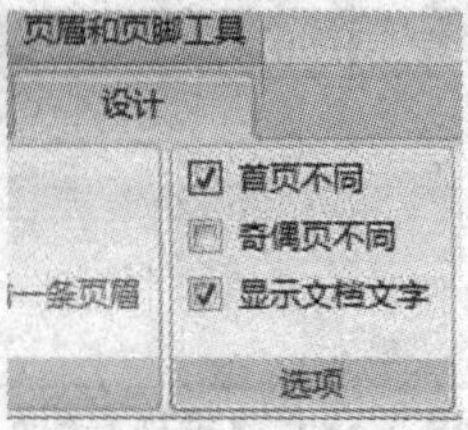

图 2-155　设置页眉和页脚

77. 对奇偶页使用不同的页眉或页脚

奇偶页上有时需要使用不同的页眉或页脚，例如，用户可能选择在奇数页上使用文档标题，而在偶数页上使用章节标题。可以通过下面的方法实现：

在【插入】选项卡的【页眉和页脚】组中，单击【页眉】或【页脚】按钮，在弹出的下拉菜单中单击【编辑页眉】或【编辑页脚】命令，在【页眉和页脚工具—设计】选项卡的【选项】组中选中【奇偶页不同】复选框，最后，在奇数页和偶数页输入不同的页眉或页脚即可。

78. 删除页眉中自动出现的直线

在【插入】选项卡的【页眉和页脚】组中，单击【页眉】按钮，在弹出的下拉菜单中单击【编辑页眉】命令，如图 2-153 所示，进入页眉编辑状态。在需要删除的直线处单击右键，出现浮动工具栏，在浮动工具栏中单击【样式】按钮，在弹出的菜单中选择【清除格式】命令，如图 2-156 所示，页眉处的直线就被删除掉了。

图 2-156　【清除格式】命令

79. 插入分页符和分节符

当输入的文本或图形满一页后,Word 2007会自动插入一个分页符,该分页符会随着文档内容的增加、删除或版面格式的改变而自动调整其在文档中的位置,称为软分页符。如果想在文档中某个特定位置强行分页,则需要手工插入一个硬分页符,方法如下:

首先将插入点移到要强行分页的地方,然后在【插入】选项卡的【页】组中单击【分页】按钮,如图2-157所示,即可插入新的一页。或者在【页面布局】选项卡的【页面设置】组中单击【分隔符】按钮,在菜单中选择【分页符】,如图2-158所示,即可插入新的一页。

图2-157 【分页】按钮

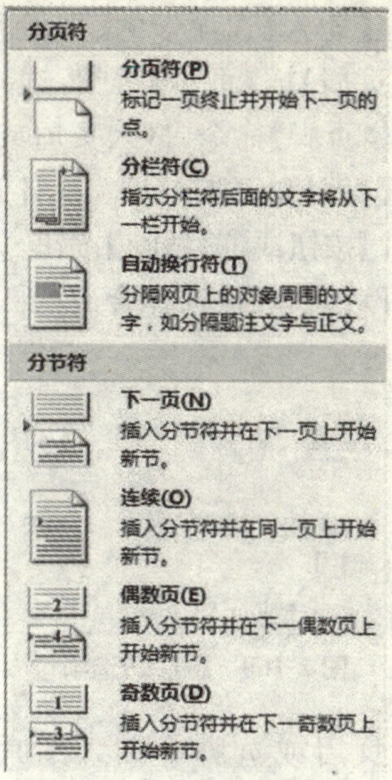

图2-158 【分隔符】菜单

当需要在文档的不同部分使用不同的页面格式编排时,就需要插入分节符将文档分为多个节。这样,在某个分节中使用不同的页面格式编排时,就不会影响文档中其他节内容的页面格式。插入分节符的方法如下:

首先将插入点移到文档中要分节的地方,然后在【页面布局】选项卡的【页面设置】组中单击【分隔符】按钮,在弹出的菜单中【分节符】栏中有四个选项,如图2-158所示。如果选择【下一页】,则新的一节从下一页开始;如果选择【连续】,则新的一节从本页开始;如果选择【偶数页】,则新的一节从下一个偶数页开始;如果选择【奇数页】,则新的一节从下一个奇数页开始。选择合适的选项即可在文档中插入分节符。

80. 为文档的某个部分创建不同的页眉或页脚

在撰写书稿或者论文时,常常遇到要求页眉设置奇偶页不同,且几个部分均不相同的情况,如单页的页眉是书名,而双页的页眉是每章标题。这时可采用分节的方法实现:

首先在每一章的开始处插入合适的分节符。然后在【插入】选项卡的【页眉和页脚】组中,单击【页眉】或【页脚】按钮,选择【编辑页眉】或【编辑页脚】命令,进入页眉或页脚编辑状态。在【页眉和页脚工具—设计】选项卡的【导航】组中单击【链接到前一条页眉】按钮,如图2-159所示,断开新节中的页眉或页脚与前一节中的页眉或页脚之间的链接。如果需要奇偶页的页眉不同,在【页眉和页脚工具—设计】选项卡的【选项】组中选择【奇偶页不同】复选框,这时即可输入页眉或页脚的内容,或创建新的页眉或页脚。

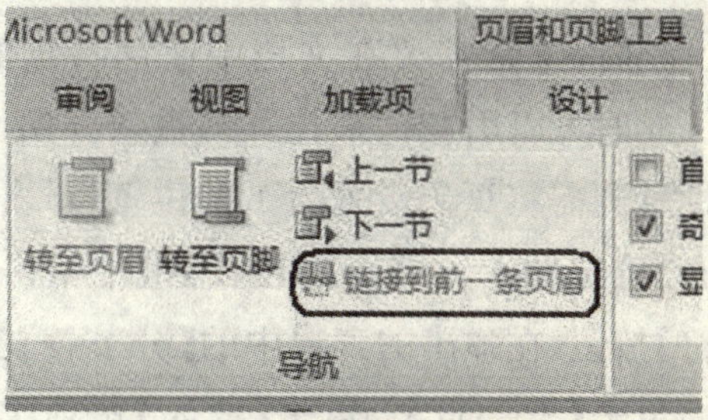

图2-159 【链接到前一条页眉】按钮

81. 在页眉或页脚中插入图片或剪贴画

如果需要在页眉或页脚中插入图片或剪

贴画，可在【插入】选项卡的【页眉和页脚】组中，单击【页眉】或【页脚】按钮，选择【编辑页眉】或【编辑页脚】命令，进入页眉或页脚编辑状态。在【页眉和页脚工具—设计】选项卡中单击【图片】按钮或【剪贴画】按钮，如图 2-160 所示，打开对话框后，选择合适的图片或剪贴画插入即可。

图 2-160 【插入】选项卡

当在页眉或页脚中插入图片后，Word 2007 选项卡中增加了【图片工具—格式】一项，用户可以在该选项卡的不同组中选择不同的命令对图片进行设置。

82. 为文档添加页码

在【插入】选项卡的【页眉和页脚】组中，单击【页码】按钮，在弹出的菜单中选择合适的页码位置，即可为文档添加上页码。如果需要修改页码格式，则在弹出的下拉菜单中选择【设置页码格式】命令，打开【页码格式】对话框，如图 2-161a 所示。在编号格式的下拉列表中选择合适的编号格式，单击【确定】按钮即可。

用 Word 排论文、书稿等分多个章节的较长文档时，常常需要在文档中使用特定的页码。此时可以用“节”来让页码重新开始。将光标移到需将页码设置为 1 的位置，单击【页面布局】选项卡，在【页面设置】组中单击【分隔符】按钮，在弹出的菜单中的【分节符】类型下面单击【下一页】。单击【插入】选项卡，在【页眉和页脚】组中单击【页码】按钮，在弹出的菜单中单击【设置页码格式】命令，在弹出的【页码格式】对话框的【页码编号】选项中，选择【起始页码】，键入“1”，单击【确定】按钮即可，如图 2-161b 所示。

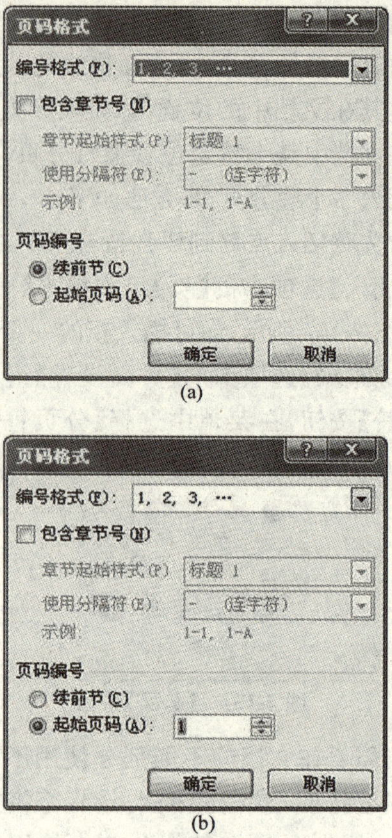

图 2-161 【页码格式】对话框

83. 为文档设置分栏

首先选定要设置分栏的文本，在【页面布局】选项卡上的【页面设置】组中单击【分栏】按钮，如图 2-162 所示，在下拉菜单中单击所需的分栏格式。当栏数大于 3 时，单击【更多分栏】命令，打开【分栏】对话框，如图 2-163a所示，在【列数】框中输入需要的栏数，单击【确定】按钮即可。

使用 Word 2007 中的分栏功能可以将文档分割成多栏的形式，但是常常有用户发现分栏之后文章的标题总是在首页的左边第一栏，这是由于没有注意分栏过程中的一些细节所造成的，创建跨栏标题可以解决该问题。

首先选中除标题外所需要分栏的文字，

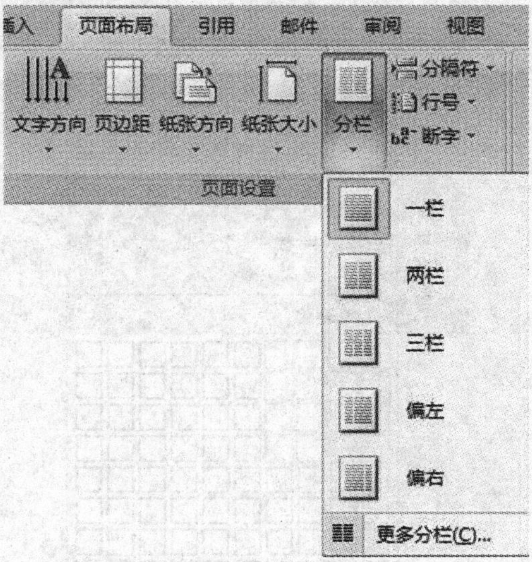

图 2-162　【分栏】按钮

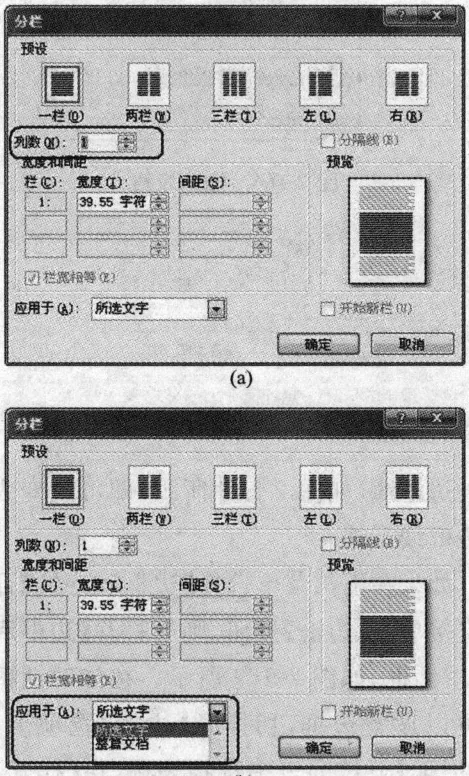

(a)

(b)

图 2-163　【分栏】对话框

在【页面布局】选项卡的【页面设置】组中单击【分栏】按钮，在下拉菜单中单击【更多分栏】命令，弹出【分栏】对话框。然后根据分栏要求，选中某种分栏效果，打开【应用于】下拉列表，选择【所选文字】，必要时可以在【宽度】和【间距】框内调节相关参数，完成后单击【确定】按钮，如图 2-163b 所示。最后选中文档标题，单击【开始】选项卡的【段落】组中的【居中】按钮，它就成为跨栏居中的标题了。

84. 使文字均匀分栏

对整篇文档进行分栏后，如果文档最后一页的文字较少，用户常常会发现左栏内容明显比右栏多出许多。有些用户对于文档的外观要求较高，希望文字能够平均地分配到各栏中，这时可以采用下述方法：

首先将光标放在要平衡的栏的结尾处，单击【页面布局】选项卡的【页面设置】组中的【分隔符】按钮，在弹出的菜单中单击【连续】即可，如图 2-158 所示，此时在该栏结尾处插入一个“连续”分隔符，使各栏的文字自动平衡。

85. 快速修改分栏文档的栏间距

首先为文档打开标尺，用鼠标选中要改变栏间距的段落。注意，此段落是已经完成分栏的段落。

最后移动鼠标，将光标放到水平标尺上的分栏标记左侧或右侧，待光标变成水平双向光标后拖动【右边距】，如图 2-164 所示，或者拖动【左边距】，如图 2-165 所示，即可快速修改栏间距。如果想看到具体数值，可以按住“Alt”键再拖动。

图 2-164　分栏【右边距】

图 2-165　分栏【左边距】

2.3　创建和编辑表格

86. 在文档中插入表格

方法一：在【插入】选项卡的【表格】组中单击【表格】按钮，在下拉菜单中选择合适的表格，如图 2-166 所示。当在文档中添加了表格后，就会在工具栏中增加【表格工具—设计】选项卡，如图 2-167 所示，用户可以在该选项卡的各组中设置合适的表格样式。

方法二：在【插入】选项卡的【表格】组中单击【表格】按钮，在下拉菜单中选择单击【插入表格】命令，如图 2-166 所示。在打开的【插入表格】对话框中输入创建表格的行数和列数，如图 2-168 所示，最后单击【确定】按钮即可。

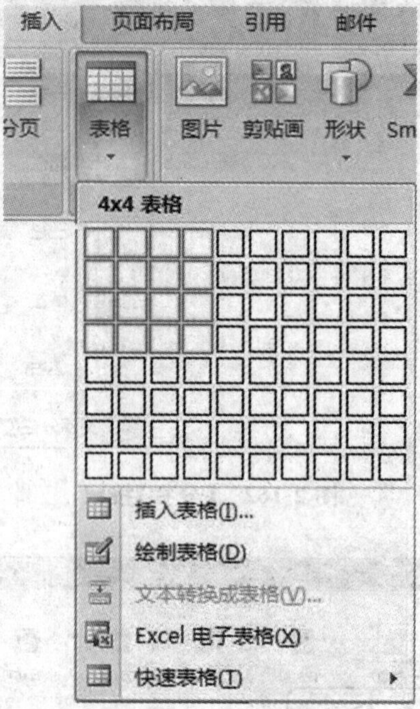

图 2-166　插入表格

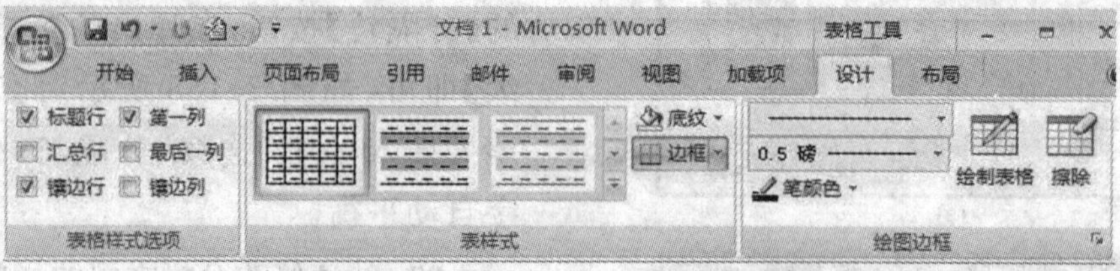

图 2-167　【表格工具—设计】选项卡

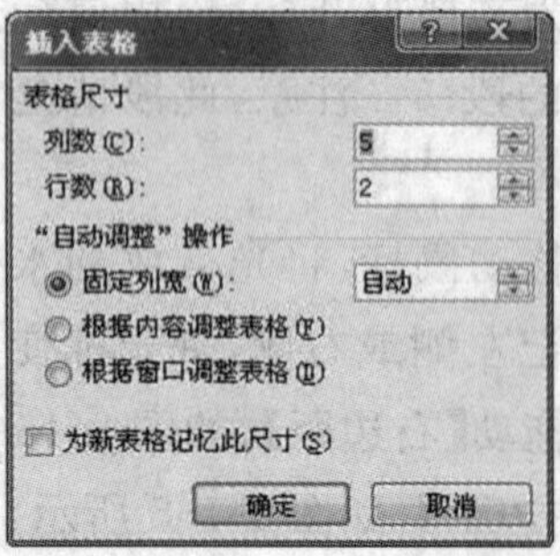

图 2-168　【插入表格】对话框

87. 给表格添加或删除边框

选中需要添加边框的表格，在【表格工具—设计】选项卡中的【表样式】组中单击【边框】按钮旁的箭头，在弹出的下拉菜单中选择一种边框线，如图 2-167 所示，即可改变表格的边框线形式。

如果在下拉菜单选择【边框和底纹】命令或直接单击【边框】按钮，则会打开【边框和底纹】对话框，如图 2-169 所示。在该对话框中也可以设置边框，切换到【边框】选项卡，在【应用于】下拉列表中选择表格，在【样式】下拉列表中选择合适的线，在【设置】区域选择合适的表格边框样式，在【预览】区域可看到设置表格的边框样式，同时在该区域通过单击不同的按钮可以对表格中不同位置添加或删除边框，最后单击【确定】按钮即可完成对表格边框的设置。

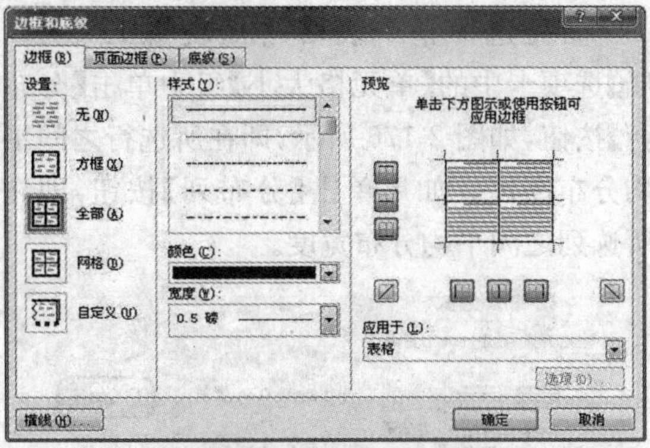

图 2-169 设置表格边框

技巧 通过在【边框和底纹】对话框中对边框进行设置的方法，不仅应用于表格中，也可应用在文字、段落、单元格等中，只需要在【应用于】下拉列表中选择不同选项即可。

88. 给表格填充底纹

方法一：选中需要填充底纹的表格，在【表格工具—设计】选项卡中的【表样式】组中单击【底纹】按钮，在下拉菜单中选择一种颜色即可，如图 2-167 所示。

方法二：选中需要填充底纹的表格，在【表格工具—设计】选项卡中的【表样式】组中单击【边框】按钮，打开【边框和底纹】对话框并切换到【底纹】选项卡，如图 2-170 所示，在【填充】的列表框中选择颜色即可。和边框的设置一样，底纹同样还可以应用于文字、段落和单元格中。

89. 快速合并和拆分单元格

方法一：首先选中要合并的单元格，然后在【表格工具—布局】选项卡中的【合并】组中单击【合并单元格】按钮，如图 2-171 所示，即可实现单元格的合并。当需要进行拆分单元格操作时，将光标移至需拆分的单元格中，单击【拆分单元格】按钮，打开【拆分单元格】对

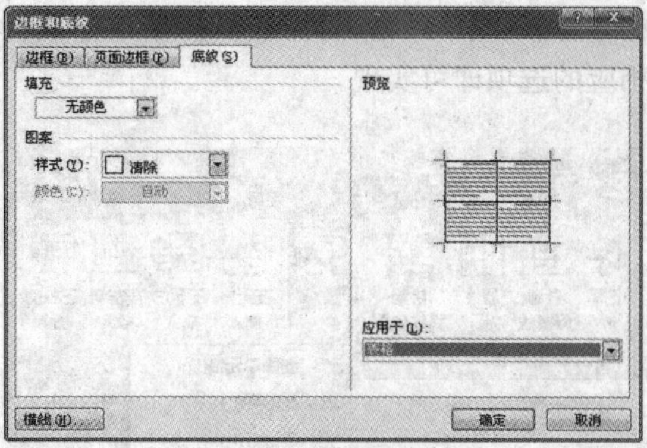

图 2-170 【底纹】选项卡

话框。在【拆分单元格】对话框中输入要拆分成的列数和行数，如图 2-172 所示，单击【确定】按钮即可实现单元格的拆分。

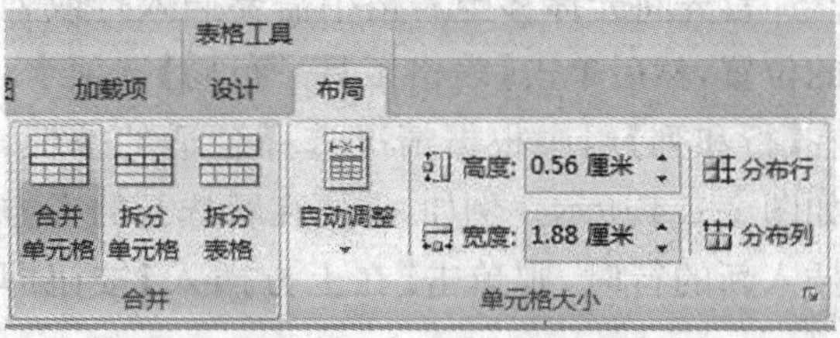

图 2-171 【合并单元格】按钮

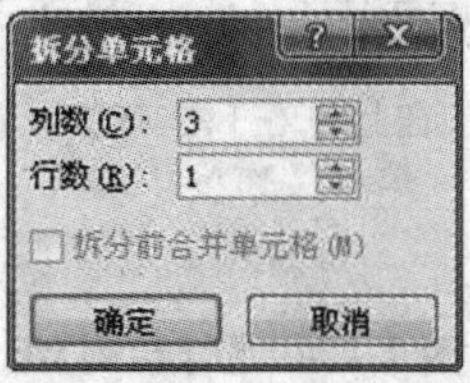

图 2-172 【拆分单元格】对话框

方法二：选中要合并的单元格，单击鼠标右键，弹出快捷菜单，选择【合并单元格】命令即可。拆分单元格时选中要拆分的单元格，单击鼠标右键，弹出快捷菜单，选择【拆分单元格】命令，打开【拆分单元格】对话框，输入列数和行数，单击【确定】按钮即可。

90. 删除表格、行、列或单元格

删除表格、行、列或单元格的方法类似，以删除表格为例：首先选中要删除的表格，然后在【表格工具—布局】选项卡中的【行和列】组中单击【删除】按钮，在下拉菜单中选择【删除表格】命令即可，如图 2-173 所示。如果要

删除行、列或单元格，只需在下拉菜单中选择相应的选项即可实现。

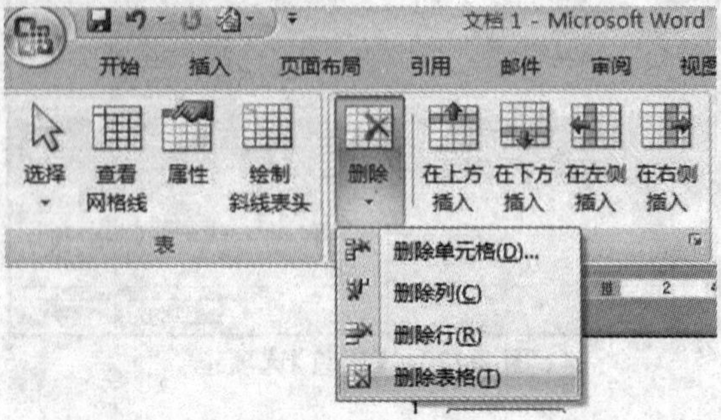

图 2-173　删除表格

91. 在表格中插入新的行或列

首先将光标移至表格中需要插入行或列的位置，然后单击【表格工具—布局】选项卡，在【行和列】组中根据情况选择合适的按钮，如图 2-174 所示。例如，需要在所选行的上方插入新的行时，则单击【在上方插入】按钮即可。

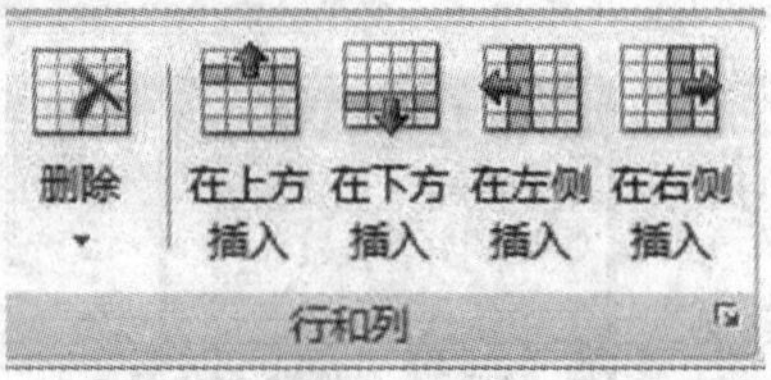

图 2-174　【行和列】组

92. 快速将一个表格变成两个表格

首先将光标移至表格中需要拆分的行，然后单击【表格工具—布局】选项卡，在【合并】组中单击【拆分表格】按钮，如图 2-175 所示，即可将一个表格拆成两个表格。

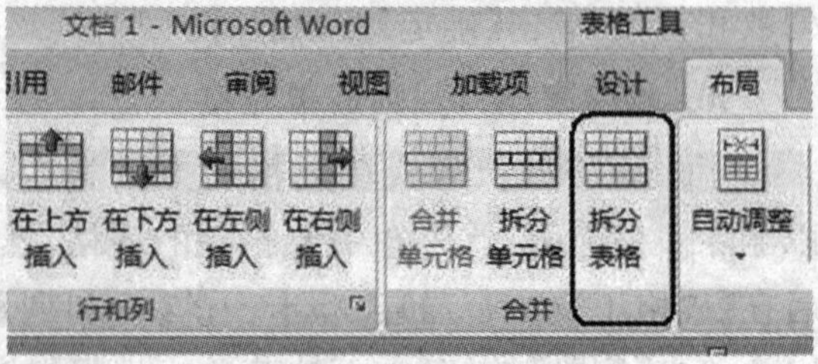

图 2-175　【拆分表格】按钮

93. 统一表格中行或列的尺寸

首先选中整个表格，在【表格工具—布局】选项卡中的【单元格大小】组中单击【分布行】按钮，如图 2-176 所示，即在所选行之间平均分布高度。如果单击【分布列】按钮，即在所选列之间平均分布宽度。

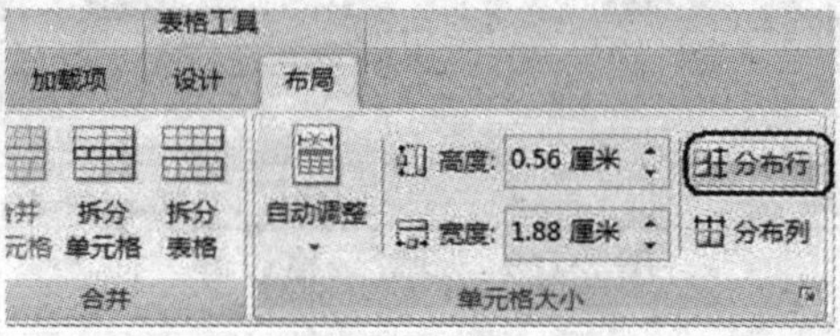

图 2-176　【分布行】按钮

94. 对每行或每列指定高度或宽度

方法一：首先选择要设置的行或列，在【表格工具—布局】选项卡中的【单元格大小】组中单击【表格行高度】的微调按钮或输入数字，如图 2-177 所示，即可对该行调整行高。如果单击【表格列宽度】的微调按钮或输入数字，即可对该列调整列宽。

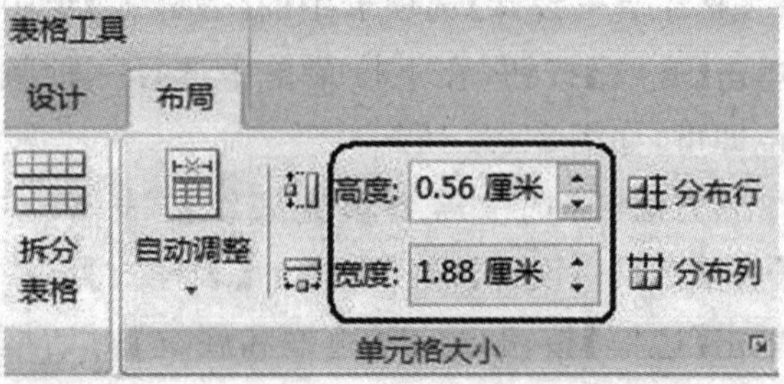

图 2-177　设置行高或列宽

方法二：首先选择要设置的行或列，在【表格工具—布局】选项卡中的【单元格大小】组中单击【表格属性对话框启动器】按钮，打开【表格属性】对话框。在【表格属性】对话框中，通过对【行】选项卡中的【指定高度】框中数值进行调整，可以对不同的行指定高度，如图 2-178a 所示。对【列】选项卡中的【指定宽度】框中数值进行调整，可以对不同的列指定宽度，如图 2-178b 所示。

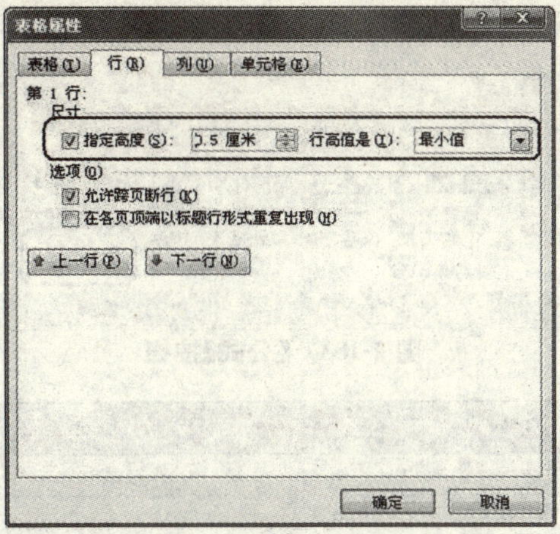

(a)

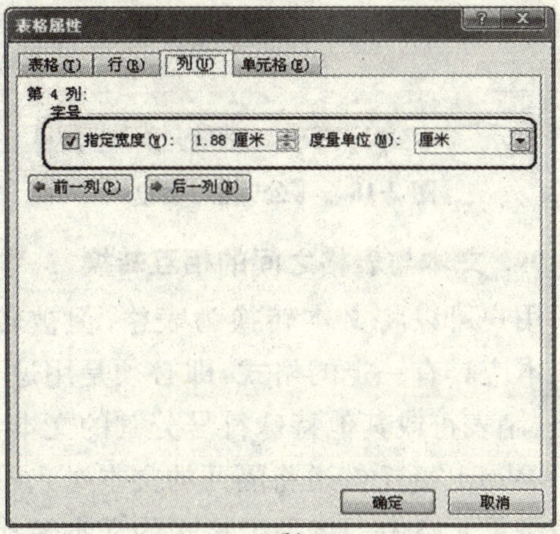

(b)

图 2-178　【表格属性】对话框

95. 设置表格和周围文字的排列方式

选择要进行设置的表格，在【表格工具—布局】选项卡中的【表】组中单击【属性】按钮，打开【表格属性】对话框，如图 2-179 所示。在【文字环绕】区域选择【环绕】，单击【确定】按钮即可。

如果要精确设置表格的环绕方式，当选择【环绕】之后，单击【定位】按钮，打开【表格定位】对话框，如图 2-180 所示。在【水平】区域的【位置】下拉列表选择所需选项，在【相对于】下拉列表中选择所需选项。在【垂直】区域的【位置】下拉列表中输入数值或直接选择，在【相对于】列表框中选择合适的选项，最后在【距正文】区域中，设置表格与周围正文的距离。单击【确定】按钮完成设置。

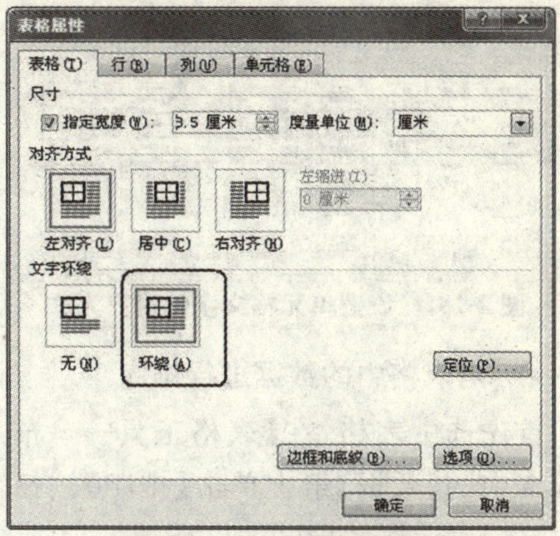

图 2-179　【表格属性】对话框

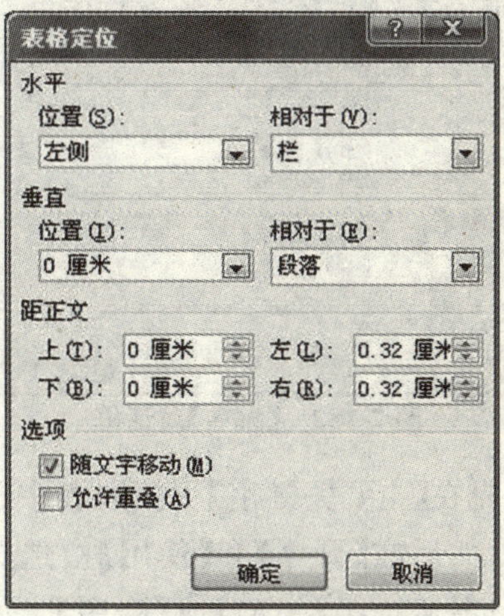

图 2-180　【表格定位】对话框

96. 调整单元格中文字的对齐方式和文字的方向

以设置单元格文字水平居中为例，首先选中要调整文字对齐方式的单元格，然后在【表格工具—布局】选项卡中的【对齐方式】组中单击【水平居中】按钮即可，如图 2-181 所示。如果设置成其他对齐方式，只要单击相应的按钮即可实现。

设置单元格中文字的方向时，首先将光标移至需要更改文字方向的单元格中，在【表格工具—布局】选项卡中的【对齐方式】组中单击【文字方向】按钮即可实现，如图 2-181 所示。

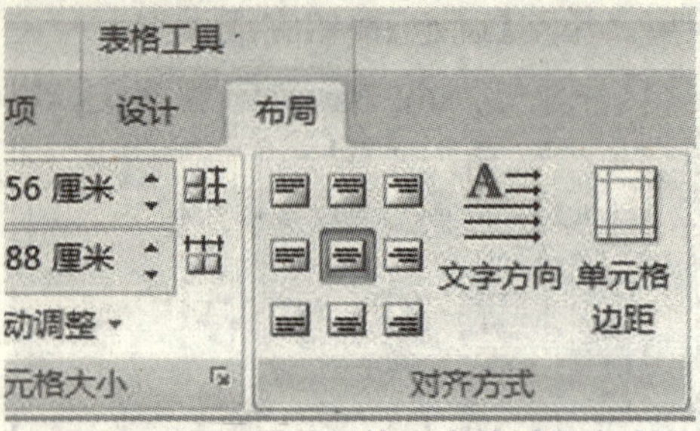

图 2-181　设置单元格文字的对齐方式

97. 对表格中的数据进行排序

首先选中表格，在【表格工具——布局】选项卡中的【数据】组中单击【排序】按钮，打开【排序】对话框，如图 2-182 所示。

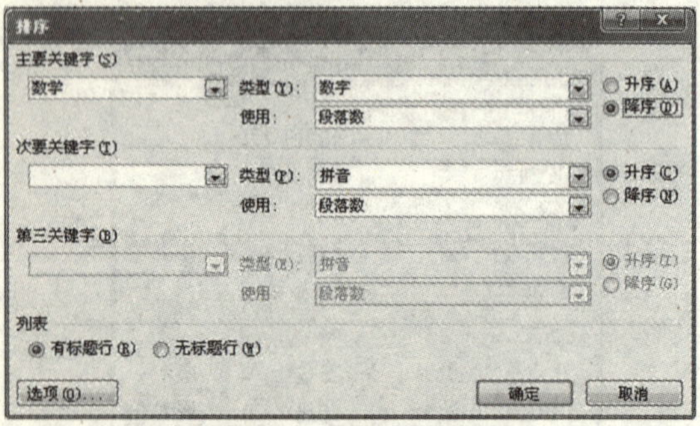

图 2-182　【排序】对话框

首先在【主要关键字】下拉列表中选择主关键字，然后在【开序】和【使用】中选择合适的选项，最后选择【类型】或【降序】。如果有其他关键字，则继续设置【次要关键字】和【第三关键字】，之后单击【确定】按钮即可。

98. 对表格中的数据进行简单计算

表格中总少不了对数据的一些计算，一些简单的运算，比如求和、求平均值等，在 Word 2007 中就可以完成。

以对数据求和为例，首先将光标移至该行数据右侧的空单元格，然后在【表格工具—布局】选项卡中的【数据】组中单击【公式】按钮，如图 2-183 所示，打开【公式】对话框。在【公式】对话框的【公式】输入栏中出现相应的公式，如图 2-184 所示，单击【确定】按钮即可完成计算。除求和之外，还可以在对话框的【粘贴函数】下拉列表中选择相应的函数并编辑公式，以满足计算需要。

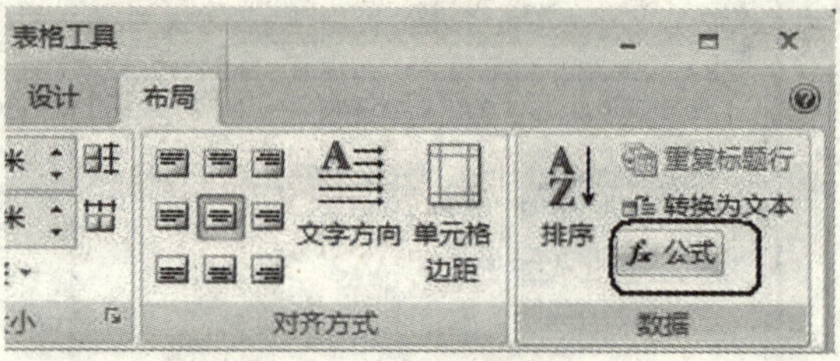

图 2-183　【公式】按钮

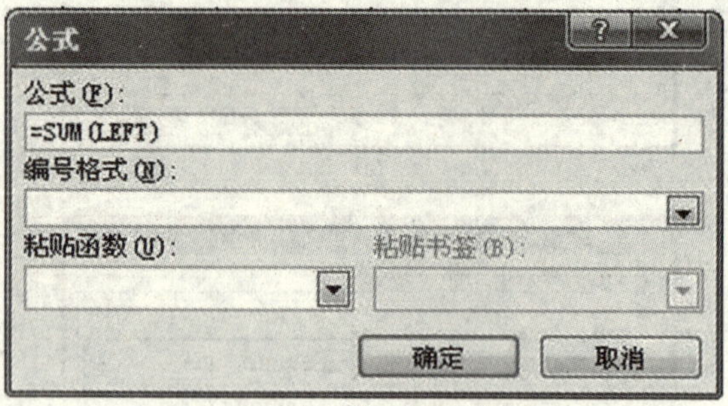

图 2-184　【公式】对话框

99. 文本与表格之间的相互转换

用户可以将文本转换为表格，但被转换的文本应具有一定的格式，即必须是用逗号、空格、制表符或其他特殊符号分割的文本，以便于 Word 2007 知道将隔开的文本送入不同的表格单元格中。将一定格式的文本转换为表格的方法为：

首先选中要转换为表格的文本，在【插入】选项卡的【表格】组中单击【表格】按钮，在下拉菜单中单击【将文字转换成表格】命令，弹出【将文字转换成表格】对话框，如图 2-185 所示。在默认情况下，Word 2007 已测出文本间使用的分割符，并确定了行数与列数。用户可在对话框中重新设定列数、列宽与文字中所用的分割符等。最后单击【确定】按钮，即可将选定的文本转换为相应的表格。

如果需要通过纯文本的方式记录表格的内容，那么用户可以将表格转换为文本，并允许指定用逗号、空格、制表符、段落标记以及其他一些特殊符号作为转换后的文本分割符。具体操作如下：

首先选中要转换的表格，在【表格工

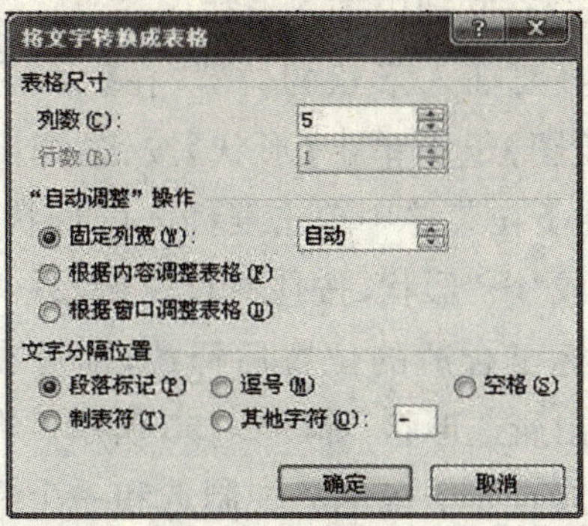

图 2-185 【将文字转换成表格】对话框

具——布局】选项卡中的【数据】组中单击【转换为文本】按钮，打开【表格转换成文本】对话框，如图 2-186 所示，在其中选择一种分割符后，单击【确定】按钮即可。

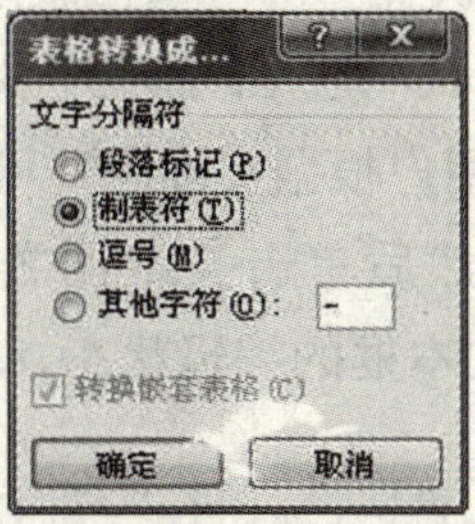

图 2-186 【表格转换成文本】对话框

2. 4 编辑图片和图形

100. 在文档中插入图片

单击【插入】选项卡，在【插图】组中单击【图片】按钮，如图 2-187 所示，在打开的【插入图片】对话框中，选择需要插入的图片，单击【插入】按钮即可。

图 2-187 【图片】按钮

101. 分类查找插入剪贴画

用户除了可以在文档中插入图片外，还可以插入剪贴画。Word 2007 的剪辑管理器中提供了大量的剪贴画，剪贴画与其他类型的图片一样，同样可以导入至 Word 2007 中作为普通的图片来显示。

单击【插入】选项卡，在【插图】组中单击【剪贴画】按钮，如图 2-187 所示，这时弹出【剪贴画】窗口，如图 2-188 所示。在【搜索范围】下拉列表中选择所需的收藏集，如图 2-189 所示。在【结果类型】的下拉列表中选择剪贴画类型，如图 2-190 所示。单击【剪贴画】窗口的【搜索】按钮，这时在【剪贴画】窗口中出现搜索到的剪贴画，单击【剪贴画】窗口中的某一剪贴画图标，剪贴画就会插入到文档中。

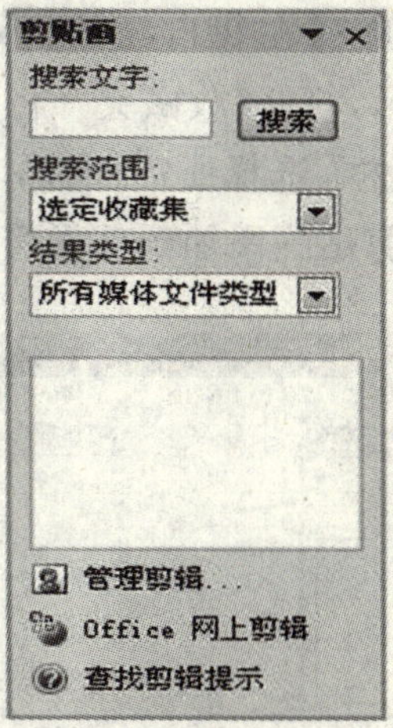

图 2-188 【剪贴画】窗口

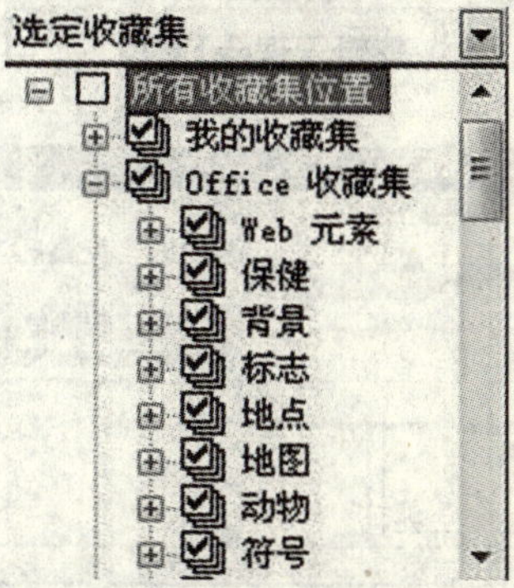

图 2-189 搜索范围

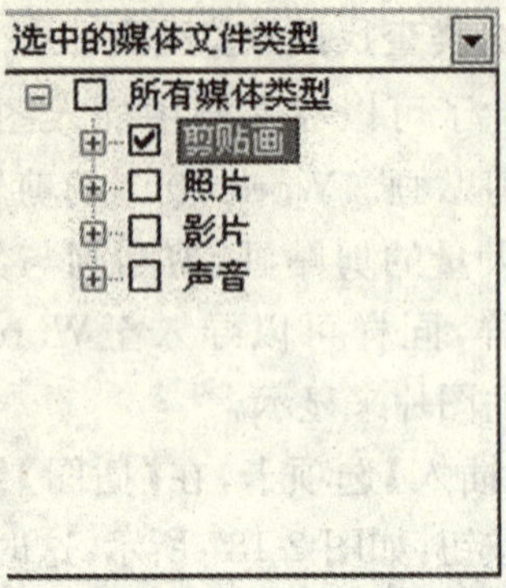

图 2-190　结果类型

102. 将指定目录的图片导入至剪辑管理器

单击【插入】选项卡，在【插图】组中单击【剪贴画】按钮，在弹出的【剪贴画】窗口中单击【管理编辑】链接文字，打开【收藏夹—Microsoft剪辑管理器】窗口，如图 2-191 所示。在窗口中依次单击【文件】→【将剪辑添加到管理器】→【在我自己的目录】命令，如图 2-192 所示，打开【收藏夹—将剪辑添加到管理器】对话框，选择所需图片，单击【添加】按钮即可将剪贴画添加到剪辑管理器中。

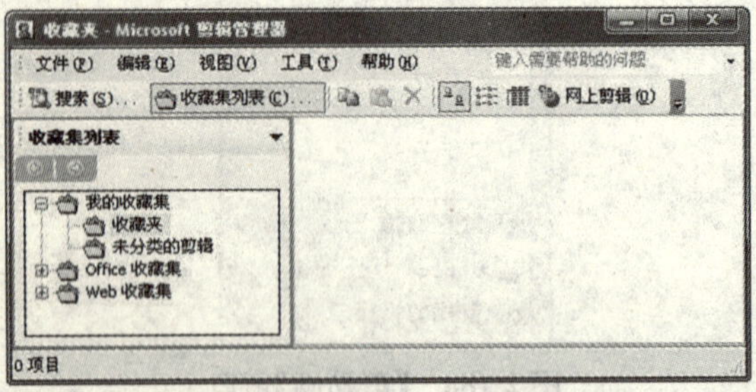

图 2-191　【收藏夹——Microsoft 剪辑管理器】窗口

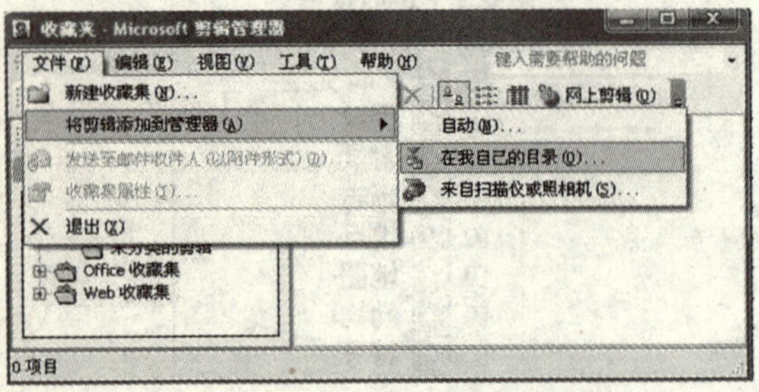

图 2-192　【在我自己的目录】命令

103. 在文档中插入形状

选择要插入形状的位置，在【插入】选项卡的【插图】组中单击【形状】按钮，弹出下拉菜单，在下拉菜单中单击要插入的形状，此时鼠标变成“+”形状，按住鼠标左键，在文档中拖动鼠标至合适的位置后释放，即可在文档中绘制出所选形状，如图 2-193 所示。在此形状的四周有 8 个蓝色的控制点和一个绿色控制点，使用这些控制点可以调整形状的大小和旋转角度。同时在功能区中出现了【绘图工具—格式】选项卡，用于对形状进行设置。

用户在文档中插入图形之后，可以在形状中添加文字，选中插入的图形，单击鼠标右键，在弹出的快捷菜单中单击【添加文字】命令，此时在形状中会出现一个文本框，如图 2-193所示。用户根据实际需要可以在文本框中输入文本，然后单击文本框之外的任何位置即可退出文本框的编辑状态。

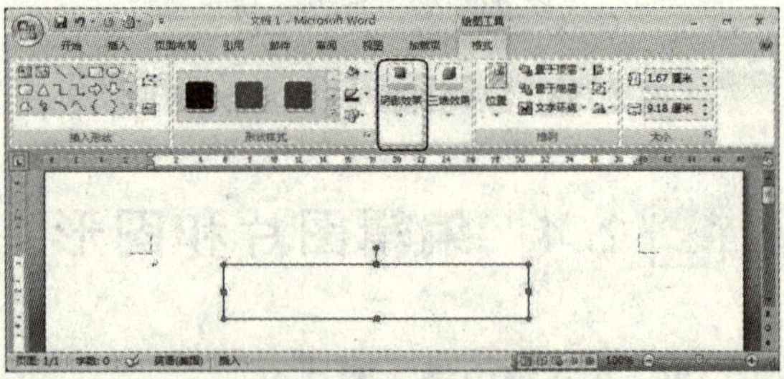

图 2-193　插入图形

用户在插入图形后可以为形状设置阴影效果，使形状更具立体感。首先选中形状，然后切换到【绘图工具—格式】选项卡，在【阴影效果】组中单击【阴影效果】按钮，如图 2-193 所示，在下拉菜单中选择所需的阴影效果即可。

104. 插入三维图形

有时为了使形状更具立体感，需要插入的形状具有三维效果，这时用户可以先插入没有任何效果的平面图形，然后在【绘图工具—格式】选项卡的【三维效果】组中单击【三维效果】按钮，在下拉菜单中选择所需的三维效果即可，如图 2-194 所示。

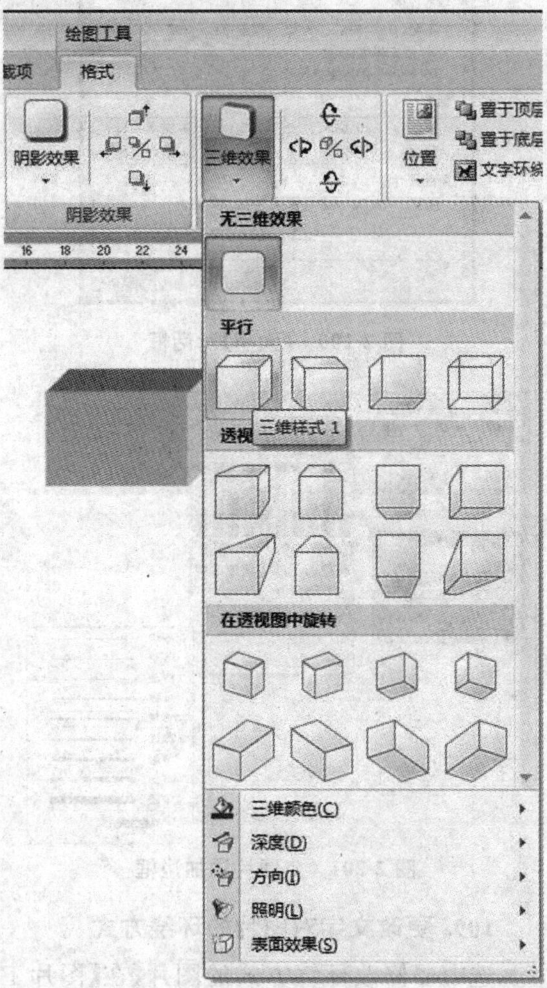

图 2-194　设置三维效果

105. 在图片中创建透明区域

首先选中需要创建透明区域的图片，在【图片工具—格式】选项卡的【调整】组中单击【重新着色】按钮，如图 2-195 所示，弹出下拉菜单。在下拉菜单中选择【设置透明色】命令，如图 2-196 所示。此时光标呈“笔”状，在图片上单击需要创建透明的区域位置即可。

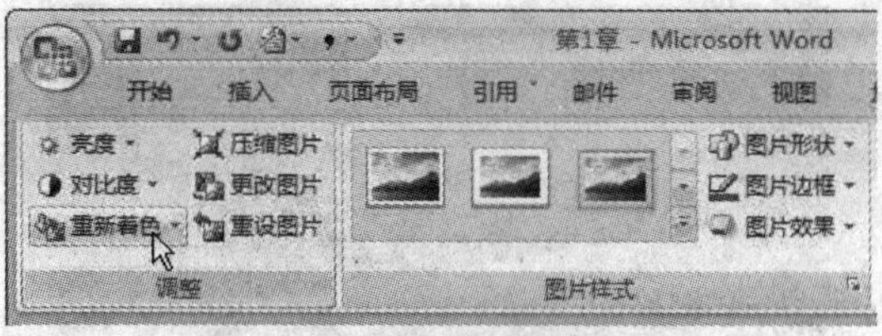

图 2-195　【重新着色】按钮

图 2-196　【设置透明色】命令

106. 快速裁剪图片

在插入图片后，有时需要对图片进行适当的裁剪，可以通过下述方法快速地裁剪图片。

首先选中需要裁剪的图片，在【图片工具—格式】选项卡的【大小】组中单击【裁剪】按钮，如图 2-197 所示，此时，将裁剪工具移至图片的裁剪控制点上，向内拖动光标至裁剪位置即可，如图 2-198 所示。完成裁剪后，在文档其他空白处单击鼠标左键即可看到图片的修改效果。

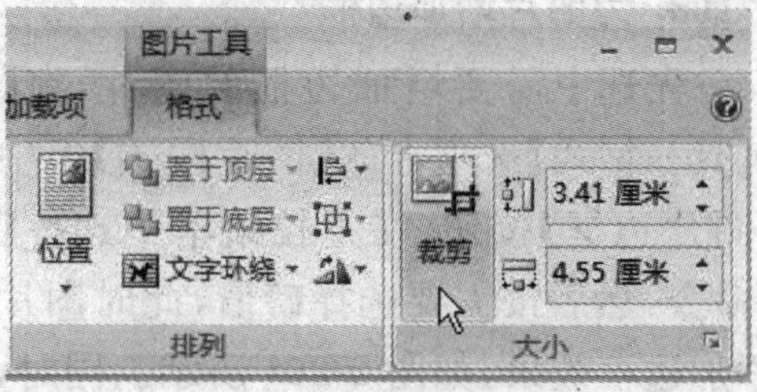

图 2-197　【裁剪】按钮

图 2-198　对图片进行裁剪

107. 快速旋转图片

首先选中需要旋转角度的图片，在【图片工具—格式】选项卡的【排列】组中单击【旋转】按钮，如图 2-199 所示，弹出下拉菜单。在下拉菜单中，可以选择【向右旋转 90°】、【向左旋转 90°】、【垂直翻转】或【水平翻转】等命令，实现图片的旋转。

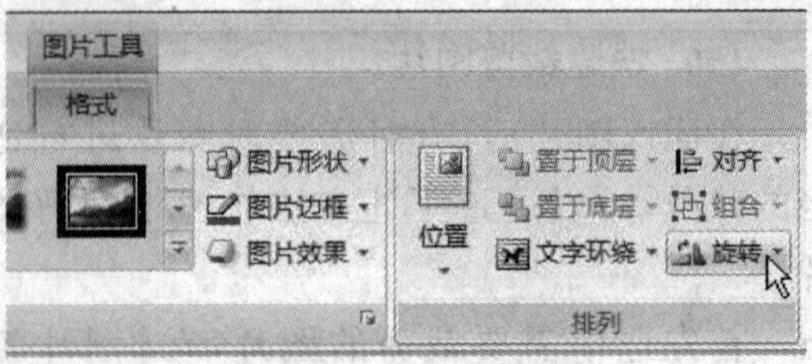

图 2-199　【旋转】按钮

如果用户需要图片旋转任意角度，可以在下拉菜单中选择【其他旋转选项】命令，打开【大小】对话框，如图 2-200 所示，在【大小】选项卡的【旋转】框中输入要旋转的角度，单击【关闭】按钮即可。

108. 为图片增加边框

首先选中需要增加边框的图片，在【图片工具—格式】选项卡的【图片样式】组中单击【图片边框】按钮，在下拉菜单中选择【粗细】命令，然后按需要选择磅值，此时图片即会添加边框效果，如图 2-201 所示。同时，也可从下拉菜单的【主题颜色】中为边框设置颜色。

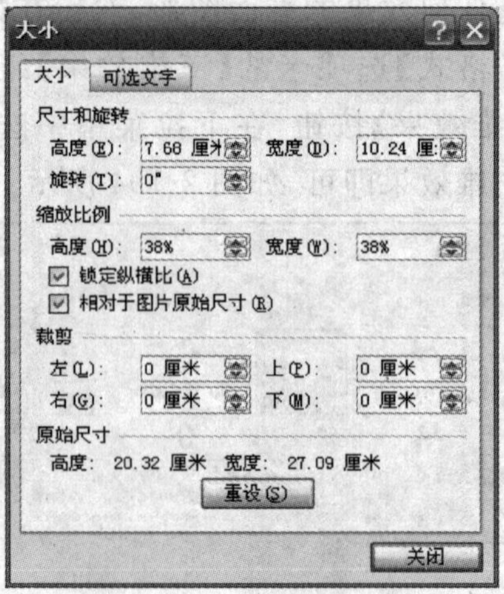

图 2-200　【大小】对话框

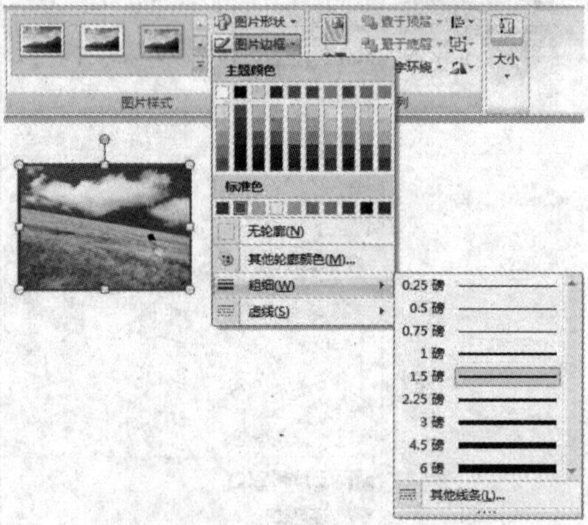

图 2-201　为图片添加边框

109. 更改文字对图片的环绕方式

选中要修改环绕方式的图片，在【图片工具—格式】选项卡的【排列】组中单击【文字环绕】按钮，在下拉菜单中选择合适的环绕方式，即会实现文字对图片不同的环绕方式。如图 2-202 所示。

110. 插入 SmartArt 图形

虽然针对某些问题在文档中插入图形有助于更好地理解和记忆，但是人们想创建具有设计师水准的插图很困难，尤其是非专业设计人员。通过使用 SmartArt 图形可创建具有设计师水准的插图，大大节约用户的设计时间。SmartArt 图形是各种信息的视觉表

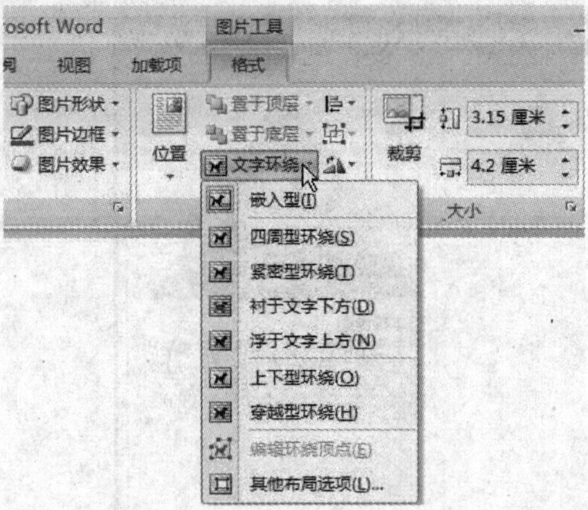

图 2-202 设置文字环绕方式

示形式，它为文本和数据添加颜色、形状和强调效果，有效地突出表达用户的信息和观点，非常易于使用。

SmartArt 图形有多种类型，主要包括列表、流程图、循环、层次结构、关系、矩阵和棱锥 7 种，每种类型又包括多种样式。用户在创建 SmartArt 图形时，可以根据实际情况选择最适合显示用户信息的类型和布局，从而快速轻松的创建所需图形，以满足实际需要。具体方法如下：

首先选中要插入 SmartArt 图形的位置，在【插入】选项卡的【插图】组中单击【SmartArt】按钮，如图 2-187 所示，打开【选择 SmartArt 图形】对话框，如图 2-203 所示。用户在此对话框中选择所需的类型和布局。

例如插入基本棱锥图，依次单击【棱锥图】→【基本棱锥图】→【确定】按钮，如图 2-204 所示，这时即可插入 SmartArt 图形。同时，在功能区中出现了【SmartArt 工具—格式】选项卡和【SmartArt 工具—设计】选项卡，如图 2-205 所示。单击 SmartArt 图形中的【文本】，可以键入文字。

111. 编辑 SmartArt 图形

SmartArt 图形中的形状数目是固定的，为了满足实际需求，用户可以在图形中添加和删除形状，同时用户还可以更改形状。方法如下：

选中要编辑的 SmartArt 图形，在【SmartArt 工具—设计】选项卡的【创建图形】组中单击【添加形状】按钮，在弹出的下拉菜单中选择所需命令，即可在 SmartArt 图形的不同位置添加形状，如图 2-206 所示。

在【SmartArt 工具—设计】选项卡的【SmartArt 样式】组中单击【更改颜色】按钮，如图 2-205 所示，在弹出的下拉菜单中选择所需颜色，即可更改 SmartArt 图形颜色。

同时，在【SmartArt 样式】组中可以为 SmartArt 图形选择合适的样式，如图 2-205 所示。或者单击【SmartArt 样式】组中右下角的【其他】按钮，打开相应的样式库，从中选择合适的 SmartArt 样式即可。

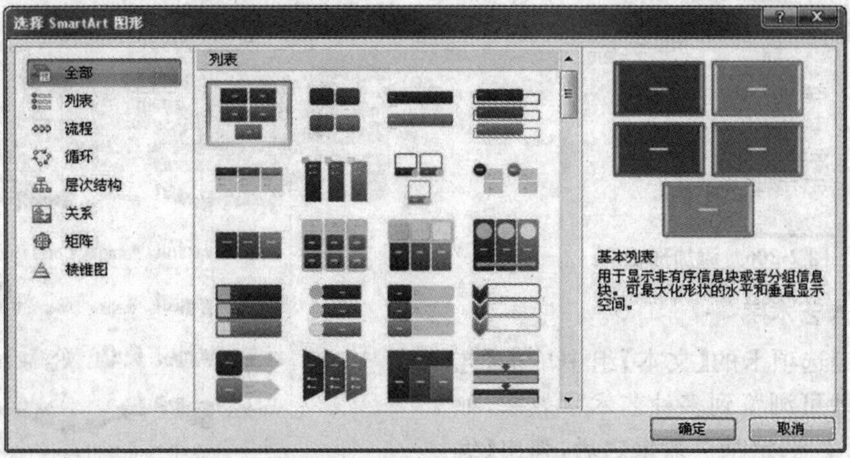

图 2-203 【选择 SmartArt 图形】对话框

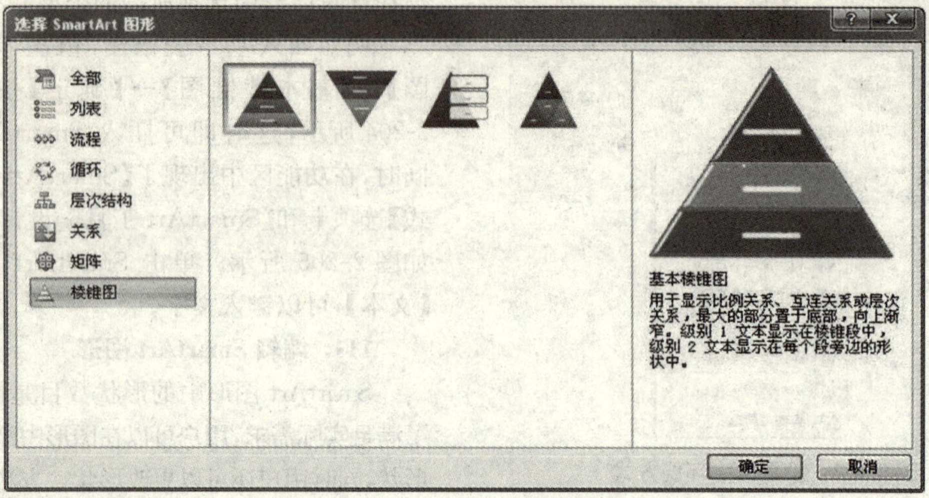

图 2-204　选择基本棱锥图

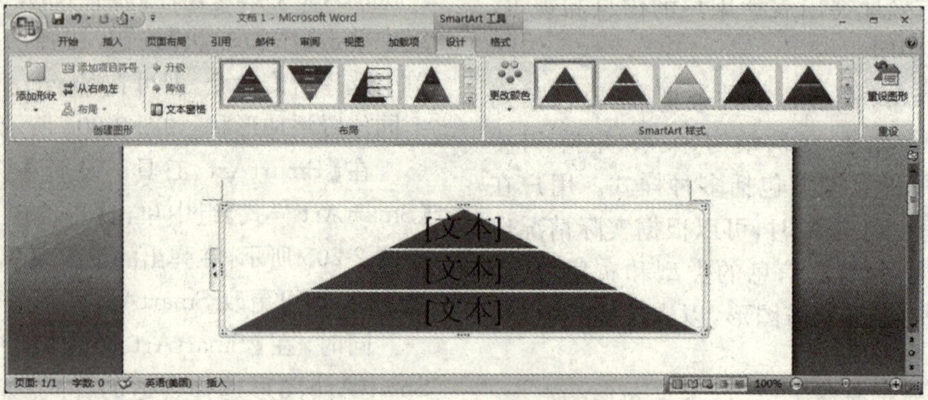

图 2-205　插入基本棱锥图

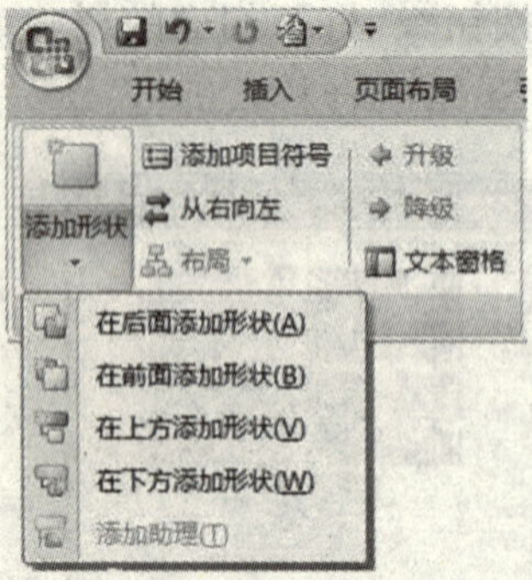

图 2-206　添加形状

112. 插入艺术字

在【插入】选项卡的【文本】组中单击【艺术字】按钮，即可浏览到多种艺术字效果，如图 2-207 所示。选定某一效果之后，弹出【编辑艺术字文字】对话框，如图 2-208 所示，在【文本】框中输入要显示的文字，并且设置字体和字号，单击【确定】按钮即可在文档中插入艺术字。

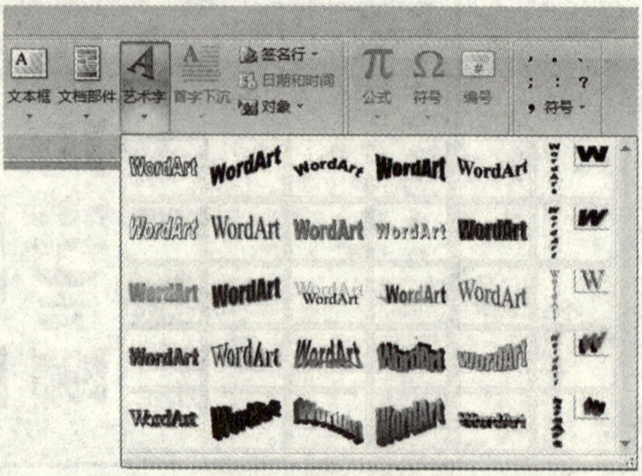

图 2-207　【艺术字】按钮

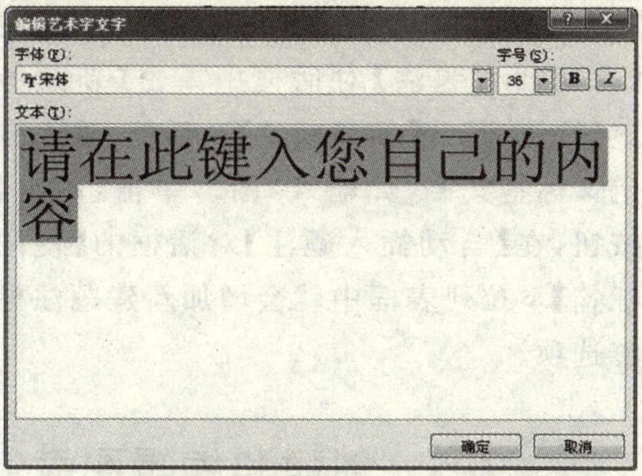

图 2-208 【编辑艺术字文字】对话框

113. 对文档中的艺术字进行编辑

如果要修改文档中艺术字的设置，则首先选中要编辑的艺术字，功能区中会自动出现【艺术字工具—格式】选项卡，在该选项卡的【文字】组中，单击【编辑文字】按钮，如图 2-209 所示，打开【编辑艺术字文字】对话框，用户可以在此修改艺术字的内容、字体、字号等。

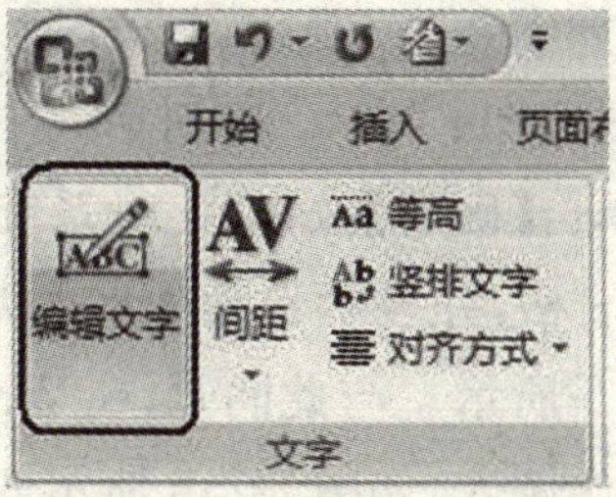

图 2-209 【编辑文字】按钮

当用户感觉插入的艺术字间距太宽或者太窄时，可以改变艺术字间距。首先选中要编辑的艺术字，在【艺术字工具—格式】选项卡的【文字】组中，单击【间距】按钮，弹出下拉菜单，用户从中选择所需选项，即可改变艺术字的间距。

114. 改变艺术字的形状

要改变艺术字形状，可以在【艺术字工具—格式】选项卡的【艺术字样式】组中单击【更改形状】按钮，弹出艺术字可变形状列表，如图 2-210 所示。当鼠标滑过某种艺术字形状时，文档中的艺术字跟着变化，用户可以进行浏览，单击某种艺术字的形状就会应用到当前的文字中。

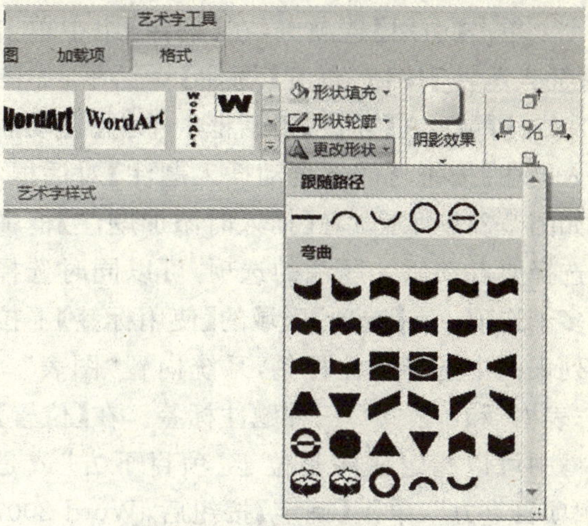

图 2-210 更改艺术字形状

115. 制作填充图片效果的艺术字

选中需要填充图片效果的艺术字，在【艺术字工具—格式】选项卡的【艺术字样式】组中单击【形状填充】按钮，如图 2-211 所示，在下拉菜单中选择【图片】命令，打开【选择图片】对话框，从中选择合适的图片，单击【插入】按钮，这样利用图片填充文字效果的艺术字就做出来了。如果对最终效果不满意，还可以在【艺术字样式】组中选择【更改形状】或到【阴影效果】、【三维效果】组中重新选择阴影和三维效果等进一步修饰。

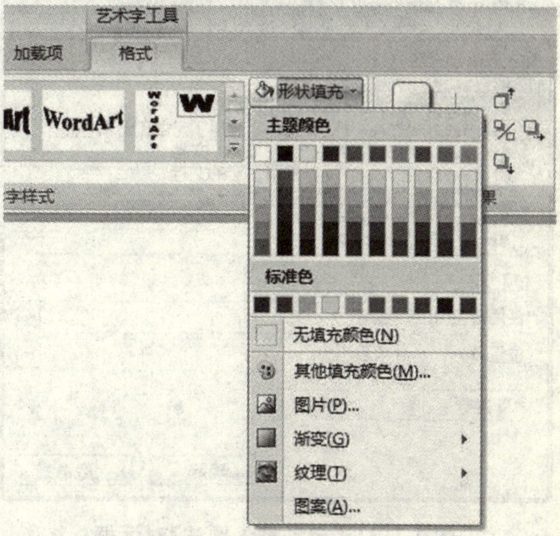

图 2-211 【形状填充】按钮

116. 为图形、表格自动添加题注

单击【引用】选项卡，在【题注】组中单击【插入题注】按钮，打开【题注】对话框，如图2-212所示。在【题注】对话框中单击【自动插入题注】按钮，打开【自动插入题注】对话框，如图 2-213 所示。在【插入时添加题注】框中选择要自动添加题注的选项，可以同时选择多个选项。在【选项】区域的【使用标签】下拉列表框中选择题注标签，系统内置“图表”、“表格”和“ 公式” 三种题注标签。在【位置】框中可以指定题注是位于“项目下方”或是“项目上方”，单击【确定】按钮后，Word 2007 会自动插入题注。

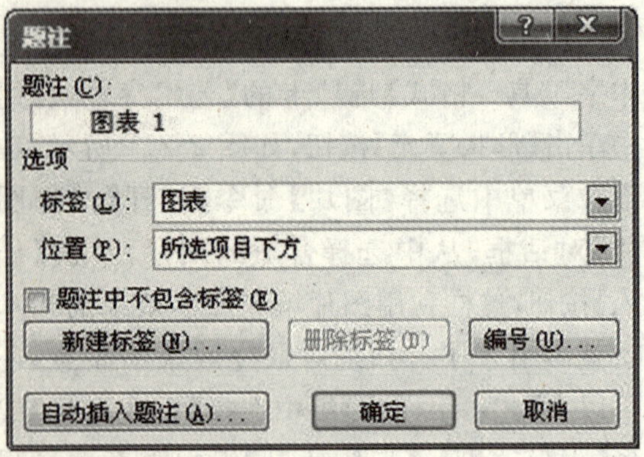

图 2-212 【题注】对话框

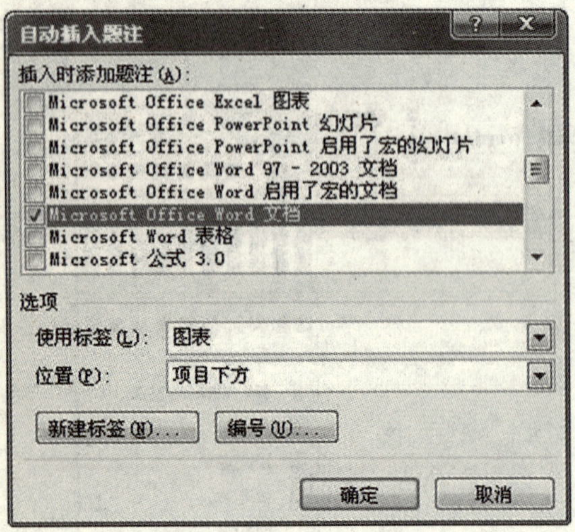

图 2-213 【自动插入题注】对话框

如果要使用“图”等自定义标签时，在【自动插入题注】对话框中单击【新建标签】按钮，打开【新建标签】对话框，输入自定义标签文字，如输入“图”，单击【确定】按钮，在【自动插入题注】对话框的【使用标签】下拉列表框中就会增加新建题注标签选项。

2.5 创建和编辑图表

117. 在文档中添加图表

在文档中有时需要有一些图表数据，这时用户可以通过插入图表的功能实现。方法如下：

首先需要根据数据的特点选择适当的图表。在【插入】选项卡的【插图】组中单击【图表】按钮，如图 2-187 所示，打开【插入图表】对话框，如图 2-214 所示。在对话框中选择图表的样式，单击【确定】按钮，此时系统自动地调用 Excel 表格，并显示自动生成的数据信息，如图 2-215 所示。与此同时，在 Word 文档中出现了一个图表，如图 2-216 所示。在表格中输入要创建图表的数据后，关闭 Excel 窗口，此时系统自动地根据用户输入的数据创建了相应的图。

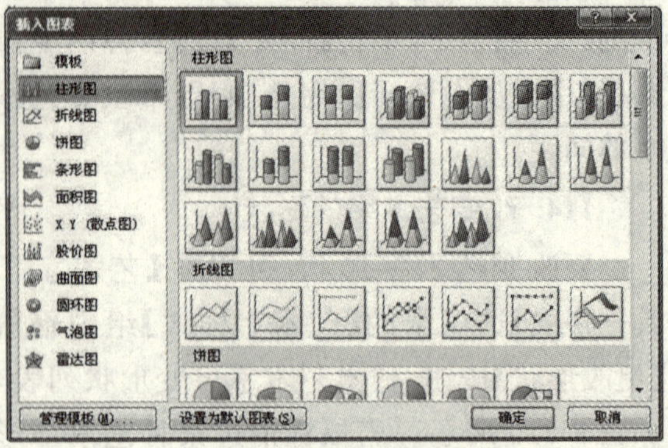

图 2-214 【插入图表】对话框

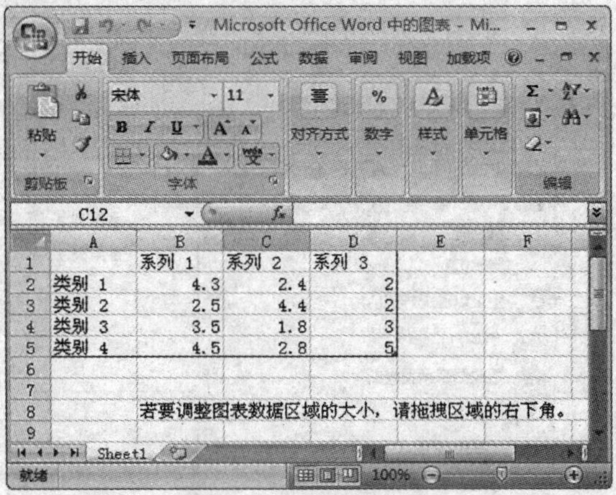

图 2-215　Excel 表格

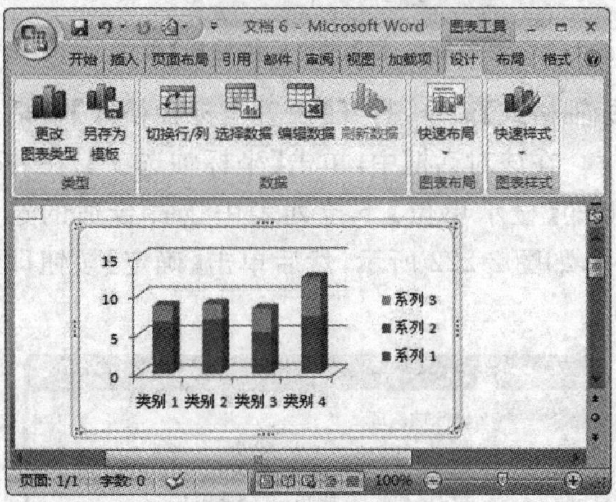

图 2-216　插入图表

118. 为图表添加数据

在图表上单击右键，在弹出的快捷菜单中选择【编辑数据】命令，如图 2-217 所示，打开 Excel 并显示图表对应的数据。在 Excel 表格中出现一个蓝色的框，如图 2-218 所示，框中的内容就是图表的数据，表格大小反映了图表数据的范围，拖曳蓝色框可调节表格大小。扩大表格后，在表格内添加新数据即可。当关闭 Excel 后，系统根据用户输入的数据创建了相应的图。

119. 为图表添加标题和数据标签

首先选择要添加标题的图表，然后在【图表工具—布局】选项卡的【标签】组中单击【图表标题】按钮，在展开的下拉菜单中选择一种标题模式，如图 2-219 所示，最后输入标题文字即可。

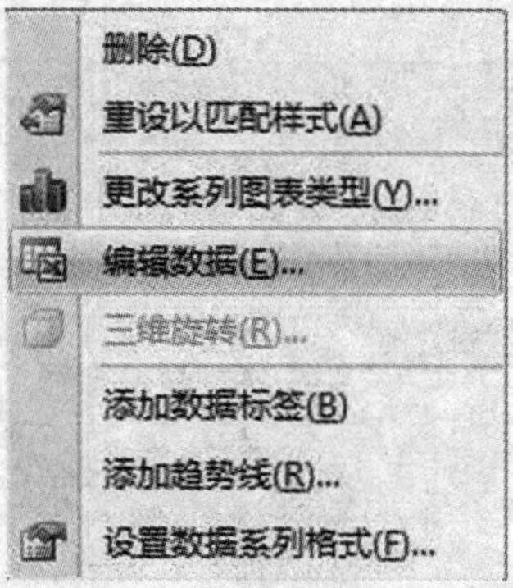

图 2-217　【编辑数据】命令

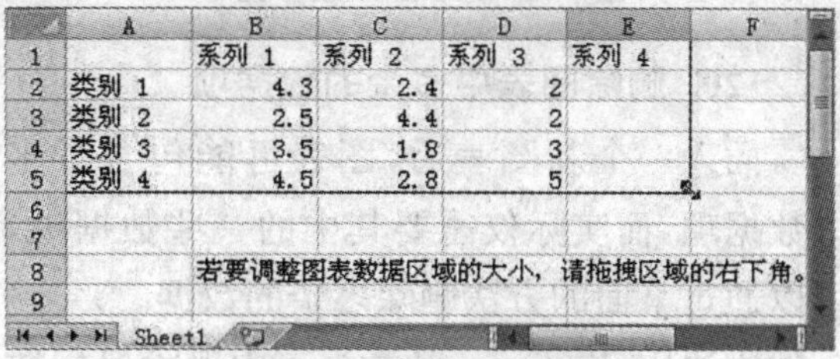

图 2-218　调整数据区域

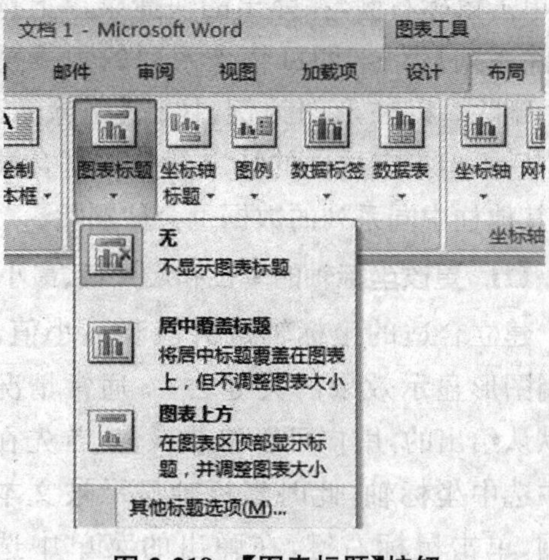

图 2-219　【图表标题】按钮

为了让图表更清晰，数据更具体化，可以将一些特殊数字显示出来，如各系列的代表值、峰值等。显示图表中数据的具体值，可以通过给图表添加数据标签来解决。首先选择要添加数据标签的图表，然后在【图表工具—布局】选项卡的【标签】组中单击【数据标签】按钮，在展开的下拉菜单中选择【显示】命令，如图 2-220 所示，即可添加数据标签。

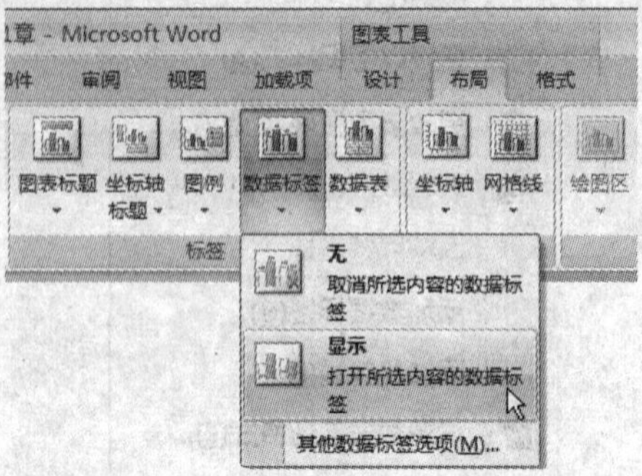

图 2-220　添加数据标签

120. 删除图表中多余的数据项

插入一个新图表后，图表可能包含了多个数据项，而实际仅需要其中的一些数据项，可以通过下面的方法删除多余的数据。

方法一：进入 Excel 数据表中删除目标数据。

方法二：在图表中选中将要删除的数据条，单击鼠标右键，在弹出的快捷菜单上选择【删除系列】命令，即可将该系列的数据从图表中删除。以柱形图为例，执行【删除系列】命令后不但指定柱中的特定颜色数据会被删除，其他柱中同系列的数据也会被删除。

121. 更改坐标轴的单位和最大值、最小值

建立合适的坐标轴最大值和最小值，是控制图形显示效果的关键之一，通常情况下是默认给出的，用户可以修改该值，首先在图表中选中坐标轴，此时坐标轴显示被文本框包围，单击鼠标右键，在弹出的菜单中选择【设置坐标轴格式】命令，如图 2-221 所示。

在打开的【设置坐标轴格式】对话框中，如图2-222 所示，单击【坐标轴选项】，在右侧的【最大值】和【最小值】处选择【固定】选项，在文本框中分别输入最大值和最小值，然后单击【确定】按钮即可。

为了显示美观，有时需要更改坐标轴的显示单位，选择图表中要更改单位的坐标轴，单击鼠标右键，在弹出的菜单中选择【设置坐标轴格式】命令，打开【设置坐标轴格式】对话框。在该对话框中，单击【坐标轴选项】，在右侧的【显示单位】下拉列表中选择合适的选项，如图 2-222 所示，然后单击【确定】按钮即可。

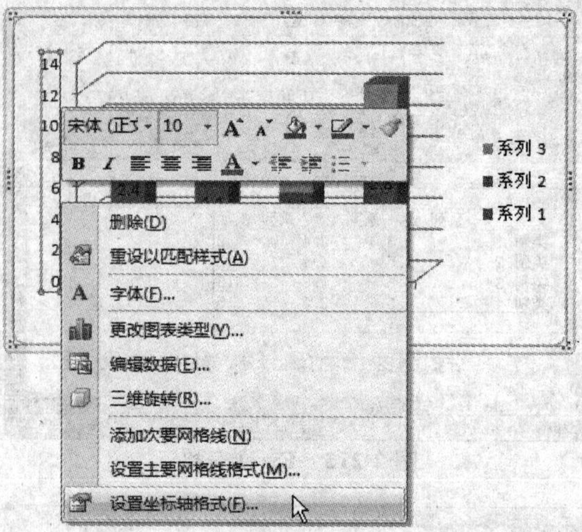

图 2-221　【设置坐标轴格式】命令

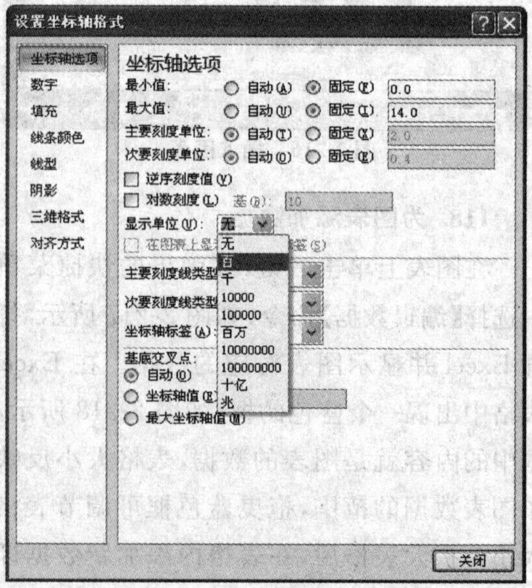

图 2-222　改变坐标轴单位

122. 快速更改图表的布局

首先选择图表，在【图表工具—设计】选项卡的【图表布局】组中选择布局样式即可，如图 2-223 所示。或者单击【图表布局】组中【其他】按钮，展开相应的布局样式，如图 2-

224 所示，从中选择一种布局样式，即可将其应用到目标图表上。

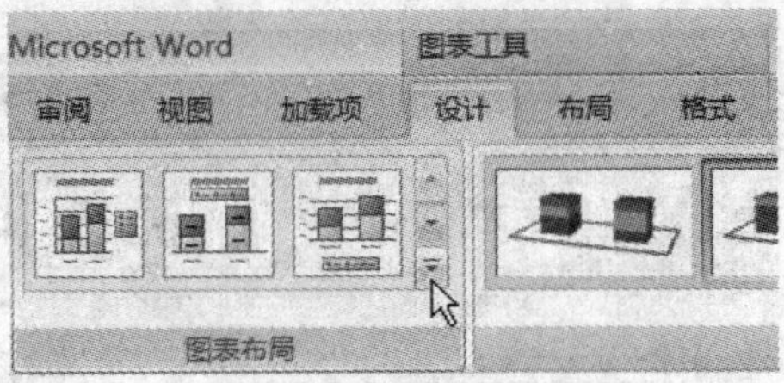

图 2-223 【图表布局】组

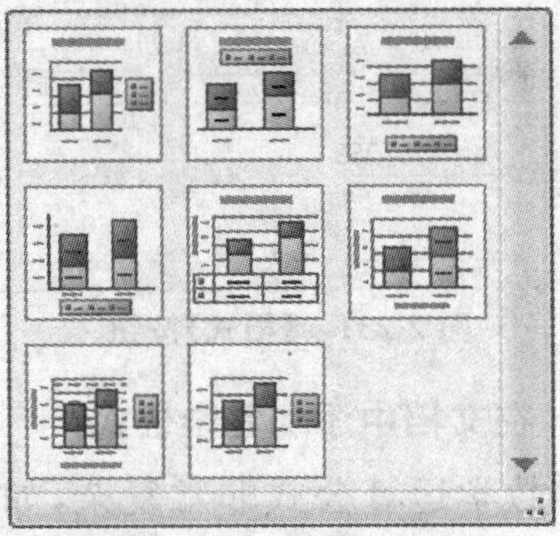

图 2-224 图表布局样式

123. 给图表添加文本

首先选择图表，在【图表工具—布局】选项卡的【插入】组中单击【绘制文本框】按钮，如图 2-225 所示。在下拉菜单中选择所需选项后，将鼠标移动到图表上，拖曳鼠标绘制文本框，就可以通过文本框输入文字了。

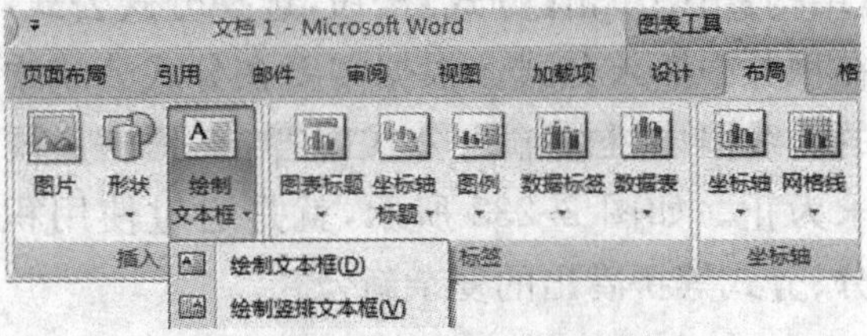

图 2-225 【绘制文本框】按钮

2.6 编辑公式

124. 在文档中插入数学运算符

单击【插入】选项卡，在【符号】组中单击【符号】按钮，在下拉菜单中选择【其他符号】命令，打开【符号】对话框，如图 2-226 所示，单击【符号】选项卡，在【子集】的下拉列表中选择【数学运算符】选项，在列表框中选择需要插入的数学运算符号，单击【插入】按钮即可。

图 2-226 【符号】对话框

125. 在文档中添加公式

单击【插入】选项卡，在【符号】组中单击【公式】按钮上，在下拉菜单中选择一种公式，如图 2-227 所示。如选择【二次公式】，在文档中即插入该公式。

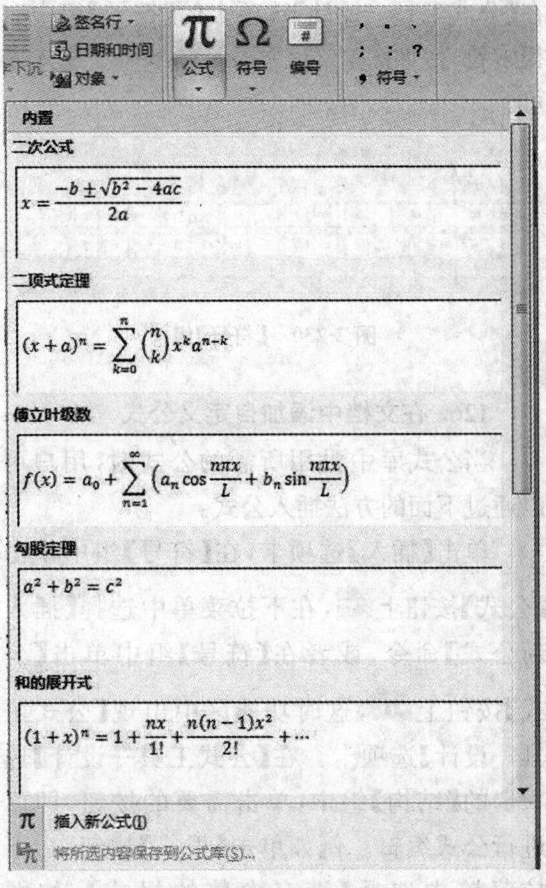

图 2-227 内置公式

单击插入公式右侧的【公式选项】按钮，如图 2-228 所示，在弹出的快捷菜单中选择不同的命令，可以改变公式的形状。如选择【线性】命令，公式变为如图 2-229 所示的形式。

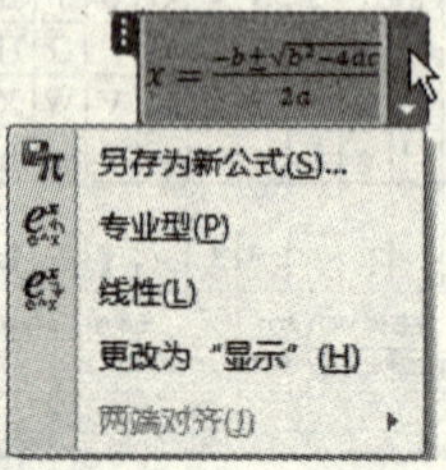

图 2-228　【公式选项】的快捷菜单

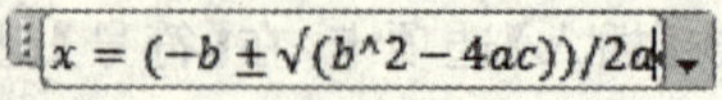

图 2-229　二次公式的线性形式

如果这个公式还需要改变，可进行编辑。在【公式工具—设计】选项卡的【符号】组中有很多符号，如图 2-230 所示，选择一个插入即可。

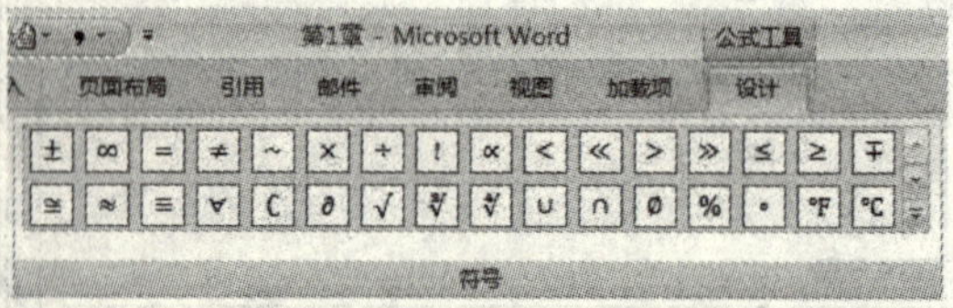

图 2-230　【符号】组

126. 在文档中添加自定义公式

当公式库中没用所需的公式时，用户可以通过下面的方法插入公式：

单击【插入】选项卡，在【符号】组中单击【公式】按钮上，在下拉菜单中选择【插入新公式】命令，或者在【符号】组中单击【公式】按钮上 π，这时功能区中出现【公式工具—设计】选项卡。在【公式工具—设计】选项卡的【结构】组中，单击需要的按钮，即可进行公式编辑。例如单击【根式】按钮，在下拉菜单中选择【带有次数的根式】，如图 2-231 所示，其中，虚线框表示可以输入内容的区域。插入公式后，在虚线框中输入数值即可。

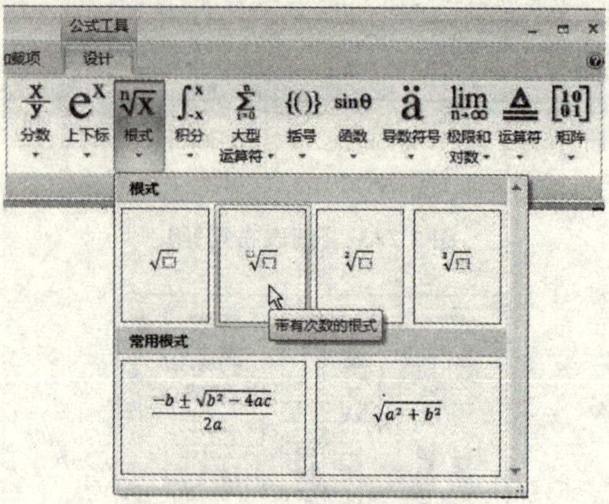

图 2-231　【根式】按钮

127. 在文档中添加复杂公式

高等数学运算公式非常复杂，如此复杂的运算如何实现？可以通过使用积分、开方根、分式等拼凑出来。操作如下：

单击【插入】选项卡，在【符号】组中单击【公式】按钮，在下拉菜单中选择【插入新公式】命令。在【公式工具—设计】选项卡的【结构】组中单击【积分】按钮，选择积分公式。在积分公式的虚线框中继续内嵌新的公式，在【结构】组中单击【分式】按钮，选择分式公式，在积分中插入分式。根据需要在分式公式中的虚线框内继续输入公式内容，直到满足要求为止。如图 2-232 所示，就是通过使用积分、分式等拼凑出的复杂新公式。

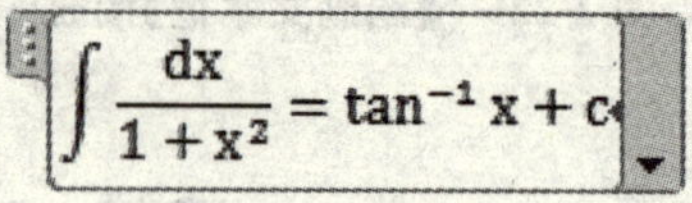

图 2-232　复杂的公式

128. 给数字标识循环节

使用 Word 2007 编辑文档时，可以直接为相关的数字标识循环节，从而避免文档打印出来后再手工标识。例如有一个 0.1633333…的循环小数，在 3 上标识循环节，可以通过插入公式的方法实现循环节的效果，具体操作如下：

正常输入 0.163，选中“3”，在【插入】选项卡的【符号】组中单击【公式】按钮上的 π，打开【公式工具——设计】选项卡。在【公式工具——设计】选项卡的【结构】组中单击【导数符号】按钮，在菜单中选择【点】即可，如图 2-233所示。

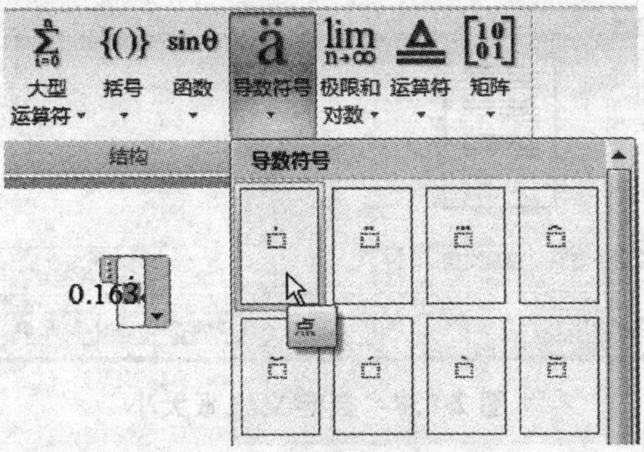

图 2-233 标识循环节

2.7 打印

129. 快速设置文档的页边距

Word 2007 为了方便用户设置文档页边距，提供了数个常用的页边距模板，通过以下操作套用这些模板，能快速设置出常用的页边距。在【页面布局】选项卡的【页面设置】组中单击【页边距】按钮，在下拉菜单中选择合适的页边距模板即可，如图 2-234 所示。

如果所有的页边距模板均不合适，用户还可以自定义页边距。单击【页面布局】选项卡，在【页面设置】组中单击【页边距】按钮，在下拉菜单中选择【自定义边距】命令，打开【页面设置】对话框，如图 2-235 所示。在【页面设置】对话框的【页边距】选项卡中的【页边距】区域，输入上、下、左、右的距离，单击【确定】按钮即可。

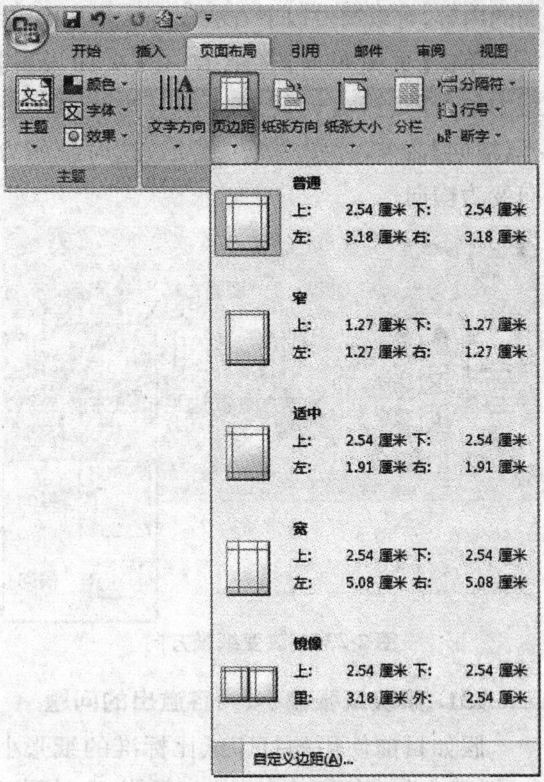

图 2-234 【页边距】按钮

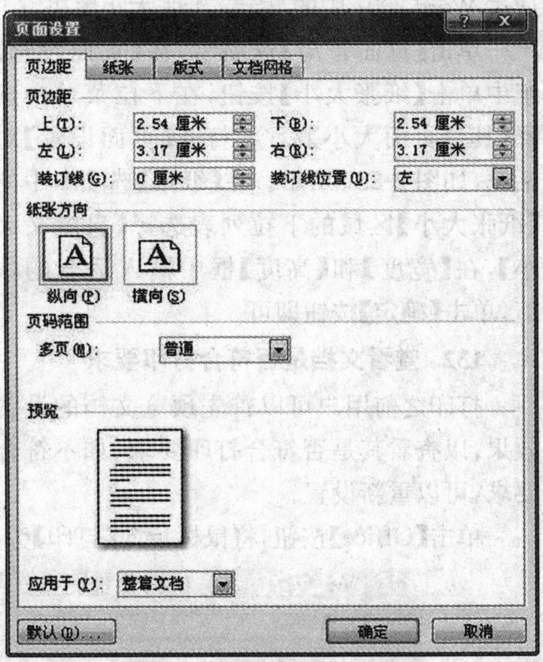

图 2-235 【页面设置】对话框

130. 改变纸张的方向

在默认情况下，Word 2007 编辑区域纸张的方向总是纵向排列的，用户如果想编辑横幅面的内容，可以通过以下方法改变纸张方向。

单击【页面布局】选项卡，在【页面设置】组中单击【纸张方向】按钮，在下拉菜单中选择【横向】命令，如图 2-236 所示，这时纸张方向变为横向。

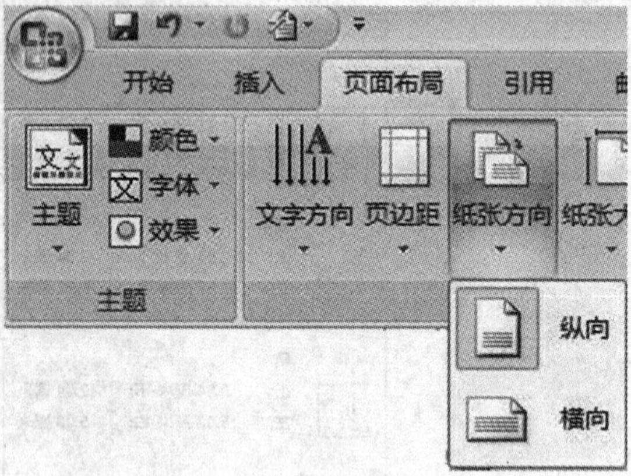

图 2-236 改变纸张方向

131. 解决纸张偏小、内容溢出的问题

假如目前使用的打印纸比标准的纸张小一些，就会造成打印的内容溢出纸张，这时可以通过 Word 2007 中的自定义纸张大小解决。

单击【页面布局】选项卡，在【页面设置】组中单击【纸张大小】按钮，在下拉菜单中选择【其他页面大小】命令，打开【页面设置】对话框，如图 2-237 所示。在【纸张】选项卡中的【纸张大小】区域的下拉列表选择【自定义大小】，在【宽度】和【高度】框中输入适合的数值，单击【确定】按钮即可。

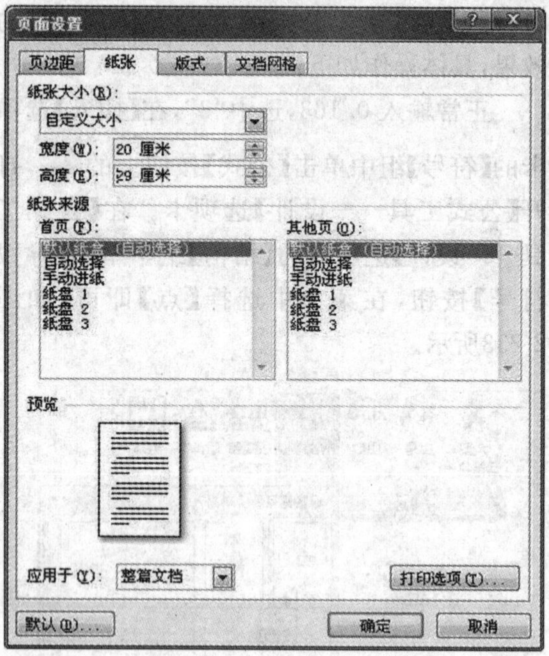

图 2-237 自定义纸张大小

132. 查看文档是否符合打印要求

打印之前用户可以首先预览文档的设置效果，以查看其是否符合打印要求，如不符合要求，可以重新设置。

单击【Office】按钮，将鼠标指向【打印】旁的箭头，然后单击【打印预览】，此时文档变成预览效果，同时在功能区会出现【打印预览】选项卡，如图 2-238 所示。通过预览发现文档中需要调整的地方后，单击【关闭打印预览】按钮，返回编辑状态进行调整。

133. 打印文档

依次单击【Office】按钮→【打印】命令，打开【打印】对话框，如图 2-239 所示。在对话框中【打印机】区域的【名称】下拉列表中选择一个合适的打印机，在【页面范围】区域中进行页面的选择。选中【全部】，打印整个文档；选中【当前页】，只打印光标所在页；选中【页码范围】，在文本框中输入所要打印的页码，可以打印连续或非连续的页面。在【份数】微调框中输入打印份数，单击【确定】按钮开始打印。

图 2-238 【打印预览】选项卡

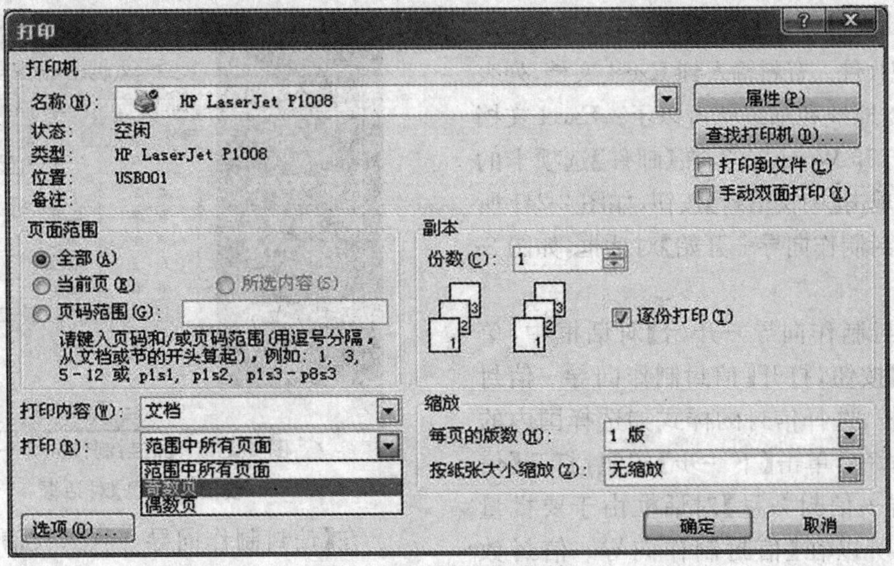

图 2-239 【打印】对话框

134. 打印双面内容

对于只能打印单面的打印机，如果要打印双面内容，需要先将奇数页打印出来，然后将纸叠整齐，继续在反面打印偶数页，即可实现双面打印。具体操作如下：

依次单击【Office】按钮→【打印】命令，打开【打印】对话框，如图 2-239 所示。在【打印】下拉列表中选择【奇数页】或【偶数页】，单击【确定】按钮即可。

技巧 打印奇数页后，在打印偶数页之前，要确保纸张的正、反面摆放正确，否则打印出现奇偶页内容颠倒的现象。

135. 在一张纸上打印多页内容

依次单击【Office】按钮→【打印】命令，打开【打印】对话框。在【每页的版数】下拉列表中选择每页需要打印的版面数量，如图 2-240 所示，最后单击【确定】按钮即可。

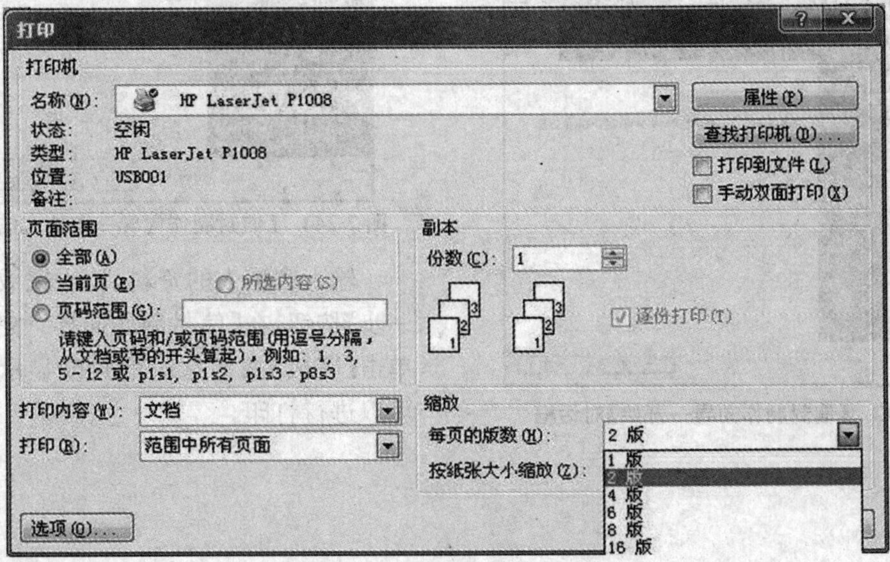

图 2-240 设置每页的版数

136. 批量打印信封

首先把收件人资料输入到 Excel 文档，列表中包括姓名、地址和邮编就可以了。Excel 文档编辑好后，打开 Word 2007，在【邮件】选项卡的【创建】组中单击【中文信封】按钮，如图 2-241 所示，打开【信封制作向导—开始】对话框，如图 2-242 所示。

在【信封制作向导—开始】对话框中，单击【下一步】按钮，打开【信封制作向导—信封样式】对话框，选择信封的样式如选择国内的 B6 信封，选好后单击【下一步】按钮，打开【信封制作向导—信封数量】对话框由于要批量打印信封，所以在【信封制作向导—信封数量】对话框中选择【基于地址簿文件，生成批量信封】，单击【下一步】按钮，打开【信封制作向导—收信人信息】对话框，如图 2-243 所示。

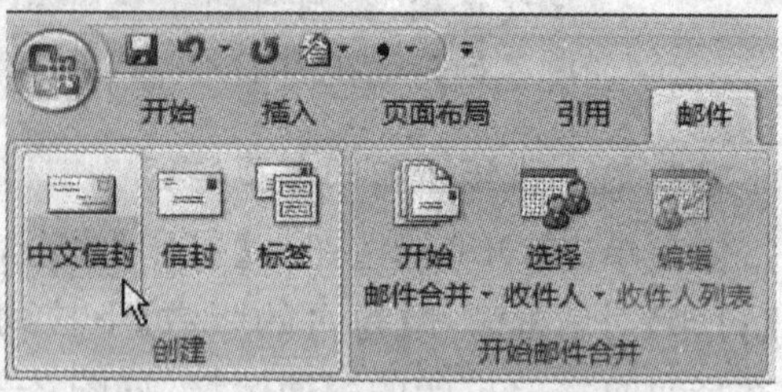

图 2-241 【中文信封】按钮

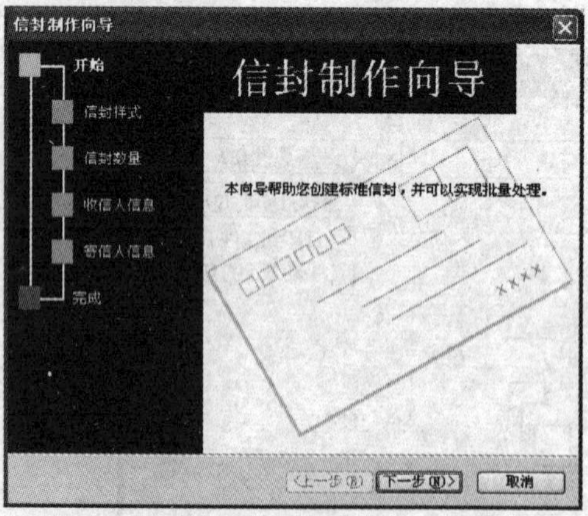

图 2-242 【信封制作向导—开始】对话框

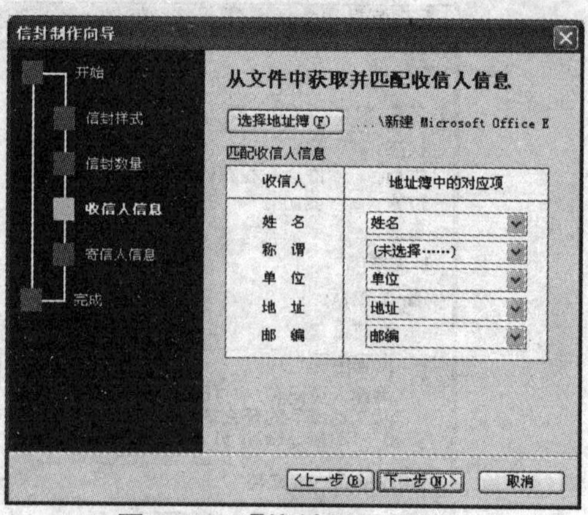

图 2-243 【信封制作向导—收信人信息】对话框

在【信封制作向导—收信人信息】对话框中，单击【选择地址簿】按钮来选择前面编辑的 Excel 文件，选好文件后，在【匹配收信人信息】区域中为所需的项选择 Excel 文档中相应的列。设置好后，单击【下一步】按钮，打开【信封制作向导—寄信人信息】对话框，如图 2-244所示。

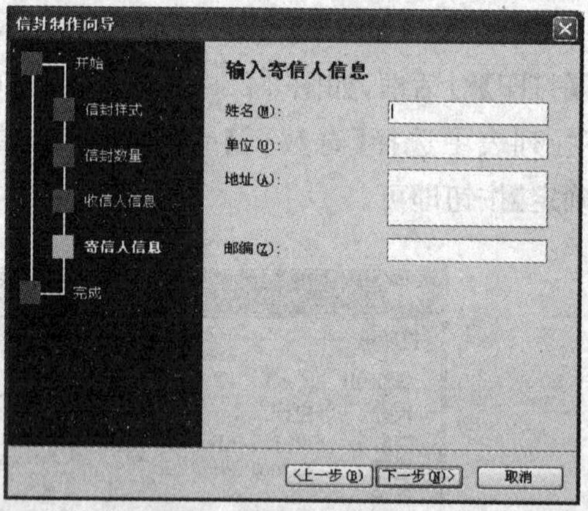

图 2-244 【信封制作向导—寄信人信息】对话框

输入寄信人的资料，输入完成后单击【下一步】按钮，在【信封制作向导—完成】对话框单击【完成】按钮这时信封就显示在文档中，可以进行打印。

第 3 章

Excel 2007 使用技巧

3.1 工作簿、工作表和单元格操作

1. 一次性打开多个工作簿

工作簿是指一个 Excel 文件所包含的全部内容，打开一个 Excel 文件，该文件可以包含一个或者多个工作表。工作表之间可以相互关联，形成一个完整的数据工作簿。一个工作表由多个单元格组成。一次性打开多个工作簿可以免去多次双击每个文档的麻烦。打开 Excel 2007，首先单击【Office】按钮执行【打开】命令，弹出【打开】对话框，如图 3-1 所示。在【打开】对话框中，按下“Shift”键选择多个工作簿文件后再单击【打开】按钮即可。

2. 设置工作簿的默认字体

Excel 2007 默认的正文字体为宋体，若想改变默认字体可采用以下方法：

首先单击页面左上方的【Office】按钮，选择右下方的【Excel 选项】按钮。在弹出的【Excel 选项】对话框中，如图 3-2 所示，在左侧选择【常用】选项，在右侧找到【新建工作簿时】栏目下，在【使用的字体】下拉列表中选择字体类型，例如选择“楷体”，然后单击【确定】按钮保存。

3. 在一个窗口中同时显示多个工作簿

为了比较工作簿之间的差异，有时候需要在一个窗口中同时显示两个工作簿以便观察其不同，可以使用 Office 2007 的并排查看功能。首先打开两个工作簿，单击【视图】选项卡的【窗口】选项组中【并排查看】按钮，两个工作簿就会以上下排列的方式显示出来，如图 3-3 所示。

4. 创建工作表模板

首先选择要用作模板的工作表，单击【Office】按钮，单击菜单中【另存为】，弹出【另存为】对话框，在该对话框的【保存类型】框中选择【Excel 模板(*.xltx)】，在【保存位置】框中，选择要保存模板的文件夹。在【文件名】框中，键入工作表模板的名称，单击【保存】按钮即可。

5. 改变工作表行高

在 Excel 中可以使用两种方法来改变某列或者选定区域的行高。

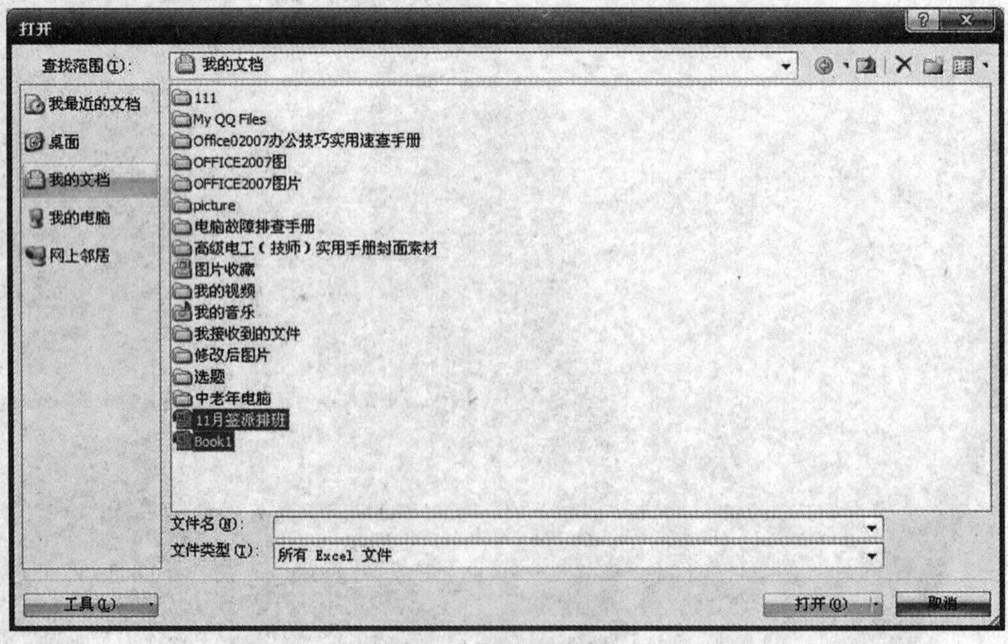

图 3-1 【打开】对话框

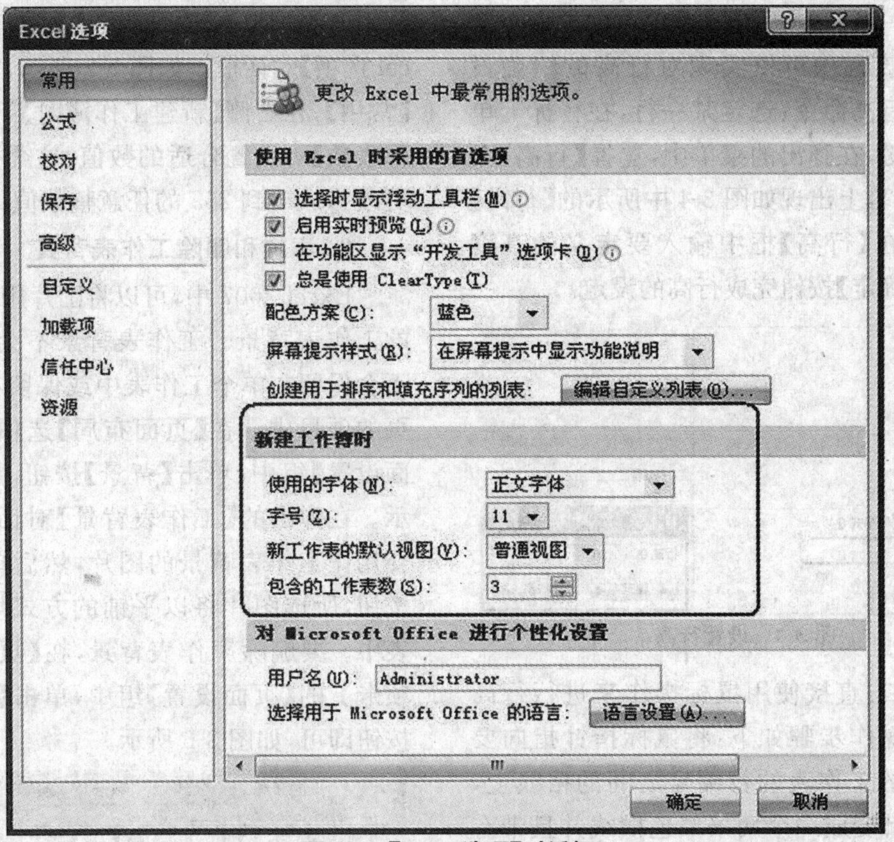

图 3-2　【Excel 选项】对话框

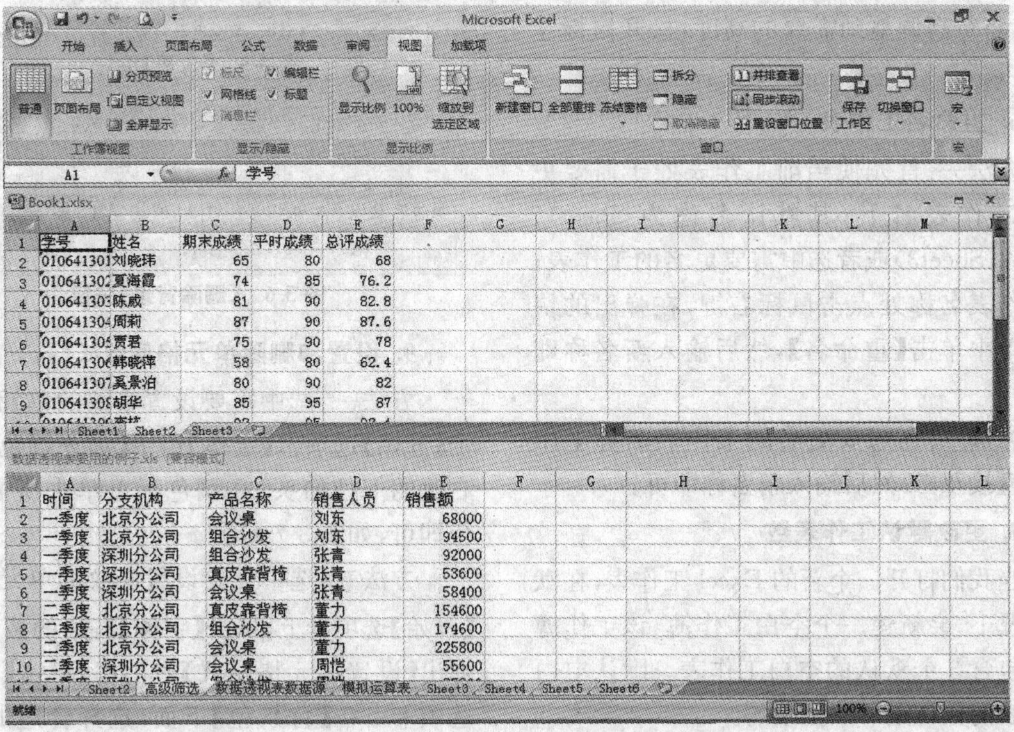

图 3-3　使用【并排查看】比较两个工作簿

方法一：通过执行 Excel 菜单中的命令实现。利用该方法可以实现对行高的精确设定。使用行高命令：选定某一行，在行标上单击鼠标右键，在弹出的菜单中，选择【行高】命令，这时屏幕上出现如图 3-4 中所示的【行高】对话框。在【行高】框中输入要定义的高度值，单击【确定】按钮完成行高的设定。

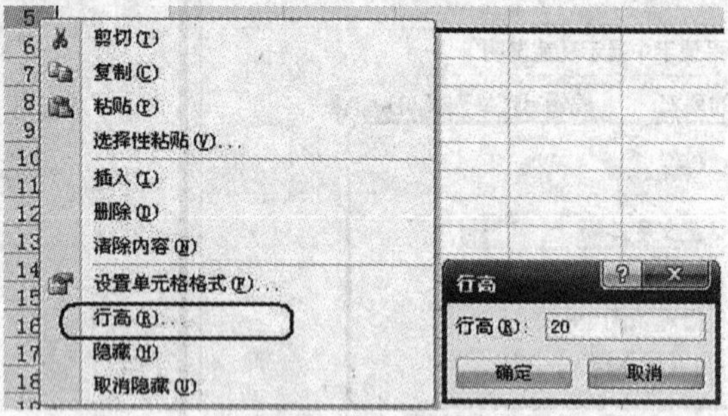

图 3-4　设置行高

方法二：直接使用鼠标操作来进行行高的调整。操作步骤如下：将鼠标指针指向要改变行高的工作表的行编号之间的格线上，当鼠标指针变成一个两条黑色横线并且带有分别指向上下的箭头时，按住鼠标左键拖动鼠标，将行高调整到需要的高度，松开鼠标左键即可。

6. 重命名工作表

方法一：首先使当前工作表处于需要更名的工作表名下（其默认名称为 Sheet1、Sheet2、Sheet3）或者选中需要更名的工作表；在工作表名称处点击鼠标右键，在弹出的快捷菜单中单击【重命名】，然后输入新名称即可。

方法二：在想要更名的工作表名称上用鼠标直接双击，然后输入新名称即可。

7. 更改默认工作表数

当我们打开一个新的 Excel 工作表，在默认情况下，会新建一个空白工作簿，该工作簿通常包含 3 个默认的空白工作表。默认空白工作表的数目是可以更改的。

首先在打开的 Excel 文件中依次单击【Office】按钮→【Excel 选项】按钮，打开【Excel 选项】对话框。如图 3-2 所示，在左侧选择【常用】，在右侧【新建工作簿时】下【包含的工作表数】中设置合适的数值，这个数值可以被更改为从 1 到 255 的任意整数值。

8. 添加和删除工作表背景

Excel 2007 中，可以将图片用作仅供显示的工作表背景。工作表背景不会被打印，也不会保留在单个工作表中或保留在另存为网页的项目中。在【页面布局】选项卡上的【页面设置】组中，单击【背景】按钮，如图 3-5 所示。在弹出的【工作表背景】对话框中，选择要用作工作表背景的图片，然后单击【插入】按钮，所选图片将以平铺的方式填入到工作表中。要删除工作表背景，在【页面布局】选项卡上的【页面设置】组中，单击【删除背景】按钮即可，如图 3-6 所示。

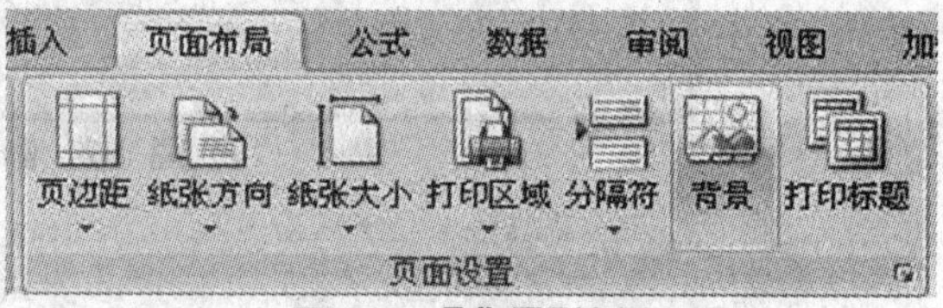

图 3-5　【背景】按钮

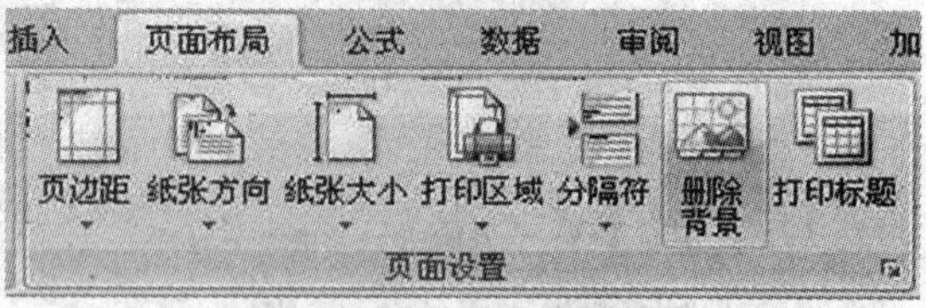

图 3-6　【删除背景】按钮

9. 设置和删除单元格底纹

方法一：选中需要设置底纹的单元格，单击【开始】选项卡【字体】组中【填充颜色】按钮右侧的下拉箭头，在调色板上单击所需的颜色即可，如图 3-7 所示。

方法二：选中需要设置底纹的单元格，在【开始】选项卡上，单击【字体】右边的按钮，弹出【设置单元格格式】对话框，单击【填充】选项卡。在【背景色】下面，选择合适的背景色，如图 3-8 所示。若要使用包含两种颜色的

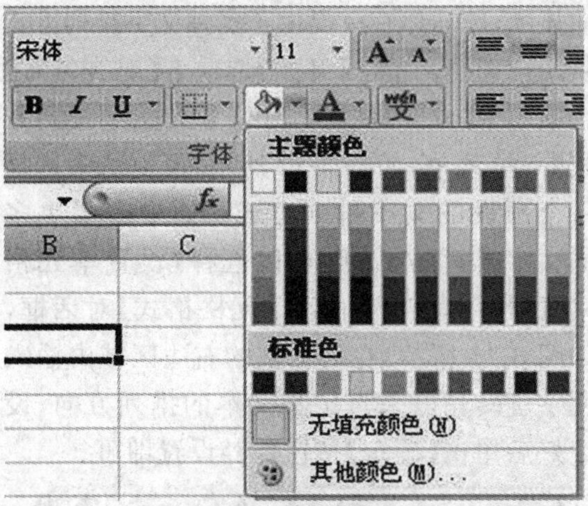

图 3-7　填充颜色

图案，在【图案颜色】框中单击另一种颜色，然后在【图案样式】框中选择图案样式。若要使用具有特殊效果的图案，单击【填充效果】按钮，进行相应设置即可。

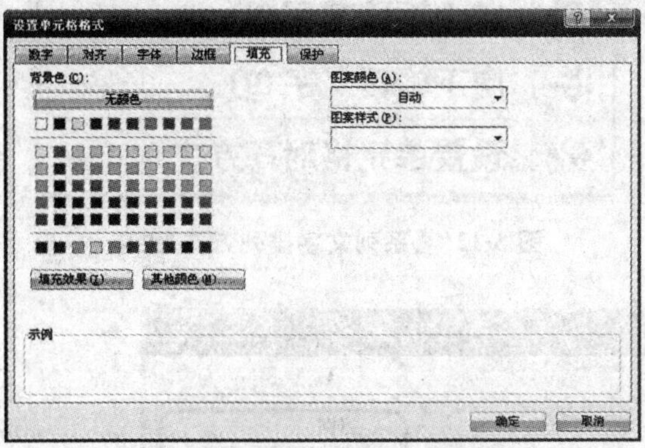

图 3-8　【设置单元格格式】对话框

删除单元格底纹时，选中含有填充颜色或填充图案的单元格，在【开始】选项卡上的【字体】组中，单击【填充颜色】旁边的箭头，然后单击【无填充颜色】即可，如图 3-7 所示。

10. 快速复制工作表

在工作表标签上单击鼠标右键，在菜单中选择【移动或复制工作表】选项。弹出如图 3-9 所示的【移动或复制工作表】对话框，可以将选定的工作表移动到同一工作表的不同位置，也可以选择移动到其他工作簿的指定位置。如果选中对话框下方的复选框【建立副本】，就会在目标位置复制一个相同的工作表。

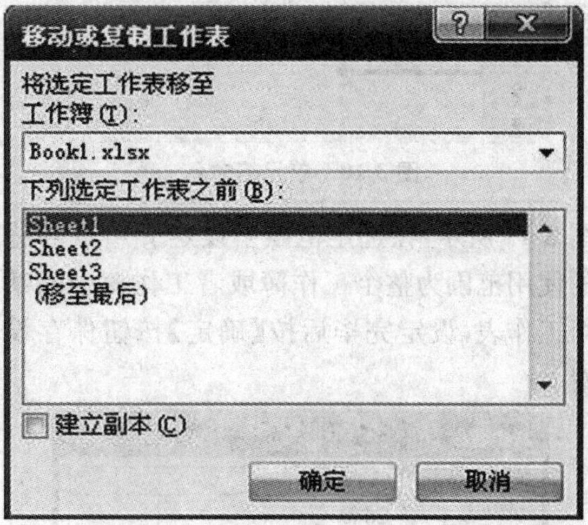

图 3-9　【移动或复制工作表】对话框

通过复制、粘贴的过程也可以完成复制工作表的工作。

> **技巧**　首先单击选择要创建副本工作表的标签，例如选择 Sheet1，按下“Ctrl”键拖动工作表标签到空白位置，这样就会在原工作表的旁边插入一个名为“Sheet2”的工作表，内容和原工作表内容一样。

11. 设置单元格名称

对单元格进行命名可以方便用户查找或者引用单元格，重命名单元格有两种方法。

方法一：在工作表的左上角位置直接修改。首先选定要命名的单元格，如选定单元格 A1，然后在工作表的左上角将 A1 字符替换成其他非纯数字和特殊字符的字符串，例如输入 grid1，如图 3-10 所示，输入完毕后按“Enter”键确认。通过这种方法命名的单元格只在当前工作有效，而不能对整个工作簿有效。

方法二：在选定单元格上单击鼠标右键执行【命名单元格区域】命令，在弹出的【新建名称】对话框中输入名称，例如输入 grid59，如

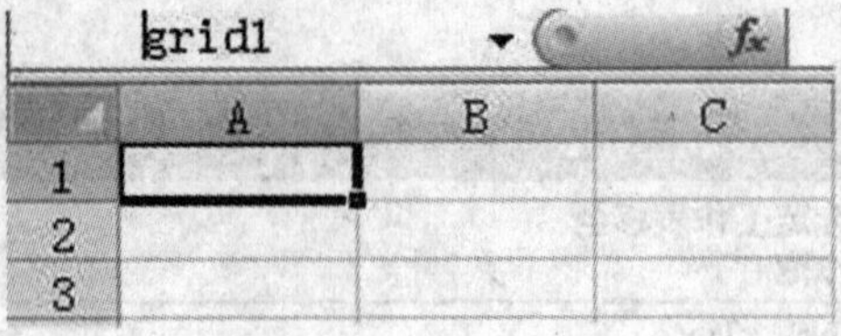

图 3-10　单元格命名

图 3-11 所示，在选定范围中设定 grid59 名称的使用范围为整个工作簿或者工作簿中的某个工作表，设定完毕后按【确定】按钮保存设置。

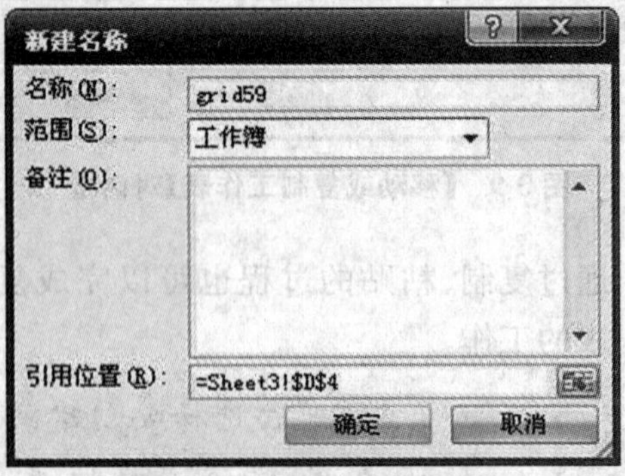

图 3-11　【新建名称】对话框

12. 改变单元格文字的排列方向

一般用户输入的文字内容都是横向排列的，但有的时候需要将文字竖向显示或者斜向显示，Excel 2007 提供了多种文字排列方式供用户选择。单击【开始】选项卡【对齐方式】选项组中【方向】按钮，弹出【系列文字排列方式】下拉菜单，如图 3-12 所示，可以从中选择一个预设的文字排列方式。如果需要更多的文字排列方式，则可以选择【设置单元格格式】选项，打开【设置单元格格式】对话框，如图 3-13 所示，在对话框的右边区域内输入文字旋转角度来自定义文本的排列方向，设置好后单击【确定】按钮保存设置即可。

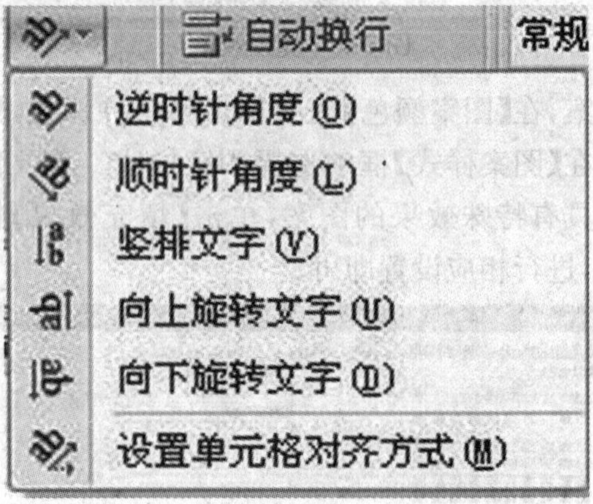

图 3-12　【系列文字排列方式】菜单

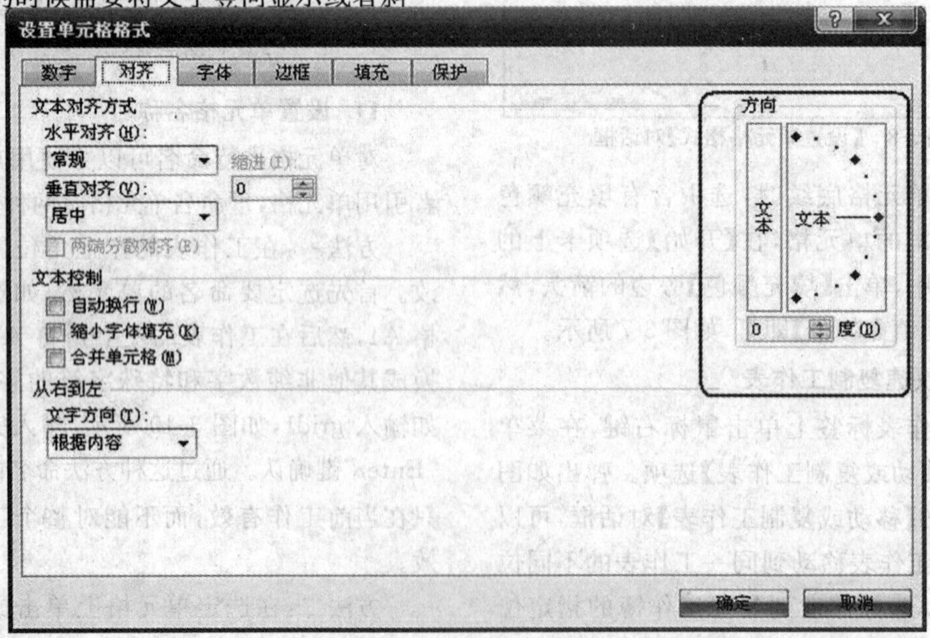

图 3-13　【设置单元格对齐方式】对话框

13. 制作表格的标题栏

首先选定工作表中首行作为表头的各列，然后单击【开始】选项卡【对齐方式】选项组中【合并与居中】按钮将选中各列合并，最后输入工作表的名称即可。

14. 快速设置表格样式

在 Excel 中提供了许多预定义的表样式，使用这些样式可快速套用表格式。如果预定义的表样式不能满足用户的需要，用户可以创建并应用自定义的表样式。

选定需要创建表格的区域，在【开始】选项卡上的【样式】组中，单击【套用表格格式】按钮边上的下拉箭头。在【浅色】、【中等深浅】或【深色】三个组里，单击要使用的表样式即可，如图 3-14 所示。

为现有表格应用表样式。在工作表上，选择要应用表样式的表格，这时会在选项卡的结尾添加【表工具】的【设计】选项卡，如图 3-15所示。在【设计】选项卡上的【表样式】组中，可以单击选择要使用的表样式，或单击按钮，然后在【浅色】、【中等深浅】或【深色】三个组中选择要使用的表样式即可。

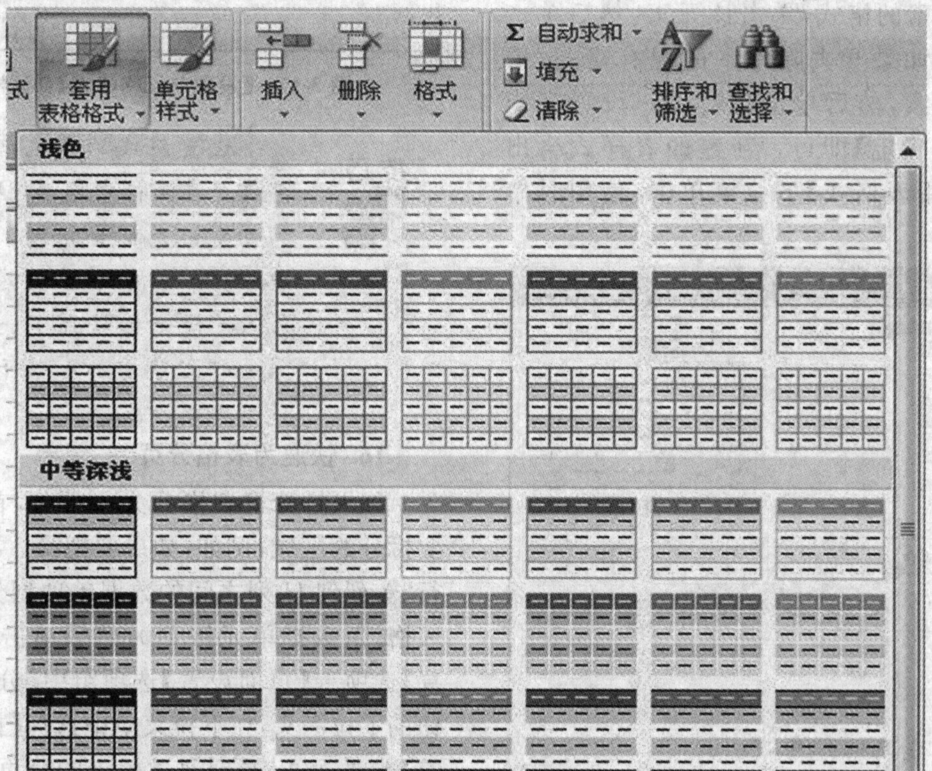

图 3-14　套用表格格式

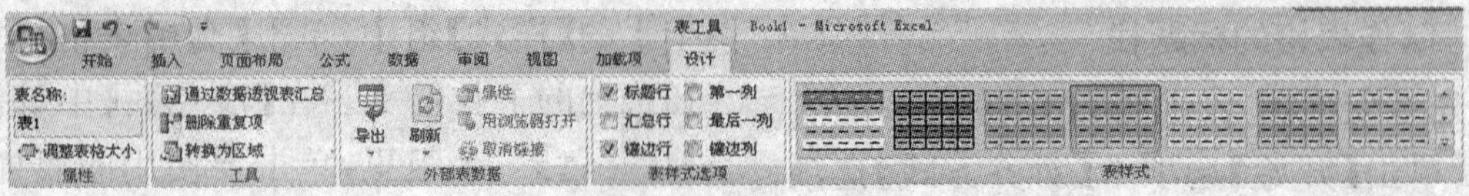

图 3-15　表设计工具

除了使用 Excel 定义好的表样式以外，用户还可以自己创建或删除自定义的表样式。要创建自定义表样式，在【开始】选项卡上的【样式】组中，选择【套用表格式】→【新建表样式】，弹出【新建表快速样式】对话框，如图3-16所示。在【名称】框中，键入新表样式的名称。在【表元素】框中，如果要设置元素的格式，单击该元素，然后单击【格式】。如果要去除元素的现有格式，请单击该元素，然后单击【清除】。设置完毕后，单击【确定】即可。新建的表样式会出现在【套用表格式】下拉菜单中，使用时单击即可。

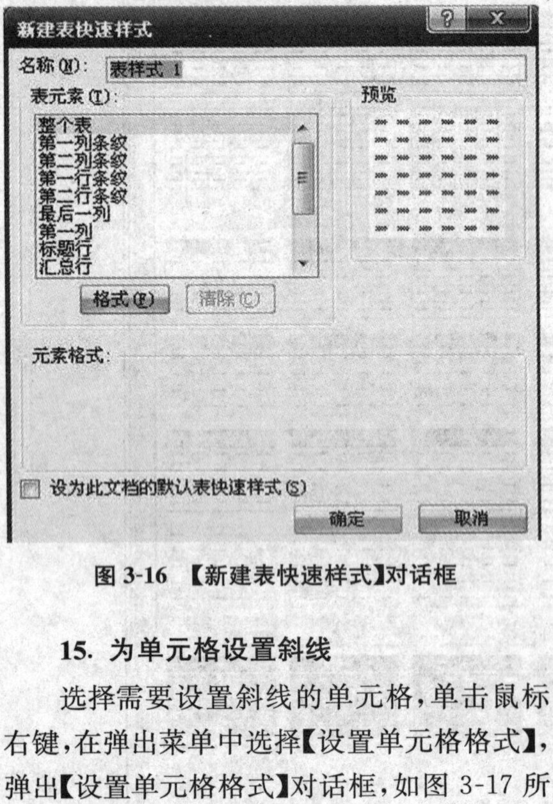

图 3-16　【新建表快速样式】对话框

15. 为单元格设置斜线

选择需要设置斜线的单元格，单击鼠标右键，在弹出菜单中选择【设置单元格格式】，弹出【设置单元格格式】对话框，如图 3-17 所示，在该对话框中选择【边框】选项卡，在【边框】栏下进行斜线的设置。

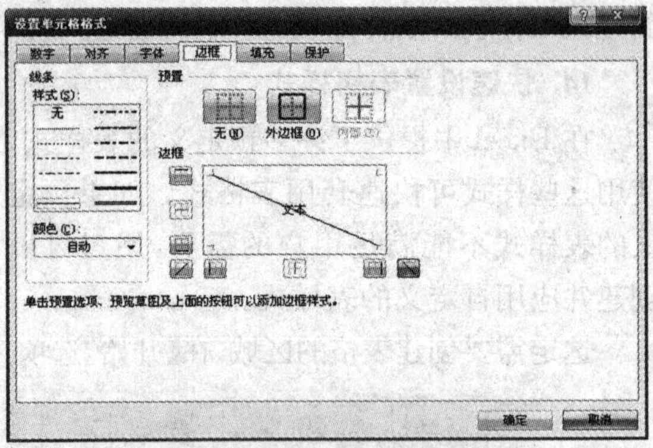

图 3-17　【设置单元格格式】对话框

技巧　设置斜线的单元格中的文字需要在两行中显示，这时直接按回车键光标会转到下一单元格中，所以使用组合键“Alt＋Enter”使光标转到下一行并在第一行文字前加入若干空格即达到理想效果。

16. 快速为表格分页

如果打算将表格分为 4 部分，首先选定要拆分的区域，例如：如果要把第 1 行到第 9 行、A 列到 H 列之间的数据单独划分为一个表格，则选择单元格 I10，然后单击【页面布局】选项卡【页面设置】选项组中【分隔符】按钮的下拉箭头，在下拉菜单中选择【插入分页符】选项，可以看到通过插入的分页符，表格已被虚线分页符分成了 4 个表格。

17. 快速移动或复制单元格

先选定单元格，然后移动鼠标指针到单元格边框上，按下鼠标左键并拖动到新位置，然后释放按键即可移动。若要复制单元格，则在释放鼠标之前按下“Ctrl”键即可。

18. 快速切换工作表

按“Ctrl＋PageUp”组合键可激活前一个

工作表，按“Ctrl＋PageDown”组合键可激活后一个工作表。用户还可用鼠标去控制工作表底部的标签滚动按钮快速地移动工作表的名字，然后单击工作表进行切换。

19. 快速定位到单元格

在一个 Excel 工作表中，通常会包含许多类型的数据，诸如文本、数值、货币、日期、百分比等，而有时需要从这些不同类型的数据中只选中某种类型的数据，可以使用定位功能来实现只选中包含文本的单元格。操作的方法是在 Excel 中按 F5 键，也可按快捷键“Ctrl＋G”键，打开【定位】对话框，在【定位】对话框中，单击【定位条件】按钮，弹出【定位条件】对话框，如图 3-18 所示，在【定位条件】对话框中选择需要选择的数据类型，单击【确定】按钮即可。

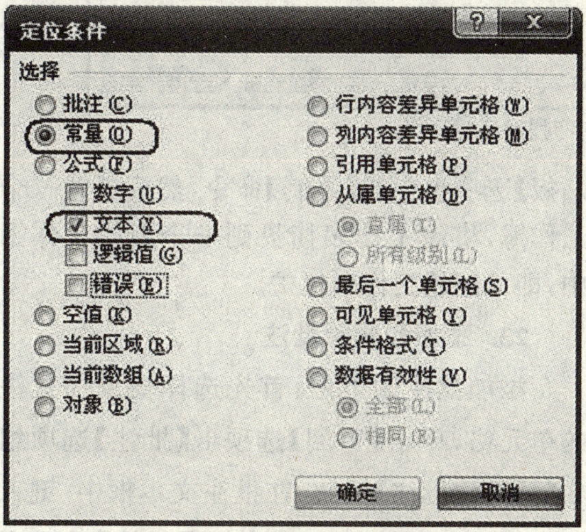

图 3-18　【定位条件】对话框

20. 把单元格区域转换为图片

首先选中需要复制成图片的单元格区域，然后单击【开始】选项卡【剪贴板】选项组中【粘贴】按钮的下拉箭头，在下拉菜单中依次单击【以图片格式】→【复制为图片】选项，如图 3-19 所示，将弹出【复制图片】对话框，如图 3-20 所示，选择【图片】选项后单击【确定】按钮。这时选定的表格区域就已经被复制成图片了。在需要用到该图片的地方使用粘贴命令即可粘贴为图片。

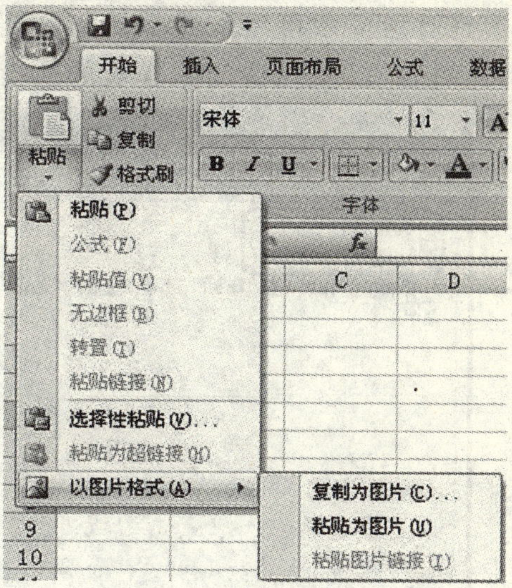

图 3-19　【复制为图片】命令

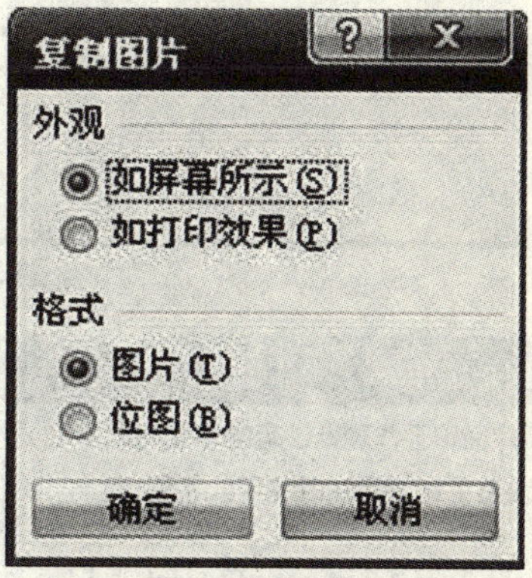

图 3-20　【复制图片】对话框

21. 保护工作表

保护工作表的一种方法就是把这些单元格设成“只读”。把需要保护的的单元格选定，单击鼠标右键，在弹出的菜单中选择【设置单元格格式】，弹出【自定义序列】对话框，如图 3-21 所示，将【保护】标签中的【锁定】复选框选定，如果这些单元格不想被其他人看见，可以选择【隐藏】复选框，设置好以后单击【确定】按钮保存设置。

完成上面的设置后，用户必须对工作表或工作簿实施保护，刚刚设置的保护和隐藏才有效。要保护工作表，单击【审阅】选项卡【更改】选项组中【保护工作表】按钮，弹出【保护工作表】对话框，如图 3-22 所示，在该对话框中可以设置保护工作表时使用的密码，以及允许此工作表的所有用户进行的操作，设置完成后单击【确定】按钮保存设置。这样工作表便被保护起来了。

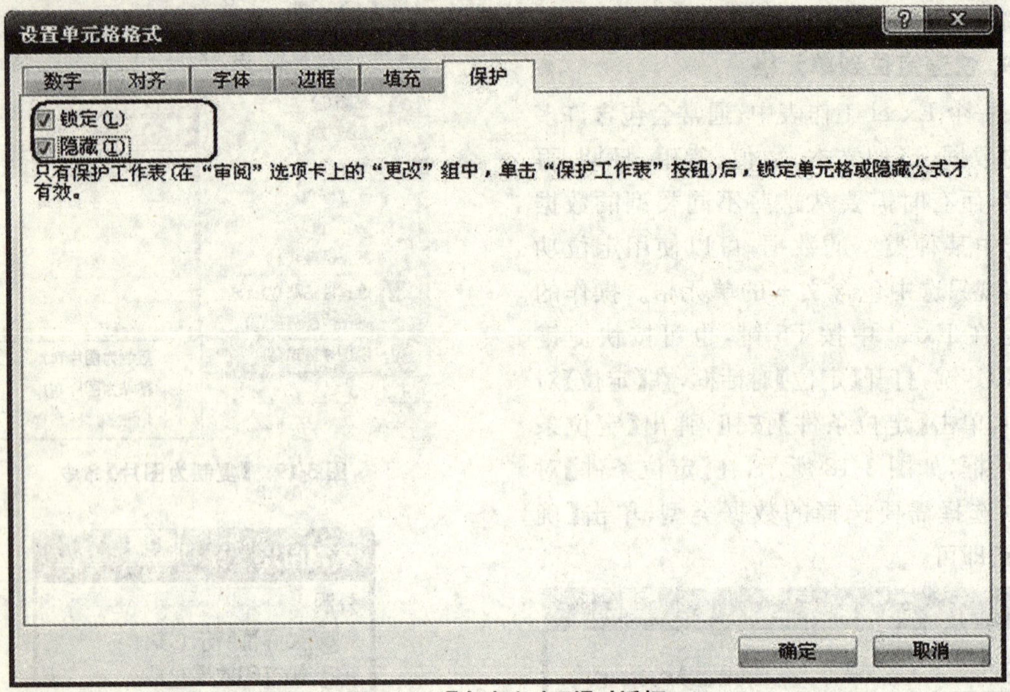

图 3-21 【自定义序列】对话框

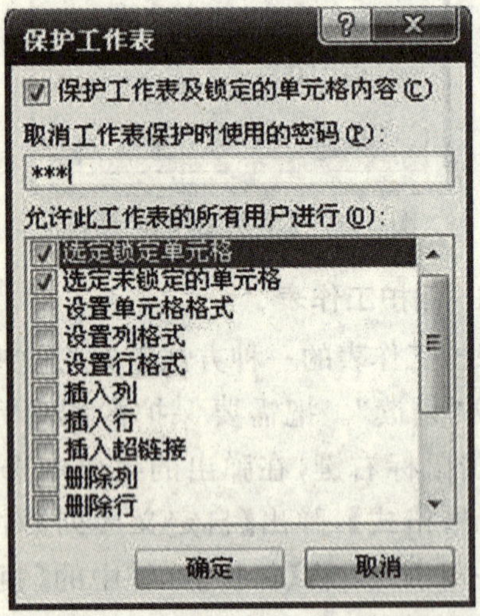

图 3-22 【保护工作表】对话框

22. 处理工作表保护口令丢失的状况

如果要使用一个被保护的工作表，但保护口令又忘记了，这个时候在原工作表中是没有办法来修改数据的。要处理这种情况，可以首先选定工作表，单击【开始】选项卡【剪贴板】选项组中的【复制】命令，然后新建一个工作簿，将该工作表拷贝到一个新的工作簿中，即可超越工作表保护。

23. 添加和删除批注

添加批注的方法：首先选择要添加批注的单元格，单击【审阅】选项卡【批注】选项组中的【新建批注】按钮，在批注文本框中，键入批注文字。用户还可以使用【开始】选项卡【字体】组中的格式设置选项设置文字的格式。当用户将指针放在红色三角形上时会显示批注。

删除批注的方法：单击包含要删除的批注的单元格，用户可以在【审阅】选项卡上的【批注】组中，单击【删除】即可。或者在【审阅】选项卡上的【批注】组中，单击【显示/隐藏批注】以显示批注，双击批注文本框，然后按“Delete”键即可。

技巧

【字体】组中的【填充颜色】和【字体颜色】选项不能用于批注文字。要更改文字的颜色，请右键单击批注，然后单击【设置批注格式】选项。

24. 应用和创建单元格样式

应用已有的单元格样式：首先选择要设置样式的单元格，单击【开始】选项卡中【样式】选项组的【单元格样式】按钮，在弹出的下拉列表中单击选择要应用的单元格样式即可。

创建新的单元格样式：首先单击【开始】选项卡【样式】选项组的【单元格样式】按钮，在弹出的下拉菜单中，选择【新建单元格样式】选项，弹出【样式】对话框，如图 3-23 所示，在【样式名】框中，为新单元格样式键入适当的名称。单击【格式】按钮，在【设置单元格格式】对话框中的各个选项卡上，选择所需的格式，然后单击【确定】按钮保存设置。在【样式】对话框中的【包括样式(例子)】下，清除在单元格样式中不需要的格式的复选框，再次单击【确定】按钮保存设置。

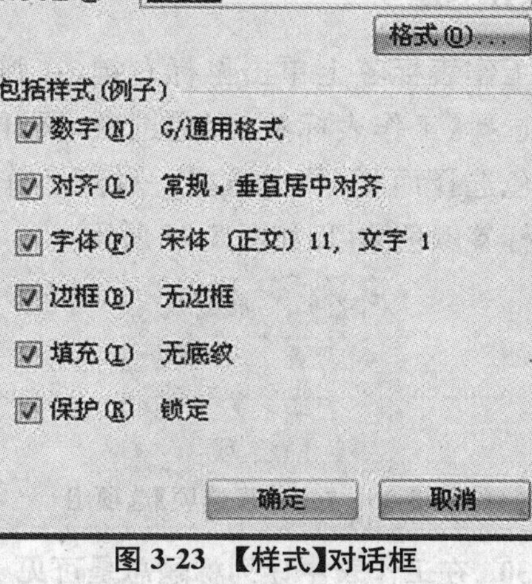

图 3-23 【样式】对话框

用户还可以通过修改现有的单元格样式创建单元格样式。首先单击【开始】选项卡【样式】选项组的【单元格样式】按钮，如果要修改现有的单元格样式，右键单击该单元格样式，选择【修改】；如果要创建现有的单元格样式的副本，右键单击该单元格样式，单击【复制】即可。

25. 在表格中应用或删除边框

在 Excel 2007 中，通过使用预定义的边框样式，用户可以在单元格或单元格区域的周围快速添加边框。在工作表上，选择要添加边框、更改边框样式或删除边框的单元格或单元格区域，单击【开始】选项卡【字体】选项组【边框】按钮旁边的下拉箭头，然后单击相应的边框样式。

要删除单元格边框，请单击【边框】旁边的箭头，然后单击【无边框】即可。

技巧

可以使用边框橡皮擦工具来迅速删除指定的边框。单击【开始】选项卡【字体】选项组【边框】按钮旁边的下拉箭头，在弹出的下拉菜单中选择【擦除边框】选项。然后将鼠标移到单元格边框上，单击鼠标左键即可删除选定单元格的选定边框。拖曳鼠标选择单元格范围，松开鼠标后将删除选定区域内所有单元格的所有边框。

26. 在单元格中实现数据重定位

首先，选择要重定位的数据所在的单元格或单元格区域，然后在【开始】选项卡【对齐方式】选项组中执行相应操作，如图 3-24 所示。如果要更改单元格内容的垂直对齐方式，单击【顶端对齐】、【垂直居中】或【底端对齐】；如果要更改单元格内容的水平对齐方式，单击【文本左对齐】、【居中】或【文本右对齐】；如果要更改单元格内容的缩进，单击【减少缩进量】或【增加缩进量】；如果要旋转单元格内容，单击【方向】，然后选择所需的旋转选项；如果要使用其他文本对齐方式选项，单击

【对齐方式】旁边的对话框启动器，然后在【设置单元格格式】对话框中的【对齐】选项卡上选择所需的选项。

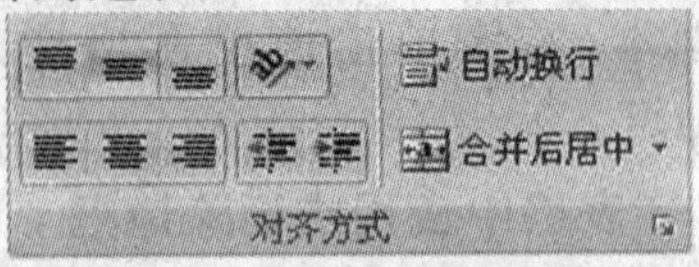

图 3-24 【对齐方式】选项组

27. 隐藏单元格中的所有值

如果有些单元格中的数据不想被人看到，用户可以通过如下的设置来实现单元格内容的隐藏。首先选定要隐藏所有值的单元格，然后在该单元格上单击鼠标右键，选择【设置单元格格式】选项，弹出对话框如图3-25所示，在左侧的【分类】栏中选择【自定义】，然后在右侧【类型】下的文本框内输入“;;;”，最后单击【确定】按钮保存设置。通过以上设置后，单元格所有数据均会被隐藏，清除自定义格式可以让该数据恢复显示。

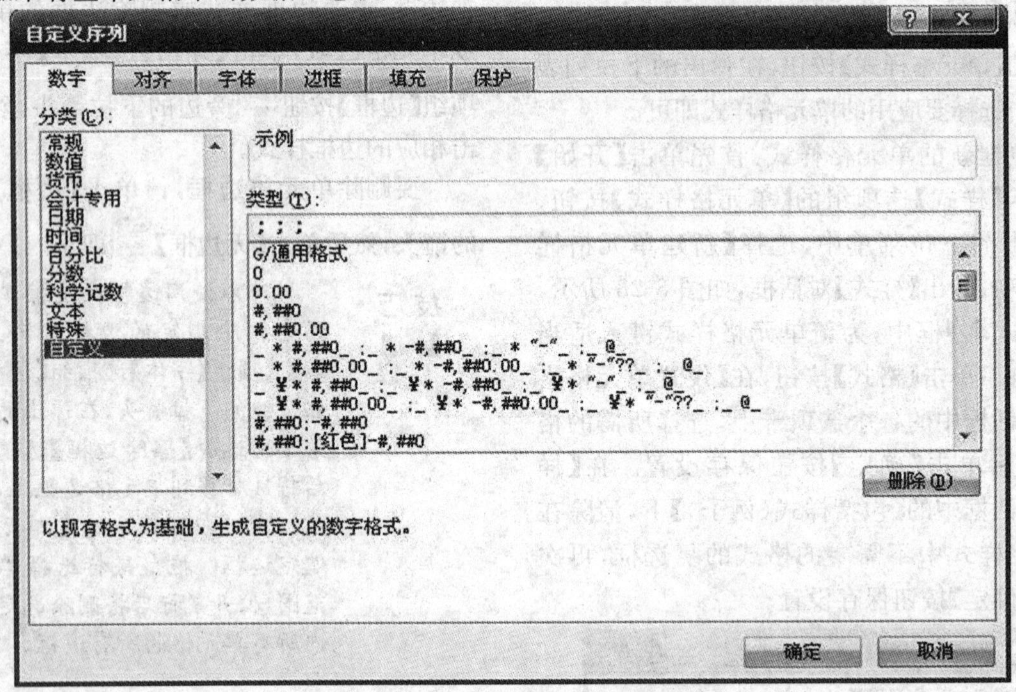

图 3-25 【设置单元格格式】对话框

28. 隐藏网格线

网格线能在用户制作表格时，为整体布局提供方便。但有时为了美观需要将网格线隐藏起来，在 Excel 2007 中提供了相当方便的快捷按钮直接关闭或显示网格线。单击【页面布局】选项卡【工作表选项】中【网格线】下的【查看】复选框来显示网格线，如图 3-26 所示，也可以通过取消选择该复选框来隐藏网格线。

29. 修改标签颜色

通过修改标签颜色，能帮助用户快速识别某个具体的工作表。方法如下：在页面下端的工作表标签上单击鼠标右键，在弹出菜单中选择【工作表标签颜色】选项，展开相应的颜色选择面板，从中选择一种颜色作为工作表标签颜色即可，如图 3-27 所示。

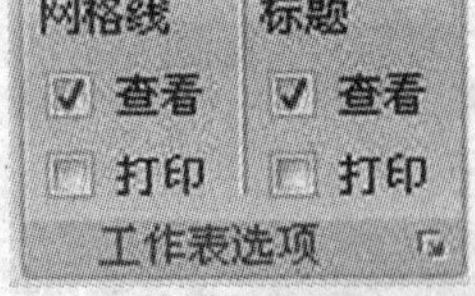

图 3-26 【工作表选项】选项组

30. 在工作表中让列标题总是可见

在 Excel 中滚动表格时，一些列标题就看不见了，给操作带来了不便。如果表头位于

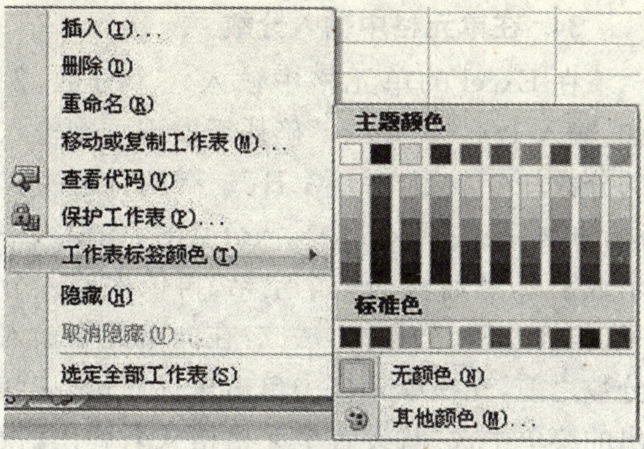

图 3-27 【工作表标签颜色】选项

第 1 行，单击【视图】选项卡中【窗口】选项组的【冻结窗格】按钮【冻结窗口】选项即可。

如果表头不是位于首行或者占有多行，例如表头位于工作表第 2 行，在锁定标题的时候，首先选定工作表第 2 行，然后单击【视图】选项卡中【窗口】选项组的【冻结窗格】按钮【冻结拆分窗格】选项即可。

31. 拆分或取消拆分窗口

单击【视图】选项卡【窗口】选项组的【拆分】按钮，即可将窗口拆分成几部分。

取消拆分窗口有两种方法，方法一：单击【视图】选项卡【窗口】选项组的【拆分】按钮时可取消拆分窗口。方法二：将鼠标指针置于水平拆分或垂直拆分线或双拆分线交点上，双击鼠标即可取消已拆分的窗口。

32. 为 Excel 中的换页表格加表头

在进行表格打印的时候，会有这样一个问题，即如果表格很长而超过一页，那么后面的表格将没有表头，为后面数据的查看带来不便。解决方法如下：单击【页面布局】选项卡【工作表选项】选项组中右下角处的按钮，弹出【页面设置】对话框，如图 3-28 所示，在【工作表】选项卡下【打印标题】栏下的【顶端标题行】内输入行标志，如果表头位于第 1 行，则在该文本栏内输入“$1：$1”即可。如果不习惯使用输入行标志的方式，也可以通过手动选择的方式进行设置，单击【顶端标题行】最右侧的【区域选定】按钮，当出现【页面设置-顶端标题行】对话框时通过移动鼠标指针到工作表内，用鼠标选定顶端标题行。单击【确定】按钮返回后，Excel 就会在该表格的每个打印页面自动添加一个选定的顶端标题作为表头。

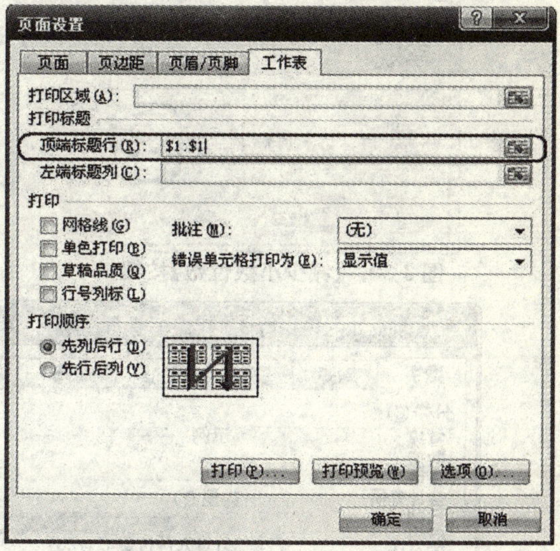

图 3-28 【页面设置】对话框

3.2 数据的输入与编辑

33. 解决输入数据后显示为“#####”的问题

如果是列宽不够而导致显示不全，则通过增加列宽的方式可以解决。方法是：通过 Excel 的自动适应列宽功能实现，单击【开始】选项卡【单元格】选项组中的【格式】按钮展开下拉菜单，选择【自动调整列宽】选项，如图 3-29所示。

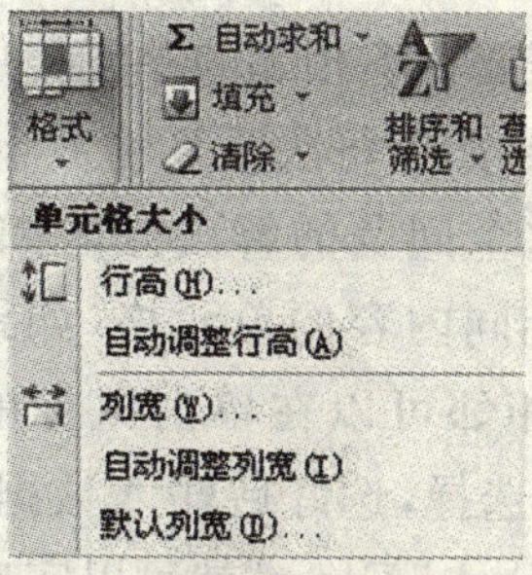

图 3-29 【自动调整列宽】选项

如果目标单元格原来的内容为数字，则可能是由于数字小数位数太长而不能正常显示所致。可以单击【开始】选项卡【数字】选项组中的【减少小数位数】按钮，将小数位数调整到正常显示的范围，如图 3-30 所示。

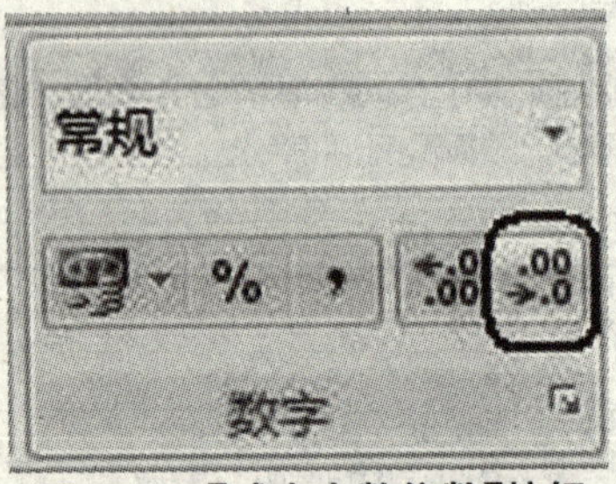

图 3-30 【减少小数位数】按钮

34. 在单元格中输入分数

在 Excel 的单元格中输入一个分数，例如：输入 1/4，按“Enter”确认后发现刚刚输入的分数却变成了“1 月 4 日”。有两种解决方法，方法一：在 Excel 中输入分数时，先输入一个数字 0，然后输入一个空格，再依次输入分子、斜杠“/”和分母；方法二：在向单元格输入分数之前，先在单元格中单击鼠标右键，在弹出的菜单中选择【设置单元格格式】，弹出【设置单元格格式】对话框，如图 3-31 所示。然后在【数字】选项卡中选择【分类】栏的【分数】选项，单击【确定】返回。

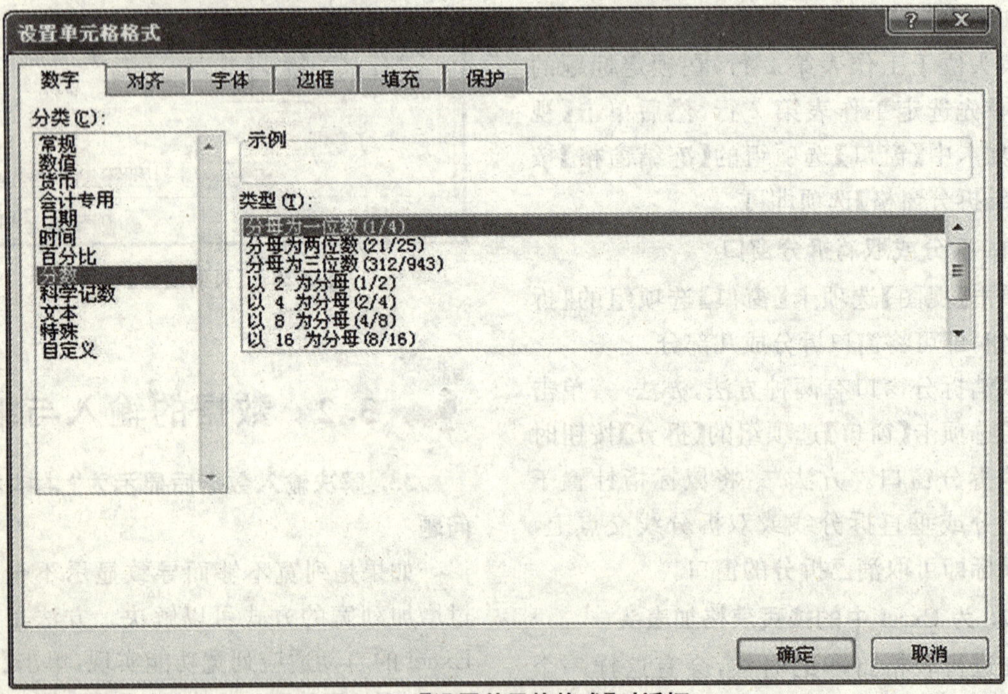

图 3-31 【设置单元格格式】对话框

35. 在不相邻的单元格中一次输入相同内容

有时需要在不相邻的单元格中需要输入相同的内容，如果每次重复输入十分麻烦，费时费力。这个问题的解决方法如下：首先选中要输入相同内容的单元格，如果要选中的单元格不相邻可以在单击鼠标的同时按住“Ctrl”键来选择，选好后输入数据，输入完后用组合键“Ctrl+Enter”就可以实现。

36. 为单元格设置数字的输入范围

通过设置可以让单元格只接受一定范围内的数字的输入。选择需要设置输入范围的单元格，依次单击【数据】→【数据工具】→【数据有效性】→【数据有效性】选项，弹出【数据有效性】对话框，如图 3-32 所示，单击【设置】选项卡，以设定小数为例，在【允许】选项下拉菜单中选择【小数】选项，在【数据】选项下拉菜单中选择【介于】选项，在【最大值】和【最小值】两个文本框中分别输入该单元格允许输入的最大值和最小值，例如输入 0～100，最后单击【确定】按钮。一旦在单元格内输入了超过最大值的数字，Excel 会有警告窗口。

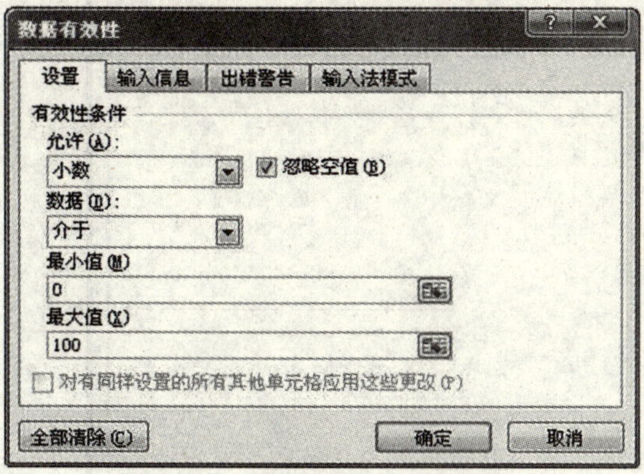

图 3-32 【数据有效性】对话框

37. 快速互换两列数据

选定 A 列数据区域，把鼠标放在 A 列数据区域右侧的边框线上，使鼠标呈现一个实心的黑十字；同时按下鼠标左键和“Shift”键，拖动鼠标至 B 列数据区域的右边，可以看到一条垂直的虚线（如果看到一条水平的虚线，则表示在 B 列插入数据），同时松开“Shift”键和鼠标左键，这样就实现了 A、B 列的数据互换。同理可以实现两行数据的互换。

38. 批量修改数据

举例说明：想在 C 列原来数据的基础上加 10，操作方法如下：

首先，在想要修改的列的旁边，插入一个临时的新列（D 列），并在 D 列的第一个单元格 D1 中输入 10，然后把鼠标放在 D1 的右下角，待其变成十字形后下拉到所需的数据长度，此时 D 列所有的数据都为 10，如图 3-33 所示。

在 D 列上单击鼠标右键，选择【复制】命令。选中 C 列的要累加的区域，在 C 列单击鼠标的右键，在弹出的菜单中选择【选择性粘贴】，弹出【选择性粘贴】对话框，如图 3-34 所示，在该对话框中选择【运算】栏下的运算符，在本例中选择【加】，然后单击【确定】。上述操作完成后将 D 列删除即可。同样的办法可以实现对一列或行的乘、除、减等其他的运算操作，原工作表的格式也没有改变。

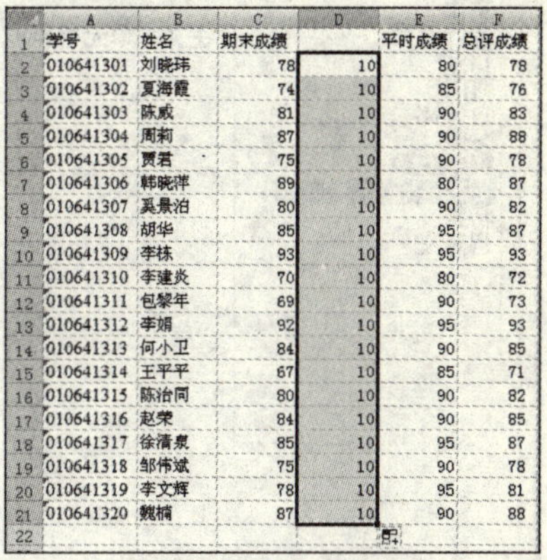

	A	B	C	D	E	F
1	学号	姓名	期末成绩		平时成绩	总评成绩
2	010641301	刘晓玮	78	10	80	78
3	010641302	夏海霞	74	10	85	76
4	010641303	陈威	81	10	90	83
5	010641304	周莉	87	10	90	88
6	010641305	贾君	75	10	90	78
7	010641306	韩晓萍	89	10	80	87
8	010641307	奚景治	80	10	90	82
9	010641308	胡华	85	10	95	87
10	010641309	李栋	93	10	95	93
11	010641310	李建炎	70	10	80	72
12	010641311	包黎年	69	10	90	73
13	010641312	李娟	92	10	95	93
14	010641313	何小卫	84	10	90	85
15	010641314	王平平	67	10	85	71
16	010641315	陈治同	80	10	90	82
17	010641316	赵荣	84	10	90	85
18	010641317	徐清泉	85	10	95	87
19	010641318	邹伟斌	75	10	90	78
20	010641319	李文辉	78	10	95	81
21	010641320	魏楠	87	10	90	88
22						

图 3-33 添加新列

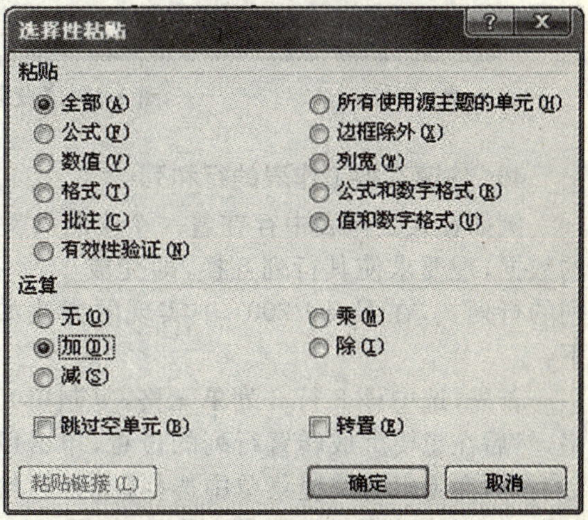

图 3-34 【选择性粘贴】对话框

39. 实现类似于“001”序列的填充

在 Excel 2007 中当输入“001”后单元格的内容变成了“1”，可用如下的方法解决：方法一：首先在英文输入法状态下输入单引号“’”，然后输入“001”按“Enter”即可。方法二：选中单元格，然后点击鼠标右键，在弹出的快捷菜单中选择【设置单元格格式】，弹出【设置单元格格式】对话框，在该对话框的【数字】选项卡中选择【文本】分类，单击【确定】即可，如图 3-35 所示，再次输入 001 就不会出现刚刚的状况了。

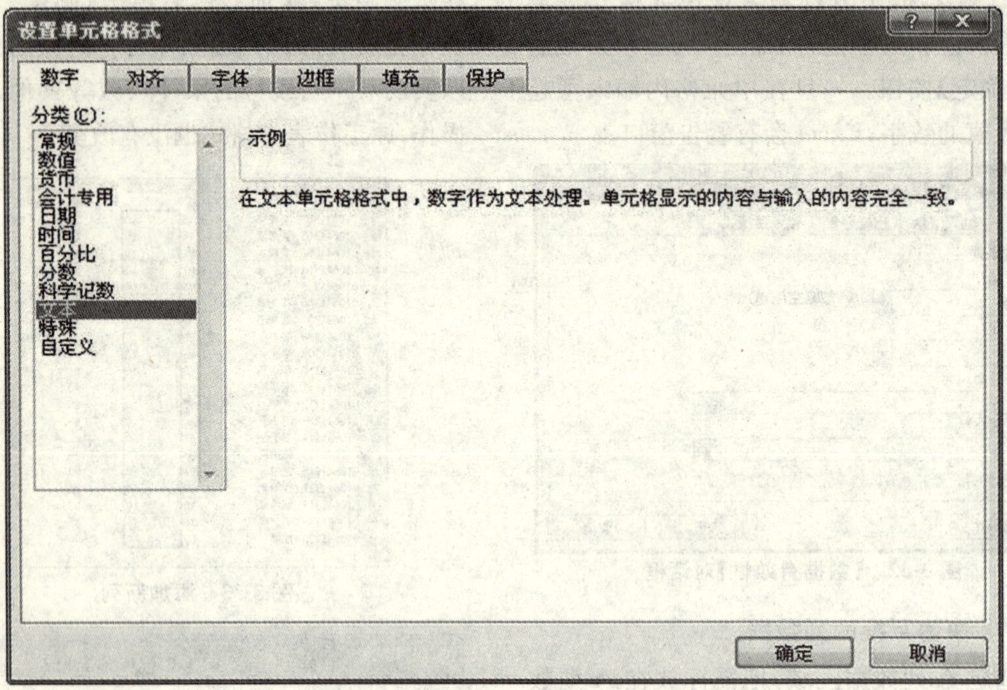

图 3-35 【设置单元格格式】对话框

40. 快速互换工作表的行和列

例如在某工作表中存在着一个 2 行 3 列的数据，现要求使其行列互换，即变成 3 行 2 列的行列式，在 Excel 2007 中实现的方法如下：

首先，选中该 2 行 3 列单元格，复制单元格，然后在想要生成转置行列的位置，单击鼠标右键，在弹出的快捷菜单中选择【选择性粘贴】，弹出的【选择性粘贴】对话框，如图 3-36 所示，在该对话框中将【转置】选中，点击【确定】按钮即可。

41. 将处于不同数据段的数据用不同的格式显示

例如：有一个学生成绩的表格，要求单元格“考试成绩”一栏中，当考试成绩大于或等于 90 分时，用加粗倾斜、带下划线的蓝色字体显示；当考试成绩低于 60 分时，用红色的加粗字体显示；其余成绩一律正常字体显示。

首先选择要设置格式的区域，在【开始】选项卡上的【样式】组中，单击【条件格式】旁边的箭头，在弹出的快捷菜单中选择【新建规则】，弹出【新建格式规则】对话框，如图 3-37 所示。

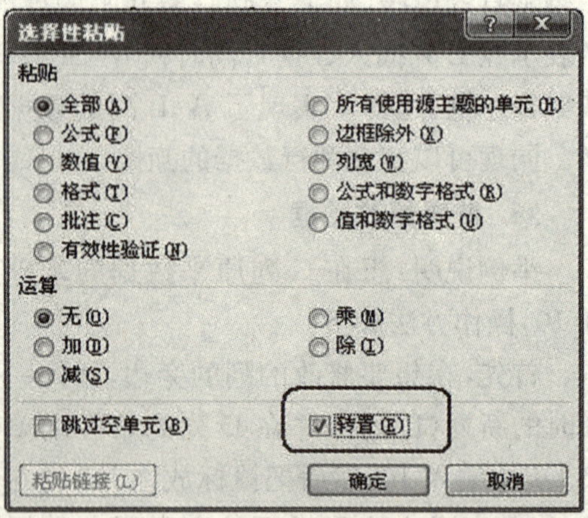

图 3-36 【选择性粘贴】对话框

在【选择规则类型】中选择【只为包含以下内容的单元格设置格式】，在【编辑规则说明】中设置相应的要求，然后单击下方的【格式】按钮，在【字体】选项卡中进行相应的设置即可。重复以上步骤对其他情况进行一一设置。

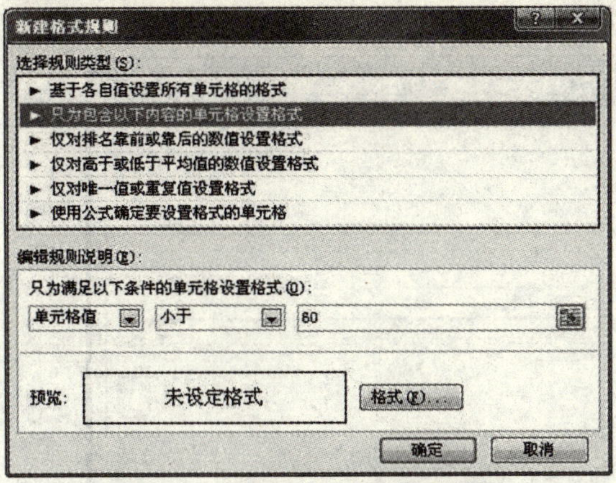

图 3-37　【新建格式规则】对话框

42. 自动突出显示单元格中的数据

在使用 Excel 处理大量数据时，为了更加直观地显示某些数据，用户需要对其进行突出显示。下面以突出显示重复数据为例，介绍操作方法。首先选中要输入数据的固定区域，例如选中 A 列，打开【开始】菜单，在【条件格式】下拉菜单中依次单击【突出显示单元格规则】→【重复值】，如图 3-38 所示。弹出【重复值】对话框，在这里可以根据需要自行定义重复值单元格内数据的颜色，如设置成醒目的红色，如图 3-39 所示，确认后即可生效。

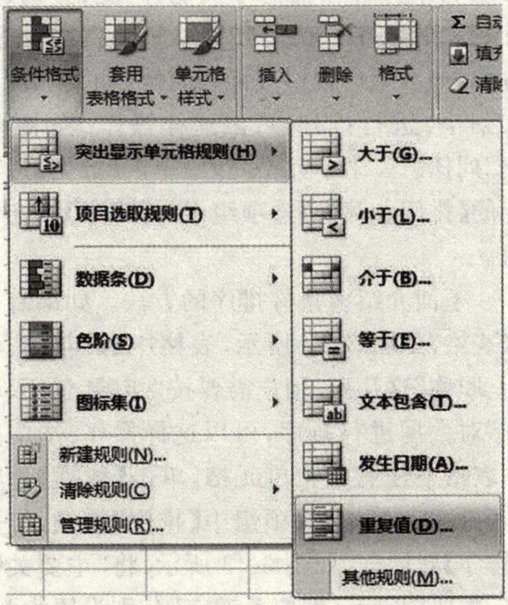

图 3-38　设置重复值

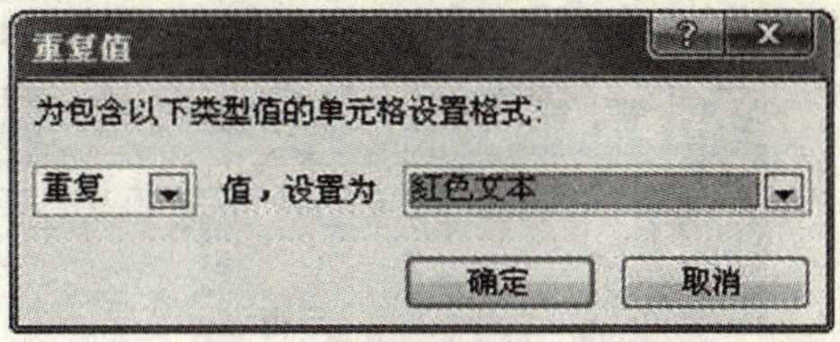

图 3-39　【重复值】对话框

用户还可根据实际需要设定不同的条件来突出单元格中的数据。

43. 录入数据时自动补全单位

以需要补全的单位为 CM 为例。首先单击选中需要设置格式的列，在选中的列上单击鼠标右键，在弹出的快捷菜单中选择【设置单元格格式】选项，如图 3-40 所示。在【设置单元格格式】对话框中的【数字】选项卡中，选中【自定义】项，在右侧【类型】下方的文本框中输入“0.00"CM"”(不包括外引号)，最后单击【确定】按钮保存设置。这里的“0.00”表示该列单元格保留两位小数，小数点后面几个“0”就代表保留几位小数，具体多少可根据需要自行设置。如果是其他单位符号，只要更改双引号中的 CM 为相应的字符即可。经过设置之后，在该列单元格中输入数据时，不用再考虑单位问题了，直接输入数字即可。

44. 利用下拉列表快速输入数据

在应用 Excel 某些单元格中需要输入固定格式的数据时，用户可以利用数据有效性做成一个下拉列表，即可进行选择性输入，进而加快输入速度。

选中需要建立下拉列表的单元格区域，单击【数据】选项卡【数据工具】选项组中【数据有效性】右侧的下拉箭头，选择【数据有效性】选项，如图3-41所示，在【设置】选项卡下，单击【允许】右侧的下拉按钮，在随后弹出的快捷菜单中，选择【序列】选项，然后在下面【来源】方框中输入序列的各元素，以教授、副教授、讲师、助教为例单击【确定】按钮保存设置。选中上述经过设置后的某个单元格，在其右侧出现一个下拉按钮，点击此按钮，在随后出现的下拉列表中，选择相应的元素，即可将该元素输入到相应的单元格中。

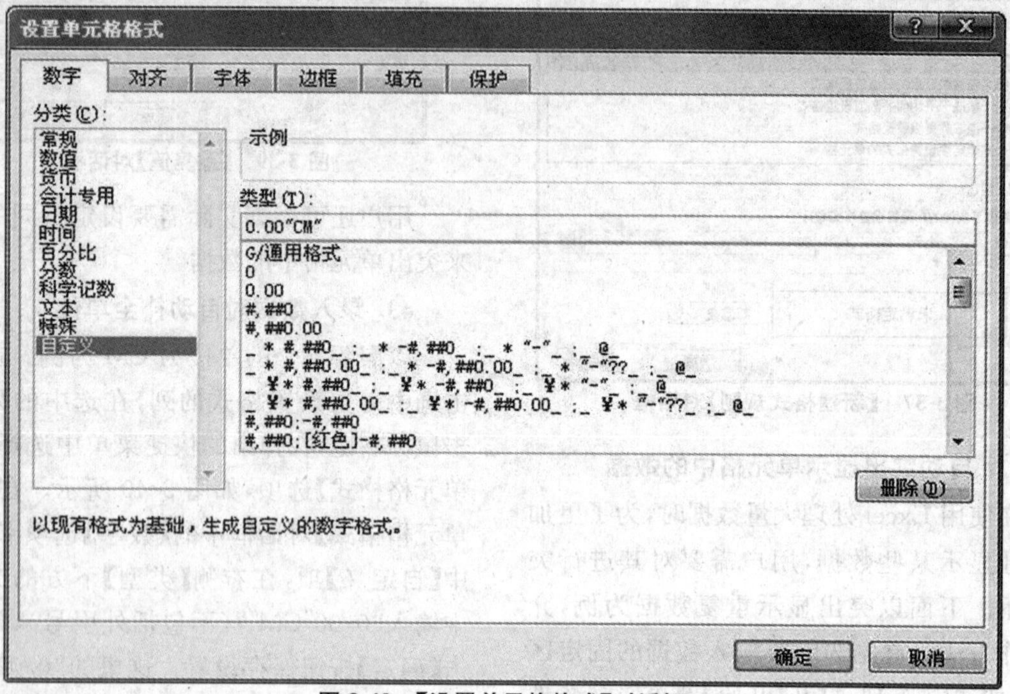

图 3-40 【设置单元格格式】对话框

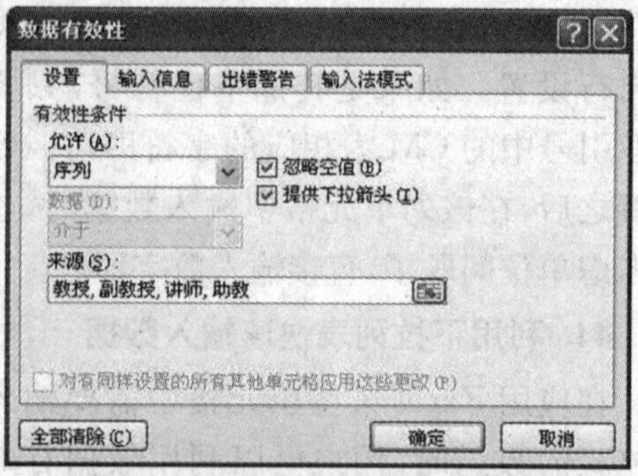

图 3-41 【数据有效性】对话框

45. 正确显示身份证号

对于超过 12 位的数字(包括 12 位)，例如身份证号，Excel 会自动以科学记数法显示。解决方法是在需要输入身份证号码或长数字的区域单击右键，选择【设置单元格格式】命令，如图 3-40 所示，在该对话框中选择【数字】选项卡进行设置，在【分类】项中选择【文本】，单击【确定】保存设置，再次双击单元格输入，问题即解决。

46. 快速输入当前日期和时间

除了手动输入当前日期以外，Excel 提供了一种组合键"Ctrl+;"输入当前日期。对于当前时间，可以使用组合键"Ctrl+Shift+;"。

47. 对数据排序

在用 Excel 制作相关的数据表格时，用户可以利用其强大的排序功能，浏览、查询、统计相关的数字。首先介绍单一条件的排序。例如：如果用户希望按某列属性(如"年龄"由大到小)进行排列，可以这样操作：选中"年龄"列任意一个单元格，然后单击【数据】选项卡的【排序和筛选】选项组中的【降序】按钮即可。

下面介绍多条件排序的方法。如果有一张表格，如图 3-42 所示，表格中有"年龄、学历、职称"这几列，用户需要按"年龄、学历、职称"对数据进行排序，可以这样操作：选中数据表格中任意一个单元格，单击【数据】选项卡【排序和筛选】选项组中【排序】按钮，打开【排序】对话框，如图 3-43 所示，将"主要关键字、次要关键字、次要关键字"分别设置为"年龄、学历、职称"，并设置好排序方式("升序"

或“降序”)，再单击【确定】按钮保存设置。

	A	B	C	D	E
1	学号	姓名	年龄	学历	职称
2	200601	周瑜	18	专科	助教
3	200602	李丽	17	专科	助教
4	200603	陈明	19	专科	助教
5	200604	李玲	20	本科	助教
6	200605	陈言	23	本科	讲师
7	200606	周瑜	22	本科	讲师
8	200607	姜分	29	研究生	副教授
9	200608	李敬尧	21	本科	讲师
10	200609	张晓晶	23	研究生	讲师
11	200610	凌尼扬	18	专科	助教
12	200611	赵伯	17	专科	助教
13	200612	孙千山	19	专科	助教

图 3-42　示例用表

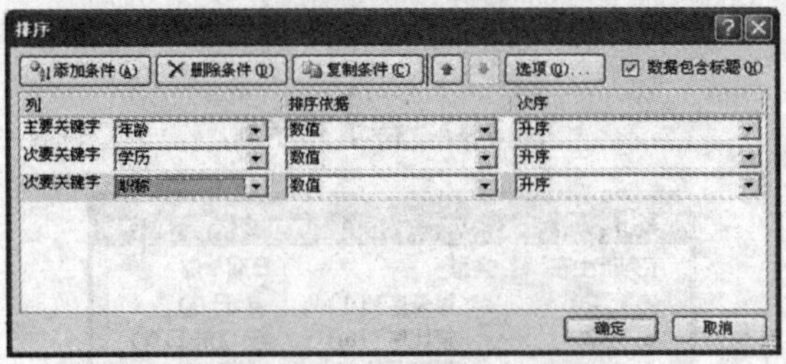

图 3-43　【排序】对话框

48. 按姓氏笔划排序

对姓名进行排序时，有时需要按姓氏笔划来进行排列。选中姓名列任意一个单元格，执行【数据】→【排序和筛选】→【排序】命令，打开【排序】对话框，如图 3-43 所示，单击其中的【选项】按钮，打开【排序选项】对话框，如图 3-44 所示，选中其中的【笔划排序】选项，单击【确定】返回到【排序】对话框，再单击【确定】按钮即可。

49. 正确显示货币格式的数字

首先选择包含要用货币符号显示的数字的单元格，然后在【开始】→【数字】组中，单击【数字】旁边的按钮，弹出【设置单元格格式】对话框，如图 3-45 所示，在【分类】框中，单击【货币】或【会计专用】。在【货币符号】框中，选择所需的货币符号。如果要显示没有货币符号的货币值，可以单击“无”。在【小数位数】框中，输入要显示的小数位数。在【负数】框中，选择负数的显示样式。工作表上选定的活动单元格中的数字出现在【示例】框中，用户可以预览选择的数字格式选项。设置好后单击【确定】按钮保存设置。

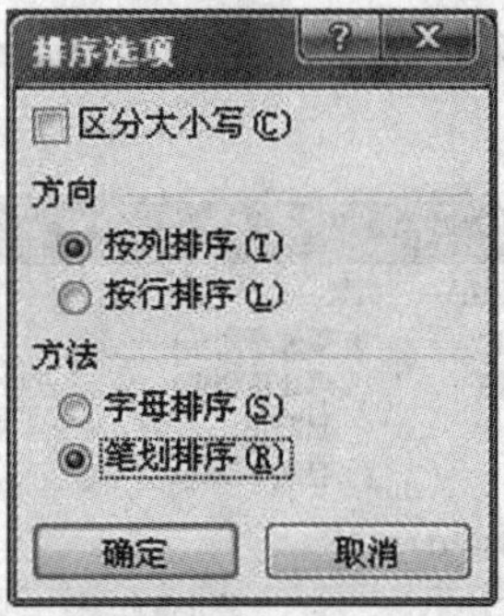

图 3-44　【排序选项】对话框

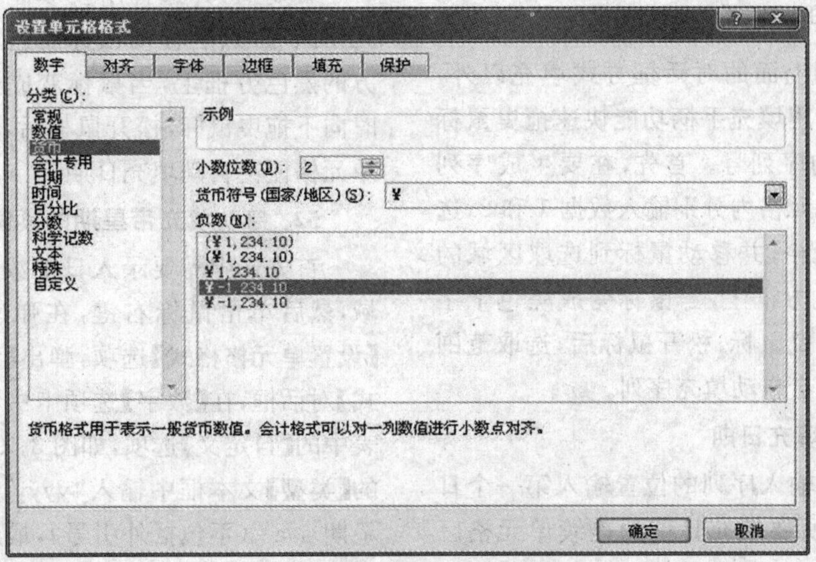

图 3-45　【设置单元格格式】对话框

技巧

要快速显示带有默认货币符号的数字，请选择单元格或单元格区域，然后单击【开始】→【数字】→【会计数字格式】，要使用另一种货币符号，单击【会计数字格式】旁边的箭头，单击所需的货币符号。

50. 自动填充等差数列

当需要为工作表的某列输入等差数列时，可以通过 Excel 的自动填充功能实现。首先在要输入序列的列的首行输入等差数列的第一个数，单击该列标题选择整列。然后单击【开始】选项卡【编辑】选项组中【填充】右侧的下拉箭头，选择【系列】选项，弹出图 3-46 所示的【序列】对话框，在该对话框中，输入【步长值】和【终止值】，单击【确定】按钮保存设置。

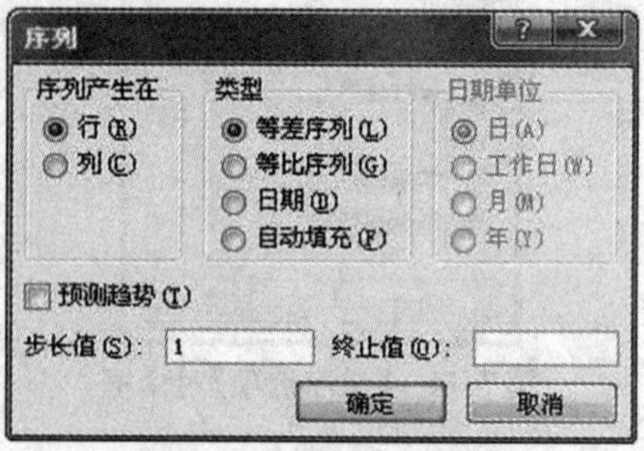

图 3-46 【序列】对话框

除了使用上面的对话框方式填充以外，用户也可以使用填充手柄功能快速拖曳鼠标生成一系列的序列号。首先，在要生成序列的连续两个单元格内分别输入数据 1 和 2，选取这两个单元格，并移动鼠标到选取区域的右下方的黑色方框上，当鼠标变成黑色十字形状时向下拖曳鼠标，松开鼠标后，选取范围内的单元格便会自动填充序列。

51. 自动填充日期

首先在要输入序列的位置输入第一个日期值，并选择所要填充日期的连续单元格区域，如图 3-47 所示，然后单击【开始】选项卡【编辑】选项组中【填充】按钮右侧的下拉箭头，选择【系列】选项，弹出图 3-48 所示的【序列】对话框，在【类型】中选择【日期】，【步长值】为 1，然后单击【确定】按钮保存设置。

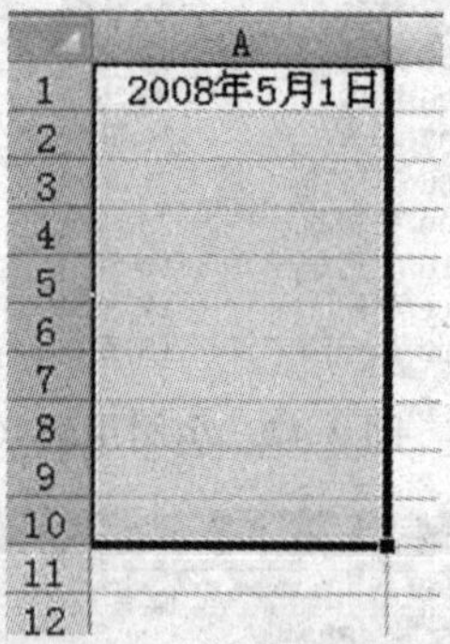

图 3-47 待填充序列

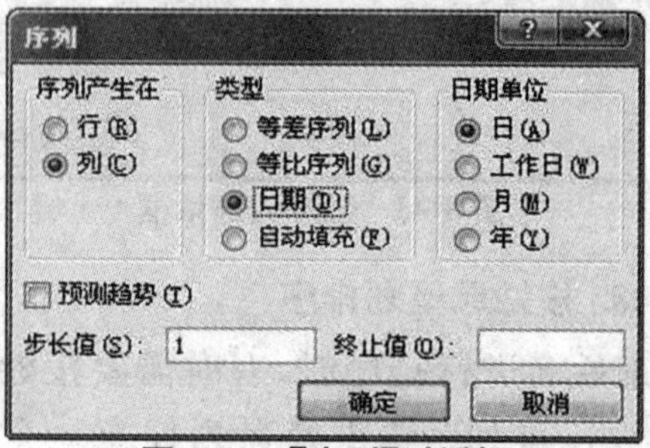

图 3-48 【序列】对话框

除了使用上面的对话框方式填充以外，用户也可以使用填充手柄功能快速拖曳鼠标生成一系列的日期。首先在单元格里输入第一个日期值，并选择所要填充日期的连续单元格区域，然后移动鼠标到选取区域的右下方的黑色方框上，当鼠标变成黑色十字形状时向下拖曳鼠标，松开鼠标后，选取范围内的单元格便会自动填充日期。

52. 自动填充带星期的具体日期

首先选中需要录入日期数据的单元格区域，然后单击鼠标右键，在弹出菜单中选择【设置单元格格式】选项，弹出【设置单元格格式】对话框，在【数字】选项卡中单击【分类】列表中的【自定义】选项，如图 3-49 所示，在右边的【类型】文本框中输入“yyyy"年"m"月"d"日"星期"aaa"”(不包括外引号)，最后单击【确定】即可。

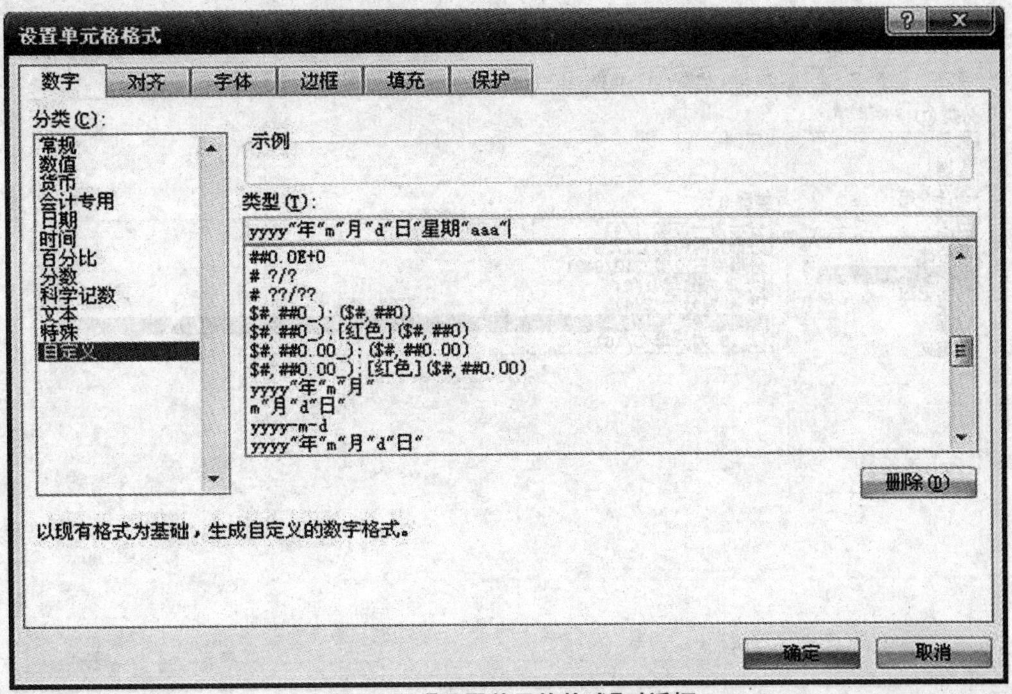

图 3-49 【设置单元格格式】对话框

53. 为单元格中的文字添加拼音

在 Excel 2007 中具有为中文汉字添加拼音注释的功能，让中文汉字和汉语拼音同时显示。首先选定需要显示拼音的单元格，然后单击【开始】选项卡【字体】选项组中【显示/隐藏拼音】按钮旁边的下拉箭头，弹出相应选项如图 3-50 所示，选择【编辑拼音】选项。输入文本内容对应的拼音，输入完毕后按"Enter"键保存。然后在图3-50所示的图中再次选择【显示拼音字段】选项，即可让拼音与中文文本同时显示在一个单元格中。

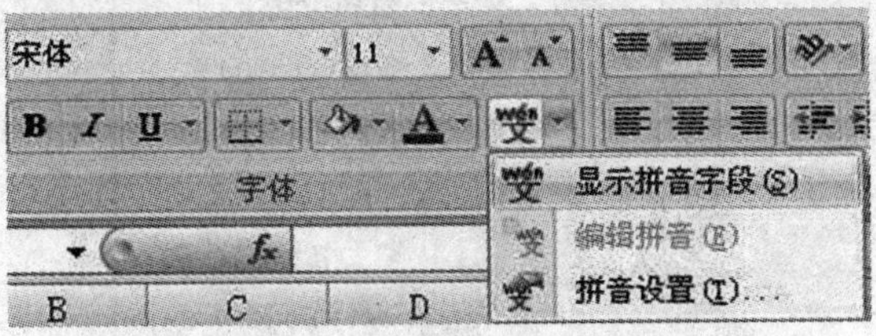

图 3-50 显示或隐藏拼音

54. 以真正的分数形式显示数字

首先选择要设置格式的单元格，在【开始】选项卡的选项组中，单击该选项组右下角的对话框启动器，弹出【设置单元格格式】对话框，如图 3-51 所示，单击【分类】列表中的【分数】，在【类型】列表中，单击要使用的分数格式类型，然后单击【确定】按钮保存设置即可。

55. 保持数据的前导"0"

除了小数以外，多数时候都不需要在大于 1 的数字前加入 0，但在某些计数表格中，前导"0"也是很重要的部分，但是当向单元格输入"011"数据时，系统会自动将该数字转换成数据"11"，把前面的"0"去掉了，这时就需要对单元格进行特殊的设置才能正常输入类似"011"的数据。

首先单击【开始】选项卡【数字】选项组中【数字格式】按钮，在下拉菜单中选择【文本】选项，这样无论在数字前加多少个前导"0"都会正确显示。

56. 添加分割符

分割符在数字中的作用是可以更清晰地显示出数字的大小，更容易读出数字的具体数

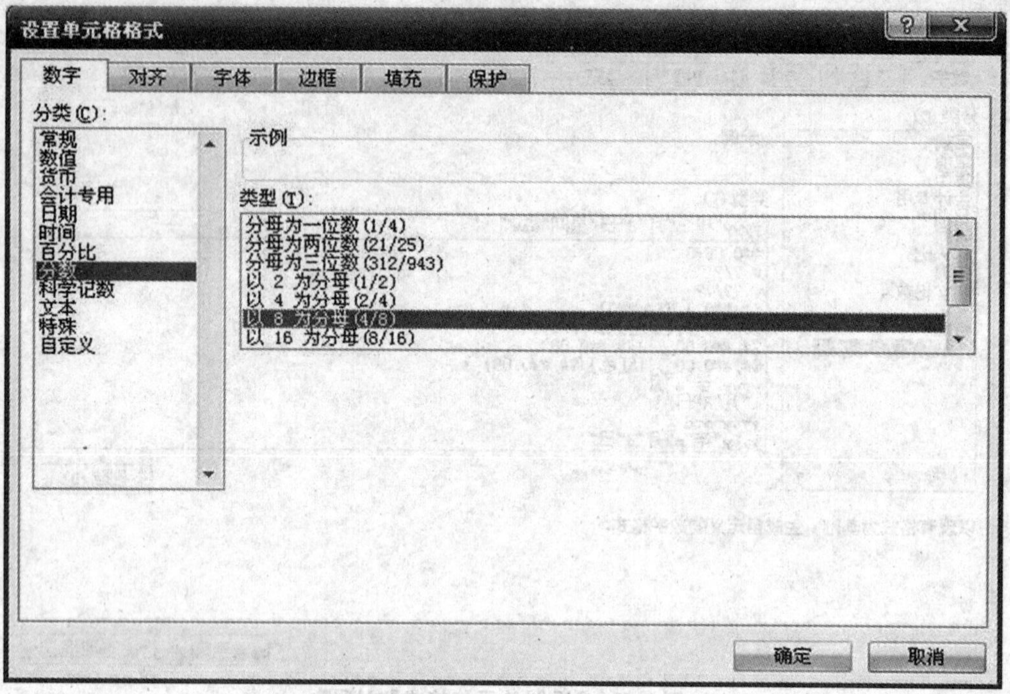

图 3-51 【设置单元格格式】对话框

目。在 Excel 中为数字自动添加千分位分割符的方法如下：首先选择需要添加分割符的数字单元格，然后单击【开始】选项卡的【数字】选项组中【千分位分割符】按钮，为数字添加分割符。

57. 快速输入等比数列

等比数列的输入可以使用自动填充功能，首先在要输入等比数列的行或列中输入数列的前两个数，例如 1 和 2，然后选取这两个单元格并移动鼠标到选取区域的右下角，当鼠标变成黑色十字形状时单击鼠标右键拖曳鼠标，当放开鼠标时会出现一个弹出菜单，在弹出菜单中选择【等比序列】选项，如图3-52所示，执行命令后选取的单元格就会被填充以 2 为基数，2 为倍数的等比数列。

58. 快速输入循环序列

如果要在单元格中输入循环序列，例如：1、2、3、1、2、3…，可以使用填充手柄功能来实现。首先在同一行或同一列的三个单元格中输入要循环的数据，例如 1、2、3，然后选择这三个单元格，并移动鼠标到选取区域的右下角，当鼠标变成黑色十字形状时按住"Ctrl"键，拖曳鼠标选取要填充序列的单元格区域。松开鼠标后，这些单元格就被循环序列填充了。

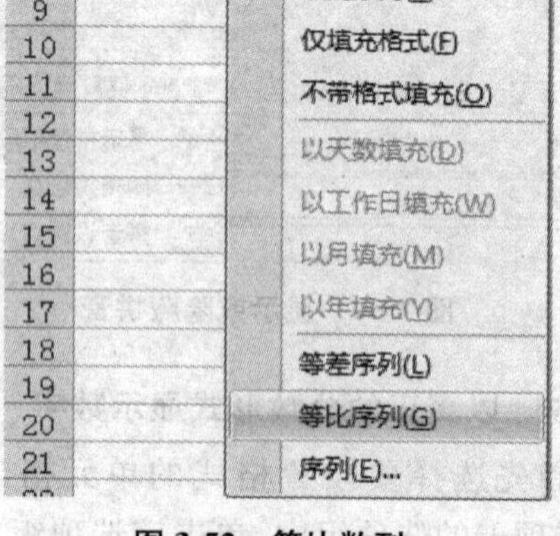

图 3-52 等比数列

59. 快速输入小数

通常情况下，输入小数的时候，先输入整数部分，然后输入小数点，最后输入小数部分。如果需要输入大量的小数，那么输入小数点的操作势必会影响到输入速度。下面介绍一种简便的方法来快速输入小数，首先单击【Office】按钮，然后单击【Excel 选项】按钮，弹出【Excel 选项】对话框，如图 3-53 所示，在该对话框中单击左侧的【高级】选项，然后在【编辑选项】下方选择【自动插入小数点】复选框，并选择小数点后面的位数，最后单击【确定】按钮保存设置。

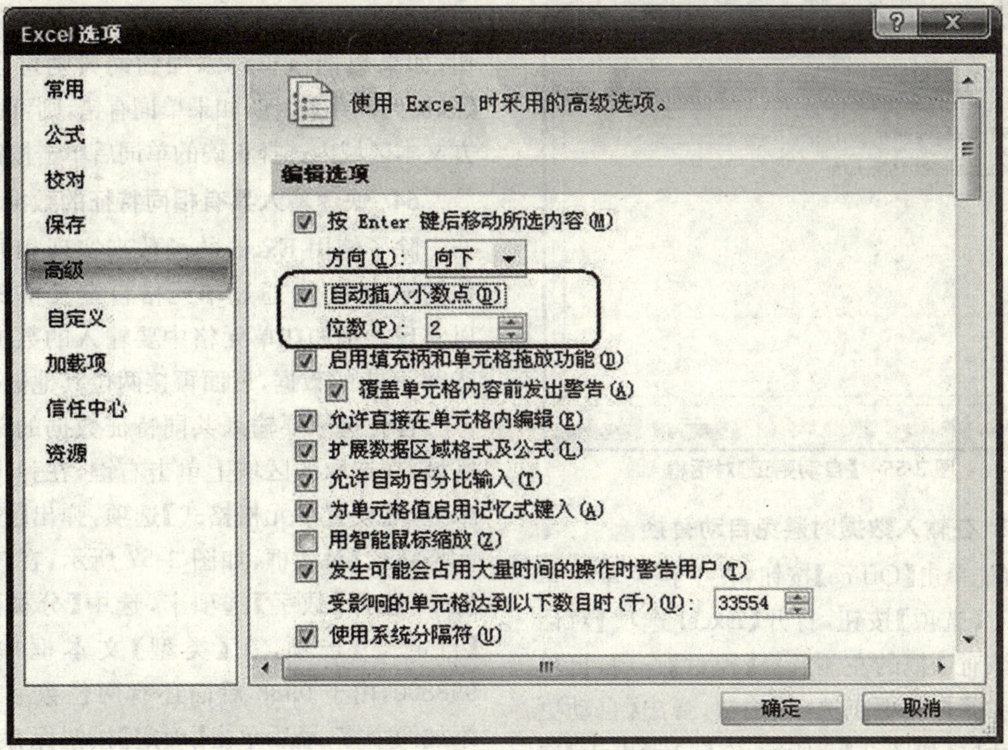

图 3-53　【Excel 选项】对话框

60. 快速替换某一特定的符号

当要在工作表中输入大量特定的特殊符号时，由于符号的特殊性，逐一手动输入是很繁琐的一件事，这时可以先输入任意一种简单的符号，然后通过查找和替换功能一次性替换工作簿中所有符号。

首先在工作表中输入特殊符号的代替符号，使用“Ctrl＋H”组合键打开【查找和替换】对话框，如图 3-54 所示，在【查找内容】栏位输入要替换的符号，在【替换为】栏位输入替换后的符号，然后单击【全部替换】按钮即可。

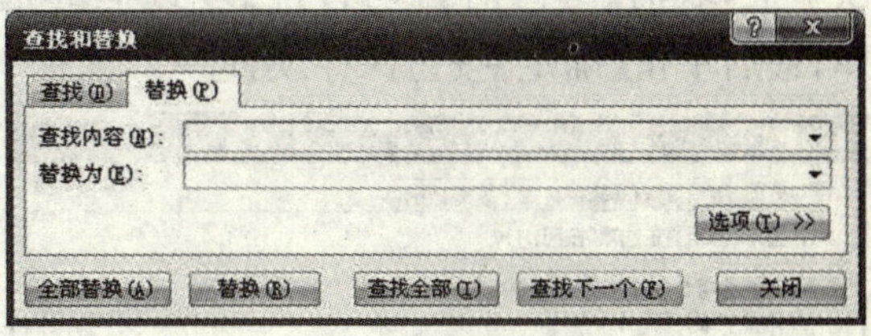

图 3-54　【查找和替换】对话框

61. 禁用超链接显示

为了方便使用网络地址超链接，微软在用户输入网址时自动将网络路径替换为超链接。然而，大量的超链接不但会导致 Excel 工作簿打开速度变慢，也容易引起打开超链接页面的误操作，在工作簿中可以通过下面的步骤来取消它。

首先单击【Office】按钮，在下拉菜单中单击【Excel 选项】按钮，打开【Excel 选项】对话框，在该对话框中单击左侧的【校对】选项，再单击右侧的【自动更正选项】按钮，弹出【自动更正】对话框，如图 3-55 所示，在该对话框中，单击【键入时自动套用格式】选项卡，取消对于【Internet 及网络路径替换为超链接】复选框的选择，单击【确定】按钮保存设置。

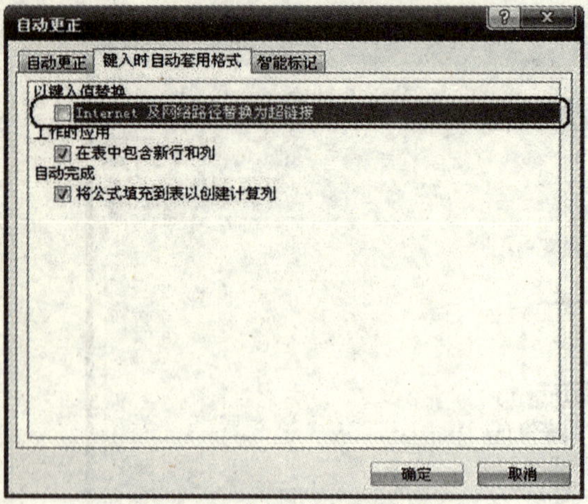

图 3-55 【自动更正】对话框

62. 在输入数据时避免自动替换

首先单击【Office】按钮，在下拉菜单中单击【Excel 选项】按钮，打开【Excel 选项】对话框，在该对话框的左侧选择【校对】选项，再单击右侧的【自动更正选项】按钮，弹出【自动更正】对话框，如图 3-56 所示，在【自动更正】选项卡上，取消【键入时自动替换】复选框的选择，最后单击【确定】按钮保存设置。

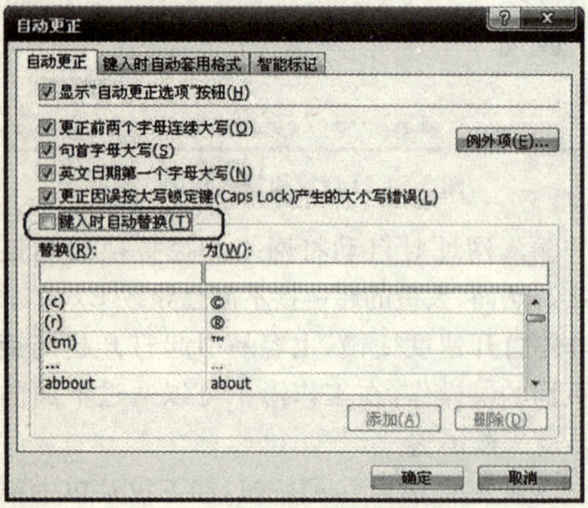

图 3-56 【自动更正】对话框

63. 只对选取的内容进行拼写检查

首先选择好需要进行拼写检查的单元格区域，然后单击【审阅】选项卡【校对】选项组中【拼写检查】按钮，系统会将检索到的可能错误的单词列举出来，并在下方区域列出相应的可能为正确拼写的单词供用户选择，如果单词没有错误则可以单击【忽略一次】按钮；如果想把该单词添加到词典则可以单击【添加到词典】按钮；如果单词有错，则可以在下方文本区域内选择正确的单词后单击按钮。

64. 快速输入具有相同特征的数据

除了使用 Excel 的函数来实现相同特征数的输入之外，通过单元格自定义格式也可以实现。例如在单元格中要输入的数据都是 9988 开头的数据，后面再接两位其他数据。

首先选取要输入共同特征数据的单元格区域，在选取的区域上单击右键，在弹出菜单中选择【设置单元格格式】选项，弹出【设置单元格格式】对话框，如图 3-57 所示，在该对话框中，选择【数字】选项卡，选中【分类】下的【自定义】选项，在【类型】文本框中输入 998800，由于 9988 后面还有两位数字，所以添加两个零，最后单击【确定】按钮保存设置。此后在这些单元格输入系列数，只需输入最后的两位数，Excel 便自动将该两位数转换为目标的 6 位数。

65. 筛选唯一值或删除重复值

筛选唯一值和删除重复值所显示的结果是相同的，都是一个唯一值的列表。但它们差别很大：筛选唯一值时，将临时隐藏重复的值；删除重复值时，则会永久删除重复值。

重复值是行中的所有值与另一个行中的所有值完全匹配的值。重复值是由单元格中显示的值确定的，它不必是存储在单元格中的值。例如，如果不同的单元格中有相同的日期值，一个格式为"3/8/2006"，另一个的格式为"Mar8，2006"，则值是唯一的。

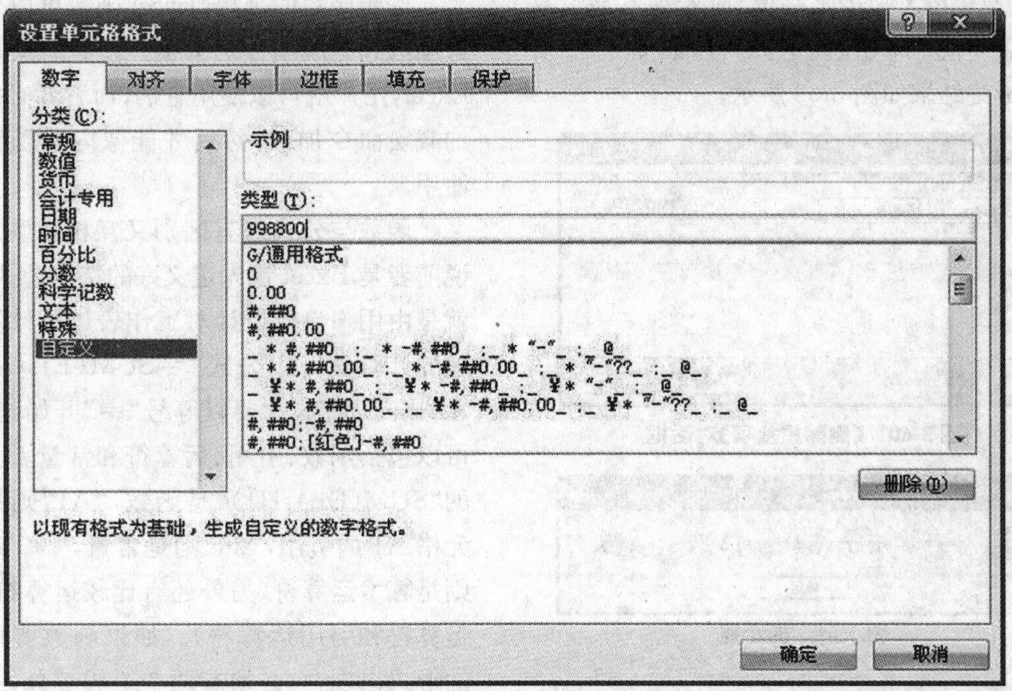

图 3-57 【设置单元格格式】对话框

首先选择单元格区域，或确保活动单元格在一个表中，在【数据】选项卡【排序和筛选】选项组中单击【高级】按钮，弹出【高级筛选】对话框，如图 3-58 所示，在该对话框中，如果要在原有区域筛选单元格区域或表，单击【在原有区域显示筛选结果】；如果要将筛选结果复制到另一个位置，单击【将筛选结果复制到其他位置】，在【复制到】框中输入单元格引用，最后选中【选择不重复的记录】复选框，单击【确定】按钮保存设置。

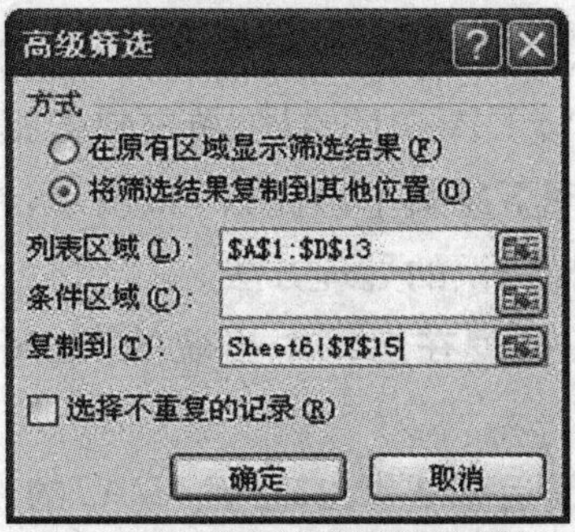

图 3-58 【高级筛选】对话框

删除重复值时，只有单元格区域或表中的值会受影响。在单元格区域外或表以外的其他任何值都不会更改或移动。这里需要注意：由于要永久删除数据，因此最好在删除重复值之前，先将原始单元格区域或表复制到另一个工作表或工作簿。初始工作表如图 3-59所示。

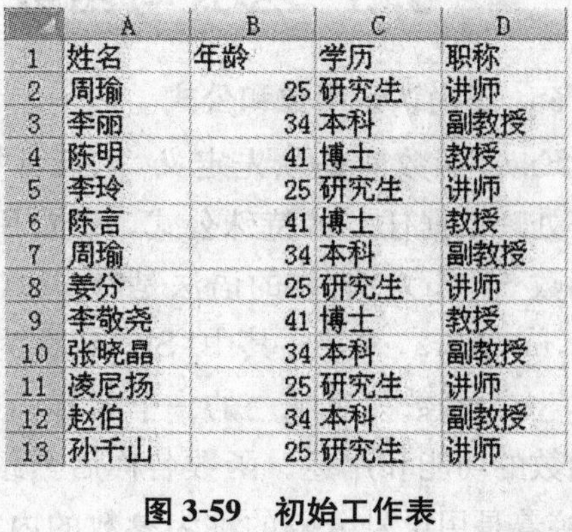

	A	B	C	D
1	姓名	年龄	学历	职称
2	周瑜	25	研究生	讲师
3	李丽	34	本科	副教授
4	陈明	41	博士	教授
5	李玲	25	研究生	讲师
6	陈言	41	博士	教授
7	周瑜	34	本科	副教授
8	姜分	25	研究生	讲师
9	李敬尧	41	博士	教授
10	张晓晶	34	本科	副教授
11	凌尼扬	25	研究生	讲师
12	赵伯	34	本科	副教授
13	孙千山	25	研究生	讲师

图 3-59 初始工作表

操作时首先选择单元格区域，或确保活动单元格在一个表中，单击【数据】选项卡【数据工具】选项组中的【删除重复项】按钮，弹出【删除重复项】对话框，如图 3-60 所示，在该对话框中，选择一列或多列，单击【确定】保存设置。这时将弹出窗口，指示删除了多少重复值，以及保留了多少唯一值，或者是不是没有删除重复值。单击【确定】即可，如图 3-61 所示。最终结果如图 3-62 所示。

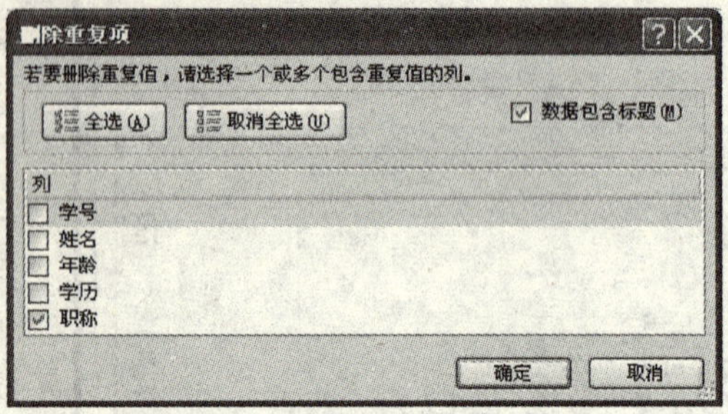

图 3-60 【删除重复项】对话框

图 3-61 提示框

	A	B	C	D	E
1	学号	姓名	年龄	学历	职称
2	200601	周瑜	18	专科	助教
3	200605	陈言	23	本科	讲师
4	200607	姜分	29	研究生	副教授

图 3-62 最终结果

3.3 公式与函数

66. 正确认识函数和公式

Excel 函数即是预先定义，执行计算、分析等处理数据任务的特殊公式。以常用的求和函数 SUM 为例，它的语法是“SUM(number1,number2,…)”。其中“SUM”称为函数名称，一个函数只有唯一的一个名称，它决定了函数的功能和用途。函数名称后紧跟左括号，接着是用逗号分隔的称为参数的内容，最后用一个右括号表示函数结束。

参数是函数中最复杂的组成部分，它规定了函数的运算对象、顺序或结构等。使得用户可以对某个单元格或区域进行处理，如分析存款利息、确定成绩名次、计算三角函数值等。

按照函数的来源，Excel 函数可以分为内置函数和扩展函数两大类。前者只要启动了 Excel，用户就可以使用它们；而后者必须通过加载宏命令加载，然后才能像内置函数那样使用。

函数与公式既有区别又互相联系。如果说前者是 Excel 预先定义好的特殊公式，后者就是由用户自行设计对工作表进行计算和处理的计算式。以公式“＝SUM(E1：H1)＊A1＋26”为例，它要以等号“＝”开始，其内部可以包括函数、引用、运算符和常量。上式中的“SUM(E1：H1)”是函数，“A1”则是对单元格 A1 的引用，“26”则是常量，“＊”和“＋”则是算术运算符(另外还有比较运算符、文本运算符和引用运算符)。如果函数要以公式的形式出现，它必须有两个组成部分，一个是函数名称前面的等号，另一个则是函数本身。

67. 处理在运算中出现的“＃DIV/0!”错误提示

造成运算结果为“＃DIV/0!”的原因有两种：一是公式中的除数为 0，另一种是除数的单元格为空白。解决的方法是：首先使用 ISERROR 函数(该函数主要用来检查函数值的正确与否，如果错误返回 True，反之则返回 False)来检查两个数相除是否有效，如果有效就会输出计算结果，如果无效则会输出空值。例如可以输入公式“＝IF(ISERROR(A1/B1),"",A1/B1)”。也可使用手柄法解决工作表格中“＃DIV/0!”错误，单击错误提示按钮，则会出现下拉菜单，如图 3-63 所示，在下拉菜单中选择错误的处理方法。

68. 处理在运算中出现的“＃N/A”错误提示

造成运算结果出现“＃N/A”的主要原因是公式引用的数据源不正确或是不存在。典型的错误如使用 VLOOKUP 搜索指定的数据时，如果不能查找到满足类型的数据，就会

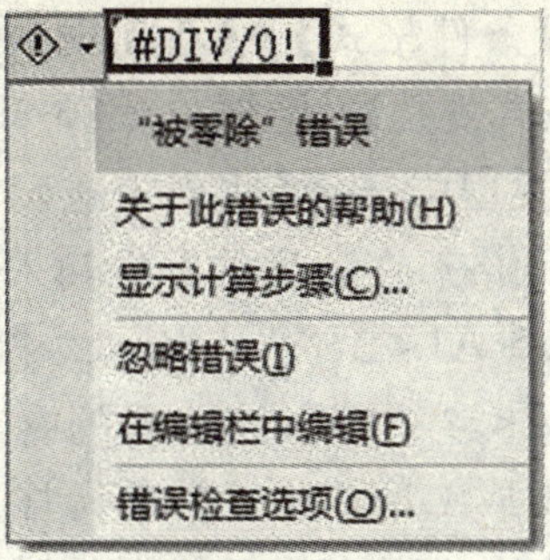

图 3-63　弹出菜单

返回"# N/A"值。

解决的方法是从类型入手，在工作表中找到要查找的类型单元格，检查对应其单元格的类型和查找对象的单元格是否相同，若不相同需要更正为相同的类型。例如要查找的类型"08"并不是日期类型，因此要把类型修改为"2008"的日期类型才能找出对应的结果。

69. 处理在运算中出现的"＃NAME?"错误提示

运算中出现"# NAME?"错误提示的原因有三种：第一种是函数名称输入错误；第二种原因是引用了没有定义的单元格名称；第三种可能的原因是在公式语法的使用中，每一次引用应用文字时，未使用双引号。

根据原因，逐一检查。首先要检查输入的函数是否有误，如果有误需修改为正确的函数；其次观察公式中的单元格引用是否存在，如果没有需修改公式中单元格的名称；最后注意观察引用的字符串是否添加了引号。

70. 处理在运算中出现的"＃NUM!"错误提示

在进行公式运算时，返回的值为"# NUM!"是由于用户在公式中引用了无效的参数引起的，例如平方根函数(SQRT)中的参数不能为负数，如果引用的参数为负数，那么结果将为"# NUM!"。解决的方法是在引入每个函数之前，了解其参数的含义和使用范围，发现参数引用错误应该及时修正。

71. 处理在运算中出现的"＃VALUE!"错误提示

出现该错误可能是由如下两种情况引起的：一种情况是在计算公式中带有文本类型的数据参与了运算。例如要对 A1 单元格中的数据进行乘法运算，而在 A1 单元格中除了数字外还有数字的单位，那么运算的结果就会出现"# VALUE!"的错误提示。这种情况的解决方法是把数字后面的单位字符去掉。另一种情况是如果计算公式引用了数组进行运算，公式输入完毕之后，仅仅按下"Enter"键。这样操作后是得不到正确结果的，只能得到"# VALUE!"。应在公式输入完毕后按下"Ctrl＋Shift＋Enter"组合键，即可计算出正确的结果。

72. 处理在运算中出现的"＃REF!"错误提示

出现该错误可能是由于参与运算的单元格被删除。如果是由于误删除单元格所致，那么只要按下"Ctrl＋Z"组合键撤销即可，如果按下"Ctrl＋Z"多次后仍然无法恢复就必须删除运行错误的结果，然后重新输入被删除的单元格的数据，再次进行计算即可。

73. 处理在运算中出现的"＃NULL!"错误提示

出现该错误可能是由于在公式中使用了错误运算符或是忘记输入区域运算符而导致的。解决的方法是，直接查找公式之间的区域引用是否使用了正确的区域运算符，或是没有使用区域运算符。如果是使用错误符号应给予修正，如果没有引用符号则补上即可。

74. 区分公式的相对引用和绝对引用

单元格或单元格区域的相对引用是指其相对于包含公式的单元格的相对位置。例如，单元格 B2 包含公式"＝A1"，Excel 将在距单元格 B2 上面一个单元格和左面一个单元格处的单元格中查找数值。

在复制包含相对引用的公式时，Excel 将自动调整复制公式中的引用，以便引用相对于当前公式位置的其他单元格。例如，单元格 B2 中含有公式“＝A1”，A1 是 B2 左上方的单元格，拖动 A2 的填充柄将其复制至单元格 B3 时，其中的公式已经改为“＝A2”，即单元格 B3 左上方单元格处的单元格，如图 3-64 所示。

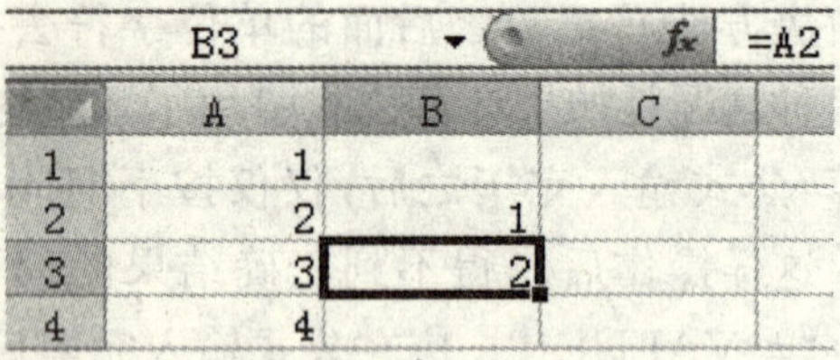

图 3-64　拖动后的效果

绝对引用是指引用单元格的绝对名称。例如，如果公式将单元格 A1 乘以单元格 A2（＝A1＊A2）放到 A4 中，现在将公式复制到另一单元格中，则 Excel 将调整公式中的两个引用。如果不希望这种引用发生改变，须在引用的行号和列号前加上美元符号（＄），这样就是单元格的绝对引用。A4 中输入公式如为“＝＄A＄1＊＄A＄2”。复制 A4 中的公式到任何一个单元格其值都不会改变。

相对引用与绝对引用之间是可以进行切换的，如果创建了一个公式并希望将相对引用更改为绝对引用操作步骤如下：首先选定包含该公式的单元格；然后在编辑栏中选择要更改的引用，并按 F4 键；每次按 F4 键时，Excel 会在以下组合间切换：①绝对列与绝对行（例如，＄A＄1）；②相对列与绝对行（A＄1）；③绝对列与相对行（＄C1）；④相对列与相对行（C1）。

75. 用条件格式为单元格自动加边框

在 Excel 中，除了使用单元格格式为表格加边框以外，还可以使用条件格式的方法为单元格添加边框。首先在首行中选择要显示框线的区域，如 A1∶D1。依次执行【开始】→【样式】→【条件格式】→【新建规则】选项，打开【新建格式规则】对话框，如图 3-65 所示，在选择规则类型中选择【使用公式确定要设置格式的单元格】，在随后的框中输入下面的公式“＝OR(＄A1<>“”，＄B1<>“”，＄C1<>“”，＄D1<>“”)”，该公式的含义是只要 A1、B1、C1 或 D1 中有一个单元格内存在数据，将自动给这四个单元格添加外框线。然后单击【格式】按钮，打开【单元格格式】对话框，切换到【边框】选项卡，为符合条件的单元格指定外边框即可。这时只要用户在 A 到 D 的单元格内输入数据，就会自动加上边框。

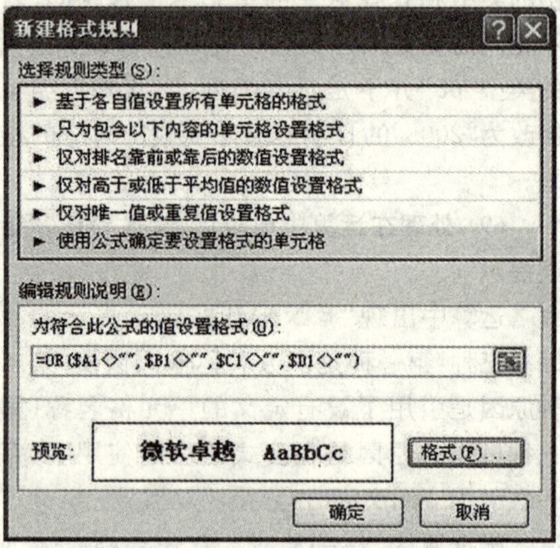

图 3-65　【新建格式规则】对话框

76. 合并两个单元格中的文本内容

如果想将多列的内容合并到一列中，除了利用函数外，用连字符“&”就能够轻松将它搞定。例如：要将 A1 单元格内容和 A2 单元格内容合并，可以在 A3 单元格中输入公式：＝A1&A2，回车后即可合并。

77. 将人民币小写形式自动转换大写形式

首先在一个单元格中输入一个数字，以输入 5891 为例，在该单元格上单击鼠标右键，选择【设置单元格格式】选项，在【设置单元格格式】对话框【数字】标签页的【分类】栏中选择【自定义】，然后在左侧的类型中输入

“[DBNum2]G/通用格式"元"”，单击【确定】按钮保存设置。即可看到该单元格中的数字已转换为大写形式。

若单元格中输入的数字带有小数，则采用如下方法进行设置：以￥6050.09为例，在三个连续的同行单元格中转换，首先B2中输入公式“=IF(B1<0,"金额为负无效",INT(B1))”，计算结果为￥6,050.00，在B2单元格上单击鼠标右键，选择【设置单元格格式】选项，首先在该对话框【数字】选项卡的【分类】栏中选择【特殊】，在右侧的类型中选择【中文大写数字】，单击【确定】按钮保存设置，则B2显示“陆仟零伍拾”，然后在【分类】栏中选择【自定义】，将【类型】编辑框中的“[DBNum2][$-804]G/通用格式”修改为：(人民币)[DBNum2][$-804]G/通用格式“元”，此时B2显示：“(人民币)陆仟零伍拾元”。

在C2单元格中输入“=IF(B1<0,"",INT(B1*10)-INT(B1)*10)”，同样将C2的自定义格式修改为：[DBNum2]G/通用格式"角"，C2显示：“零角”。在D2单元格中输入“=IF(B1<0,"",INT(B1*100)-INT(B1*10)*10)”，同样D2的自定义格式修改为：[DBNum2]G/通用格式"分"，D2显示：“玖分”。

这样在连续的三个同行单元格中实现了大写金额格式的转换，如图3-66所示。为了使转换符合财务格式，B2应右对齐，C2列宽无间隔，且不设左右边框线，D2要左对齐。

	A	B	C	D
1	合计(小写)	￥6,050.09		
2	合计(大写)	陆仟零伍拾	零角	玖分

图3-66 转换大写金额

78. 在已有的单元格中批量加入一段固定字符

有时需要在某些单元格中加入一段固定字符，例如：在学生的考生编号前加上学校代码，如果一个一个的修改实在太麻烦了，可以用下面的方法解决。

假设考生编号在A列，在A列后点击鼠标右键，选择【插入】选项，插入一新列(B列)；在B2单元格输入“="10019"&A2”后回车，可以看到结果为10019********，鼠标放到B2单元格的右下方的小黑点上，单击鼠标左键不放，然后往下拖动直到结束，当放开鼠标左键时就全部都改好了。若是在原证书号后面加10019，则在B2单元格中写入：=A2&"10019"后回车即可。

79. 快速复制公式

公式复制是将公式应用于其他单元格的操作，最常用的有以下几种方法：

①拖动复制。选中存放公式的单元格，移动空心十字光标至单元格右下角。待光标变成实心十字时，按住鼠标左键沿列(对行计算时)或行(对列计算时)拖动，至数据结尾完成公式的复制和计算。公式复制的快慢可由实心十字光标距虚框的远近来调节：实心十字光标距虚线框越远，复制越快；反之，复制越慢。

②输入复制。此法是在公式输入结束后立即完成公式的复制。操作方法：选中需要使用该公式的所有单元格，用上面介绍的方法输入公式，完成后按住“Ctrl”键并按回车键，该公式就被复制到已选中的所有单元格。

③选择性粘贴。选中存放公式的单元格，单击Excel工具栏中的【复制】按钮。然后选中需要使用该公式的单元格，在选中区域内单击鼠标右键，选择快捷菜单中的【选择性粘贴】命令。打开【选择性粘贴】对话框后选中【粘贴】命令，单击【确定】，公式就被复制到已选中的单元格。

80. 快速输入数据源

直接在公式编辑栏中输入公式时，最麻烦的事当属输入数据源了，如要输入的公式为：A1＋B1＋SUM(C1∶C6)＋D1＋E1。使用传统的公式输入方法就是一个个的输入，现在用户可以利用鼠标达到提高输入速度的效果。

在输入 A1＋B1＋SUM(C1∶C6)＋D1＋E1 时，首先输入“＝”作为起始值，然后用鼠标单击 A1 单元格，单击后公式就会自动输入被单击单元格的名称，再输入“＋”，再用鼠标单击 B1 单元格，然后输入“＋SUM”，是用鼠标选择 C1∶C6，达到区域输入的目的，D1 和 E1 单元格输入同上。

81. 快速对错误的公式进行修改

方法一：使用单元格修改法。用户只要双击公式所在的单元格，公式即显示为可编辑状态，用户只要在单元格中进行修改即可。

方法二：使用公式编辑栏修改。用户只要单击选择公式所在的单元格即可在公式编辑栏中看到该单元格对应的公式，对其修改即可。

方法三：功能键是熟练用户最喜欢使用的修改方法，选择错误公式单元格，然后按下“F2”功能键，即可对错误公式进行编辑。

82. 定义常量名称

在各种计算中，经常会遇到一些常量，如银行存款利率、π 等。用户可以给这些常量定义一个名称，方便编辑公式时使用。

首先在工作表中选中任意的单元格，然后单击【公式】选项卡【定义的名称】选项组【定义名称】按钮，弹出【新建名称】对话框，如图 3-67 所示，在【名称】框中输入 PI 代表 π，在【引用位置】文本框中输入该常量的对应值，这里输入“3. 14159”，同时可以在【备注】框中输入对应的备注信息，设置完毕后单击【确定】按钮保存设置。定义好常量以后，用户就可以直接使用。例如要求圆的面积，即可输入公式“＝30＊PI”即可。

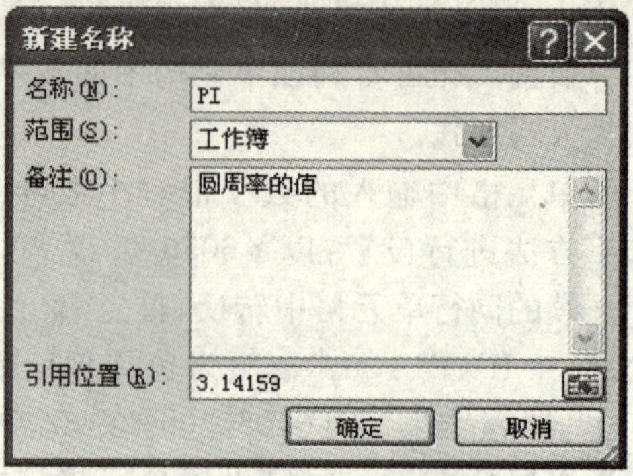

图 3-67 【新建名称】对话框

83. 跨工作表引用计算数据

例如：用户需要对 Sheet1、Sheet2 和 Sheet3 三张工作表的 A5 单元格的内容进行相加，首先在求和单元格中输入累加公式“＝SUM(”，为了方便输入参数，这里暂时没有输入“)”，然后按下“Shift”键，用鼠标在工作表标签中单击 Sheet1、Sheet2 和 Sheet3 选择参与计算的工作表，接下来选择计算对象的单元格。由于三张表中都是对 A5 单元格进行操作，单元格的位置一样，因此选择其中一个表的该单元格即可。最终的公式样式为：“＝SUM(Sheet1∶Sheet3！A5)”。

84. 引用多个工作簿数据进行计算

工作簿引用和工作表的引用在概念上有一些区别。所谓的引用多个工作簿其实就是指在打开的多个工作簿中引用其中的单个或多个工作簿中的数据，引用多个工作簿中数据的一般格式为：[工作簿名称]工作表名！数据源地址。如果用户应用的对象没有打开，则在输入工作簿名称时必须输入文件在本地电脑上的完整路径。例如：＝[D:\Train\Book1. xlsx]Sheet1！＄A＄1。

85. 为公式定义名称

首先在工作表中选中任意的单元格，单击【公式】选项卡【定义的名称】选项组中【定义名称】按钮，弹出【新建名称】对话框，如图 3-68所示，在【名称】框中输入公式的名称 AaddB，在【备注】框中输入对应的备注信息，在【引用位置】文本框中输入公式“＝Sheet1！A1＋Sheet1！B1”，设置完毕后单击【确定】按钮保存设置。为公式命名后，单击要使用公式的单元格，然后在公式编辑栏中输入“＝AaddB”，即可引用公式。

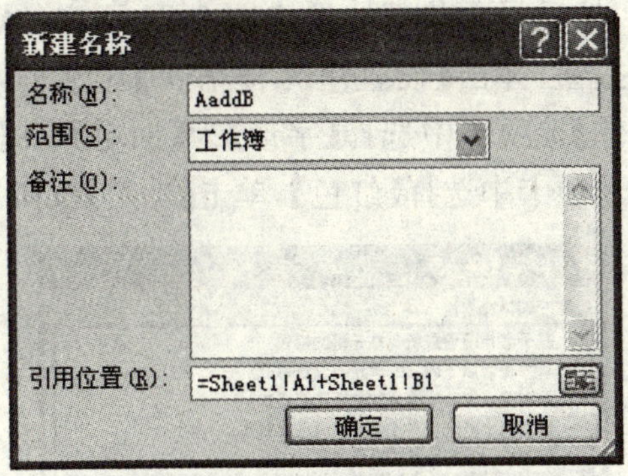

图 3-68 【新建名称】对话框

86. 快速查找到表格中使用公式的单元格

单击【开始】选项卡【编辑】选项组中【查找和选择】右侧的下拉箭头，选择【定位条件】选项，打开【定位条件】对话框，如图 3-69 所示，在该对话框中选择【公式】选项，并且勾选其下的所有复选框，然后单击【确定】按钮即可查找。

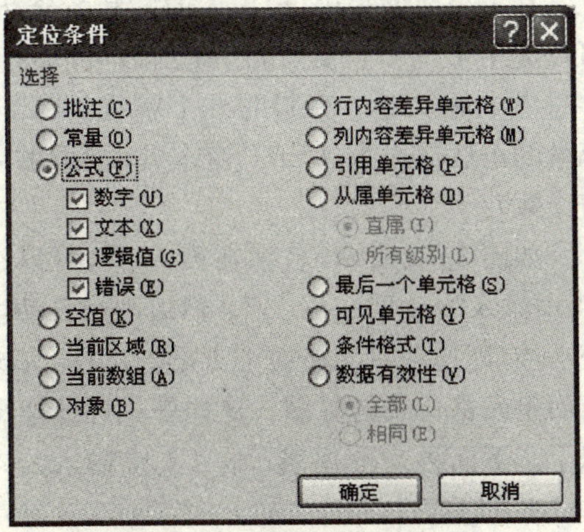

图 3-69 【定位条件】对话框

87. 审核公式的正确性

在输入复杂的公式时，很容易出现这样或是那样的错误，而要人工找出这些错误则不是一件很容易的事，这时可以借用公式审核的功能来找出公式中的错误并进行纠正。

首先选择计算公式有错误的单元格，然后单击【公式】选项卡【公式审核】选项组【错误检查】按钮，在弹出的菜单中执行【追踪错误】命令，Excel 会为用户追踪公式的运算过程，从而找出错误所在。

88. 快速求多个数的总和、平均值和最大/小值

以上数据的计算是在使用 Excel 过程中经常会遇到的问题，手工计算不但浪费时间而且容易出错。下面介绍快速计算多个数的总和、平均值以及最大值、最小值。

首先，单击【公式】选项卡【函数库】选项组中【自动求和】按钮，在表格中选择要计算的单元格，按下“Enter”键即可完成求和。求平均值时单击【公式】选项卡【函数库】选项组中【自动求和】按钮旁边的下拉箭头，在弹出菜单中选择【平均值】命令，然后选择要求平均值的单元格，按下“Enter”键即可。在【自动求和】的下拉菜单中选择【最大值】、【最小值】命令即可完成最大值和最小值的操作。

89. 计算多个数的乘积

求多个数的乘积同求和一样也是经常遇到的一个问题。计算多个数的乘积需要用到 PROCDUCE 函数，其语法格式为：PROCDUCE（number1，number2，number3，…）。其中的 number 表示计算乘积的对象。如果要计算 10、20、30 的乘积，只要输入 PROCDUCE(10,20,30)即可。

90. 求绝对值

Excel 为用户提供了专门计算绝对值的函数，用户不需要输入复杂的公式即可求出某个数的绝对值。求绝对值的函数是 ABS，其语法格式为：ABS(number)，ABS 函数会返回指定数据的绝对值，其中 number 表示用户指定要求绝对值的对象。例如要求－10 的绝对值，即可输入函数“＝ABS(－10)”。

91. 求最大公约数和最小公倍数

求最大公约数时可以使用函数 GCD，其语法格式如下：GCD（number1，number2，number3…），其中 number 表示计算的对象，GCD 函数最大支持求取 255 个数据的最大公约数，需要注意的是，如果求最大公约数的对象中有小数部分，那么该部分将被自动省略。如果要求工作表中多个单元格内的数值的最大公约数，可以输入公式“＝GCD(”，然后选取最大公约数的单元格，并输入“)”，按下“Enter”键得到计算结果。

求最小公倍数时可以使用函数 LCM，LCM 的语法格式为：LCM（number1，number2，number3…），其中 number 表示计算的对象，LCM 函数最大支持求取 255 个数据的最小公倍数，输入方法同最大公约数的输入方法。

92. 在条件格式中应用公式

在 Excel 完成下面的功能：当某个学生的数学、计算机和英语的考试成绩中有两门课的考试成绩高于 80 分，他的姓名字体“加粗”显示，并且用红色填充单元格。示例用表如图 3-70 所示。

	A	B	C	D
1	姓名	数学	计算机	英语
2	周瑜	67	77	88
3	李丽	76	75	91
4	陈明	85	73	72
5	李玲	80	67	85
6	陈言	70	64	79
7	周同	76	71	45
8	姜分	81	67	88
9	李敬尧	69	66	80
10	张晓晶	80	82	83
11	方式	66	76	55
12	赵伯	65	80	70
13	孙千山	90	79	92

图 3-70 示例用表

要完成上述功能，需要在条件格式中使用公式。具体步骤如下：首先选择学生【姓名】区域；在【开始】选项卡上的【样式】组中，单击【条件格式】旁边的箭头，在弹出的快捷菜单中选择【新建规则】，弹出【新建格式规则】对话框，如图 3-71 所示，在【选择规则类型】中选择【使用公式确定要设置格式的单元格】，在【编辑规则说明】中，输入公式“＝((B2＜80)＋(C2＜80)＋(D2＜80))＞＝2”。

然后设置格式。单击图 3-71 下方的【格式】按钮，弹出【设置单元格格式】对话框，在【字体】选项卡中选择【字形】为【加粗】，在【填充】选项卡中选择【红色】，单击【确定】按钮。

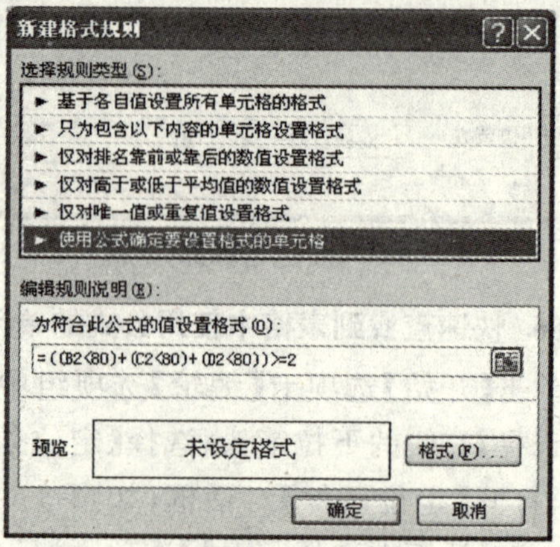

图 3-71 【新建格式规则】对话框

93. 利用函数分离姓名中的姓和名

在一个数据表中，想把人的姓和名分开，可以应用 LEFT 函数完成，此函数可以返回字符串中的从左边算起的 n 个字符。LEFT 函数的语法形式为：LEFT(字符串，要取的字符个数)。

如图 3-72 所示，名字在第 A 列，可以在 B1 中添入“＝LEFT(A1)”。然后利用自动填充功能，即拖动单元格右下方的拖动柄，完成下面单元格公式的复制。这样就把姓分离出来了。下面再来分离名。在 C1 中输入公式“＝RIGHT(A1，LEN(A1)－1)”，如图 3-73 所示。然后再利用自动填充功能，即拖动单元格右下方的拖动柄，完成下面单元格公式的复制。这样就把名也分离出来了。

94. 利用函数实现表格奇偶行交错着色

首先选择要进行着色的区域。单击【开

	A	B
1	周瑜	=left(A1)
2	李丽	
3	陈明	
4	李玲	
5	陈言	
6	周同	
7	姜分	
8	李敬尧	
9	张晓晶	
10	方式	
11	赵伯	
12	孙千山	

图 3-72 分离"姓"

	A	B	C
1	周瑜	周	=RIGHT(A1,LEN(A1)-1)
2	李丽	李	
3	陈明	陈	
4	李玲	李	
5	陈言	陈	
6	周同	周	
7	姜分	姜	
8	李敬尧	李	
9	张晓晶	张	
10	方式	方	
11	赵伯	赵	
12	孙千山	孙	

图 3-73 分离"名"

始】选项卡【样式】选项组中【条件格式】按钮右侧的下拉箭头，选择【新建规则】选项，打开【编辑格式规则】对话框，如图 3-74 所示，在【编辑规则类型】中选择【使用公式确定要设置格式的单元格】，在【编辑规则说明】中输入下面的公式"＝MOD(ROW(),2)＝1"，然后再单击【格式】按钮，打开【单元格格式】对话框，在【填充】选项卡中选择一种颜色。公式的作用是选出行号为奇数的行，凡符合此公式条件的单元格即采用所指定的颜色格式。单击【确定】按钮保存设置。

然后再按照上面的步骤，添加第二个条件公式"＝MOD(ROW(),2)＝0"，再按上面的方法指定第二种颜色。即凡选中区域中行号为偶数的行，将以此颜色填充。如图 3-75 所示。

用这种方法制作出的奇偶行颜色交错的表格，在此区域中添加删除行时，其他所有受影响行都能根据其行号的奇偶自动重新调整颜色。

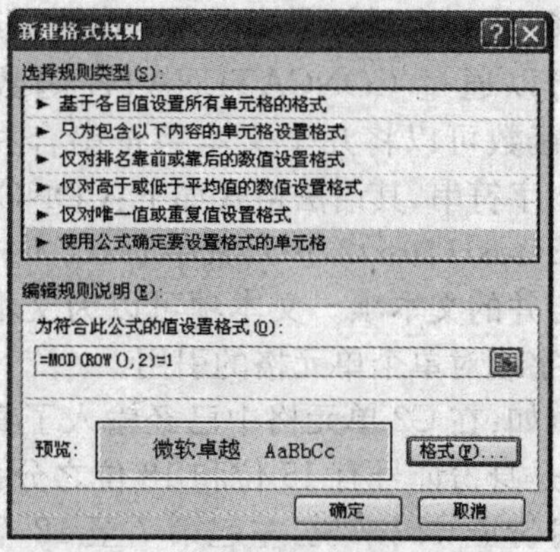

图 3-74 【新建格式规则】对话框

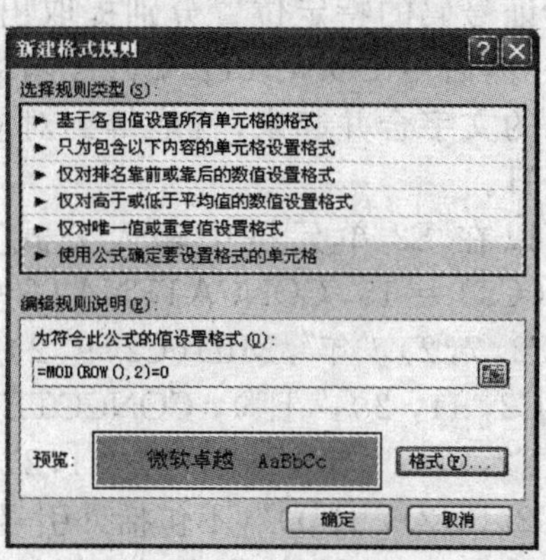

图 3-75 【新建格式规则】对话框

95. 安全显示信号卡号码

有的时候出于安全方面的考虑，可以通过使用函数来遮住信用卡号码中的某些数字。作为常规的安全措施，用户可能希望只显示信用卡号码的最后几位，而将其余的数位用"＊"或其他字符代替。可以通过使用包括 CONCATENATE、REPT 和 RIGHT 函数的公式来实现。

首先创建一个空白工作簿或工作表，在该工作簿或工作表中要处理的信用卡号码为 5555-5555-5555-5555，该号码输入到 A2 单元格中，在 B2 单元格中输入公式＝CONCATENATE(REPT(″＊＊＊＊-″,3),RIGHT(A2,4))，该公式中 REPT(″＊＊＊＊-″,3)的含义是重复"＊＊＊＊-"文本字符串 3 次，然后将结果与信用卡号码的最后 4 位合并，得到的结果为：＊＊＊＊-＊＊＊＊-＊＊＊＊-5555。

96. 通过身份证号自动录入出生日期

可以通过 CONCATENATE 函数来实现，该函数可以将几个文本字符串合并为一个文本字符串，其语法格式如下：CONCATENATE(text1，text2，…)，其中 text1，text2，…为要合并的文本项。文本项可以为文本字符串、数字或对单个单元格的引用。

例如：在 C2 单元格中已经输入了身份证号，但是身份证号有 15 位和 18 位之分，对 15 位的身份证号码来说，左起第 7 至 12 个字符表示出生年、月、日，此时可以使用 MID 函数从身份证号码的特定位置分别提取出生年、月、日。然后用 CONCATENATE 函数将提取出来的文字合并起来，就能得到对应的出生年月日。

可以在 E2 单元格中输入公式"＝IF(LEN(C2)＝15，CONCATENATE(″19″，MID(C2，7，2)，″年″，MID(C2，9，2)，″月″，MID(C2，11，2)，″日″)，CONCCTENCTE(MID(C2，7，4)，″年″，MID(C2，11，2)，″月″，MID(C2，13，2)，″日″))"(不包括外引号)。其中"LEN(C2)＝15"仍然作为逻辑判断语句使用，它可以判断身份证号码是 15 位的还是 18 位的，从而调用相应的计算语句。公式中"19"是针对早期身份证号码中存在 2000 年问题设计的，它可以在计算出来的出生年份前加上"19"。对"18"位的身份证号码的计算思路相同，只是它不存在 2000 年问题，公式中不用给计算出来的出生年份前加上"19"。

97. 使用函数快速录入 26 个英文字母

26 个英文字母的自动填充可以用函数转换来实现。如果从 A2 开始向下输入"A、B、C…"，则先在 A2 单元格中输入公式"＝CHAR(65＋ROW()－2)"，"CHAR"用来把括号中的参数转换为字符，ROW()代表要获得当前行数，然后用填充柄向下拖拉即可；如果从 B2 开始向右输入"A、B、C…"，先在 B2 单元格中输入公式"＝CHAR(65＋COLUMN()－2)"，"COLUMN()"代表要获得当前的列号，然后用填充柄向右拖拉即可。如果需要输入小写字母序列，只要将上述两个公式分别修改为："＝CHAR(97＋ROW()－2)"、"＝CHAR(97＋COLUMN()－2)"。

除了使用函数的方法外，还可以将字母做成内置序列，同样可以快速输入。

98. 使用数组公式

Excel 中数组公式非常有用，它可建立产生多值或对一组值而不是单个值进行操作的公式。要输入数组公式，首先选择用来存放结果的单元格区域，在编辑栏输入公式，然后按"Ctrl＋Shift＋Enter"组合键锁定数组公式，Excel 将在公式两边自动加上括号"{}"，这里不要自己键入花括号，否则，Excel 认为输入的是一个正文标签。要编辑或清除数组公式。需选择数组区域并且激活编辑栏，公式两边的括号将消失，然后编辑或清除公式，最后按"Ctrl＋Shift＋Enter"键。

99. 求两数相除后的余数

求两数相除后的余数，可以使用 MOD 函数，该函数的语法格式为：MOD(number1，number2)，其中 number1 代表被除数，number2 代表除数，例如要求 17 除以 4 的余数，可以输入公式"＝MOD(17，4)"。如果输入公式"＝MOD(－17，－4)"，所得到的结果是－1，这是因为两数相除所得的余数的符号与除数相同。

技巧

一般情况下，用户都是直接在插入函数按钮中运行插入函数向导，但是很多情况下函数和公式都是结合起来使用的，为了能够方便函数的输入，可以直接在公式编辑栏中直接激活插入函数向导，而不必每次都切换到【公式】面板中函数插入按钮进行插入，这样可以大大提高工作效率。操作的方法是：选择需要公式计算的单元格，在【公式】编辑栏中单击【插入函数】按钮，插入函数向导即被激活，如图 3-76 所示。

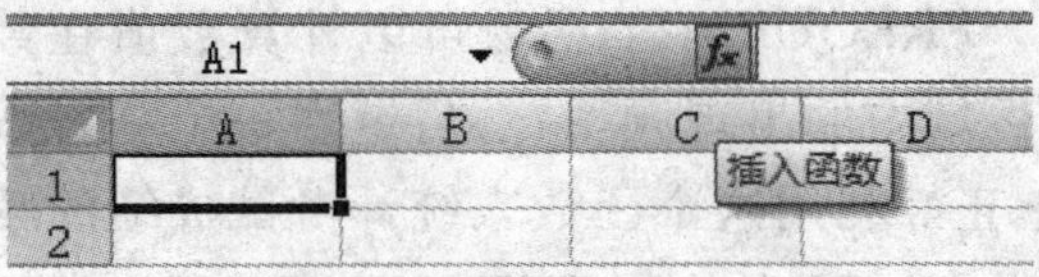

图 3-76 插入函数向导

100. 根据身份证号码自动录入性别

根据现行的居民身份证号码编码规定，正在使用的 18 位的身份证编码的第 17 位为性别(奇数为男，偶数为女)，第 18 位为校验位。而早期使用的 15 位的身份证编码的第 15 位是性别(奇数为男，偶数为女)，所以可以根据身份证号码来自动判定性别。

要实现性别的自动录入，需要用到几个函数。LEN 函数可返回文本字符串中的字符数，其语法格式为：LEN(text)，其中 text 是需要查找长度的文本，该函数将把空格作为字符进行计数。MOD 函数的作用是返回两数相除的余数，结果的正负号与除数相同，其语法格式为：MOD(Number，Divisor)，其中 Number 为被除数；Divisor 为除数。MID 函数返回文本字符串中从指定位置开始的特定数目的字符，该数目由用户指定，其语法格式为：MID(text，start_num，num_chars)，其中 text 为包含要提取字符的文本字符串；start_num 为文本中要提取的第一个字符的位置，文本中第一个字符的 start_num 为 1，依此类推；num_chars 为指定希望 MID 从文本中返回字符的个数。

下面介绍实现该功能的公式，例如身份证号已经输入到 C2 单元格，要在 D2 单元格显示性别信息，在 D2 单元格中输入"=IF(LEN(C2)=15，IF(MOD(MID(C2，15，1)，2)=1，"男"，"女")，IF(MOD(MID(C2，17，1)，2)=1，"男"，"女"))"，回车后即可在单元格获得对应的性别，复制公式到其他单元格可自动获取性别。

该公式由三个 IF 嵌套函数构成，其中"IF(MOD(MID(C2，15，1)，2)=1，"男"，"女")"和"IF(MOD(MID(C2，17，1)，2)=1，"男"，"女")"作为第一个函数的参数。公式中"LEN(C2)=15"是一个逻辑判断语句，LEN 函数提取 C2 等单元格中的字符长度，如果该字符的长度等于 15，则执行参数中的第一个 IF 函数，否则就执行第二个 IF 函数。在参数"IF(MOD(MID(C2，15，1)，2)=1，"男"，"女")"中。MID 函数从 C2 的指定位置(第 15 位)提取 1 个字符，而 MOD 函数将该字符与 2 相除，获取两者的余数。如果两者能够除尽，说明提取出来的字符是 0(否则就是 1)。逻辑条件"MOD(MID(C2，15，1)，2)=1"不成立，这时就会在 D2 单元格中填入"女"，反之则会填入"男"。如果 LEN 函数提取的 C2 等单元格中的字符长度不等于 15，则会执行第 2 个 IF 函数。除了 MID 函数从 C2 的指定位置(第 17 位，即倒数第 2 位)提取 1 个字符以外，其他运算过程与上面的介绍相同。

101. 使显示的表格中不包含 0 值

通常情况下，用户希望显示的表格中不包含有 0 值，而是以空值来显示。要把 0 用空值来显示的方法有两种，方法一：使用 IF 函数，输入公式=IF(B2=0，""，B2)，公式的含义是当 B2 单元格的内容为 0，则显示空；方法二：使用自定义格式。选中要设置的区域，然后单击鼠标右键，在弹出的菜单中选择【设置单元格格式】选项，在弹出的对话框【数字】选项卡中，从【分类】列表框中选择【自定义】，在【格式】框中输入"G/通用格式；；"，设置好后按【确定】按钮保存设置。

102. 快速完成学生成绩等级评定

Excel 函数可以快速帮助教师给学生成绩一个等级。这里假设等级分为 A、B、C、D、E。90 分以上为 A，80～90 分为 B，70～80 分为 C，60～70 分为 D，60 分以下为 E。在 Excel 中把成绩录入完成，然后在表头行添加"等级"列。示例用表如图 3-77 所示。

	A	B	C	D	E	F
1	学号	姓名	期末成绩	平时成绩	总评成绩	等级
2	010641301	刘晓玮	65	80	68	
3	010641302	夏海霞	74	85	76.2	
4	010641303	陈威	81	90	82.8	
5	010641304	周莉	87	90	87.6	
6	010641305	贾君	75	90	78	
7	010641306	韩晓萍	58	80	62.4	
8	010641307	奚景泊	80	90	82	
9	010641308	胡华	85	95	87	
10	010641309	李栋	93	95	93.4	

图 3-77　示例用表

在 F2 单元格中输入公式：＝IF(E2>＝90,"A",IF(E2>＝80,"B",IF(E2>＝70,"C",IF(E2>＝60,"D","E"))))，然后把鼠标指针指向 F2 单元格的右下角，等鼠标指针变成黑色十字加号时，按住左键向右拖动到这列单元格的最后放手。最终效果图如图 3-78 所示。

F2　=IF(E2>=90,"A",IF(E2>=80,"B",IF(E2>=70,"C",IF(E2>=60,"D","E"))))

	A	B	C	D	E	F	G	H	I	J
1	学号	姓名	期末成绩	平时成绩	总评成绩	等级				
2	010641301	刘晓玮	65	80	68	D				
3	010641302	夏海霞	74	85	76.2	C				
4	010641303	陈威	81	90	82.8	B				
5	010641304	周莉	87	90	87.6	B				
6	010641305	贾君	75	90	78	C				
7	010641306	韩晓萍	58	80	62.4	D				
8	010641307	奚景泊	80	90	82	B				
9	010641308	胡华	85	95	87	B				
10	010641309	李栋	93	95	93.4	A				

图 3-78　最终效果

上面的公式中主要是利用 IF 条件函数的嵌套。IF 函数是根据对指定条件的逻辑判断的真假结果，返回相对应的内容的条件函数。利用此函数逻辑计算出真假值，会返回不同的结果，从而可达到筛选数据的目的。其语法格式是：IF(logical_test,value_if_true,value_if_false)，logical_test 表示计算结果为 TRUE 或者 FALSE 的任意值或表达式，该参数可使用任何比较运算符；value_if_true 表示 logical_test 为 TRUE 时返回的值；value_if_false 表示 logical_test 为 FALSE 时返回的值。

103. 使用函数进行试卷分析

在试卷分析时，用户有时需要进行一些特定的统计分析工作，如统计各个分数段的人数等。下面，介绍使用函数获取成绩分布的方法：

利用 FREQUENCY 函数来获取成绩分布。FREQUENCY 函数可以计算数值在某个区域内的出现频率，然后返回一个垂直数值，正好利用这个函数来统计考试成绩的频数分布。不过，由于 FREQUENCY 函数返回的是一个数组，因此它必须以数组公式的形式输入。

其语法格式如下：FREQUENCY(Data_array,Bins_array)。Data_array 是一个数组或对一组数值的引用，主要通过该值来计算频率，如果此处不包含任何数值，那么函数 FREQUENCY 将返回一个零数组。Bins_array 是一个区间数组或对区间的引用，该区间用于对 data_array 中的数值进行分组，如果此处不包含任何数值，那么函数 FREQUENCY 返回的值与 data_array 中的元素个数相等。

在使用 FREQUENCY 函数之前，先在工作表的适当位置手工插入"区间分割点"、"人数"、"百分比"这三列。然后设置区间分割点，区间分割点的设置是极为重要的一个步骤，这里参考"分数段"进行设置，例如"59"表示考试成绩小于或等于 59 分的分数人数，"69"表示考试成绩介于 60～69 分的分数人数，其余的依次类推，如图 3-79 所示。

H	I	J
区间分割点	人数	百分比
59		
69		
79		
89		
99		

图 3-79　设置区间分割点

然后输入数组公式，选择准备放置各分数段人数的单元格区域"I3：I7"，选择结束后按下 F2 键，在 I3 输入公式"＝FREQUENCY(E2：E39,H2：H6)"，然后设置返回数组个数，前面已经说明，由于 FREQUENCY 返回的结果是数组形式，因此公式输入完成后必须按下"Ctrl＋Shift＋Enter"组合键进行确认，其标志是出现一对大括号“{}”，计算结果如图3-80所示。这里需要注意的是，单元格区域选择了“I3：I7”而非“I3：I6”，也就是说，这里较左侧的区间分割点多选择了一个单元格，其实这个多出来的单元格主要用于返回大于99分的学生人数，原因是返回的数组中的元素个数(分布频数)比bins_array(分段点)中的元素个数多1，多出来的单元格将返回大于最末一个间隔值的数值个数，否则返回结果会出错。

I2 {=FREQUENCY(E2:E39,H2:H6)}

	A	B	C	D	E	F	G	H	I	J
1	学号	姓名	期末成绩	平时成绩	总评成绩	等级		区间分割点	人数	百分比
2	010641301	刘晓玮	65	80	68	D		59	0	
3	010641302	夏海霞	74	85	76.2	C		69	4	
4	010641303	陈威	81	90	82.8	B		79	10	
5	010641304	周莉	87	90	87.6	B		89	18	
6	010641305	贾君	75	90	78	C		99	6	
7	010641306	韩晓萍	58	80	62.4	D			0	

图3-80 人数统计

下一步计算百分比，选中J2单元格，输入公式“=I2/38”(38为学生人数)，输入完毕按“Enter”键确认，然后将鼠标停在J2单元格的右下角，待鼠标变成十字形的时候，按住鼠标左键向下拖动，使“J2：J6”单元格全部填充好，这时填好的数据还是以小数的形式显示的，用户可以通过【设置单元格格式】为百分比格式来显示，最终结果如图3-81所示。

J2 =I2/38

	A	B	C	D	E	F	G	H	I	J
1	学号	姓名	期末成绩	平时成绩	总评成绩	等级		区间分割点	人数	百分比
2	010641301	刘晓玮	65	80	68	D		59	0	0.00%
3	010641302	夏海霞	74	85	76.2	C		69	4	10.53%
4	010641303	陈威	81	90	82.8	B		79	10	26.32%
5	010641304	周莉	87	90	87.6	B		89	18	47.37%
6	010641305	贾君	75	90	78	C		99	6	15.79%
7	010641306	韩晓萍	58	80	62.4	D			0	0.00%

图3-81 最终样式

104. 应用AND函数

AND函数是在多个条件同时存在时经常会使用的一个函数，它一般用来判断一个或多个逻辑表达式是否同时满足，如果多个逻辑表达式均满足条件，则返回TRUE值，如果有一个逻辑表达式不成立，则返回FALSE值。AND函数的一般语法格式为：AND(L1，L2，L3…)，其中L1即测试条件值或表达式1，最多可以有255个逻辑表达式。例如：AND(3>2，4<1)函数在运算之后的返回值为FALSE。AND函数一般和IF语句配合使用，用在IF的条件判定部分。

下面通过一个具体的事例来演示AND函数的应用。例如有一个班的学生成绩，成绩分为期末成绩和平时成绩，并且总成绩是由这两部分成绩组成的，其中期末成绩占80%，平时成绩占20%。现在要评定奖学金，只有成绩评定为优的学生才能够获得奖学金，只有平时成绩和期末成绩都在90分以上才可评优。这里，通过AND函数可以快速判定哪个学生成绩为优，应该获得奖学金。示例用表如图3-82所示。

首先，在F1单元格中输入“等级”，用于显示学生的成绩情况，然后在F2单元中输入公式“=IF(AND(C2>=90，D2>=90)，“优(奖学金)”，“”)”，公式的含义是当C2单元格

E2　=C2*0.8+D2*0.2

	A	B	C	D	E
1	学号	姓名	期末成绩	平时成绩	总评成绩
2	010641301	刘晓玮	65	80	68
3	010641302	夏海霞	74	85	76.2
4	010641303	陈威	81	90	82.8
5	010641304	周莉	87	90	87.6
6	010641305	贾君	75	90	78
7	010641306	韩晓萍	58	80	62.4
8	010641307	奚景泊	80	90	82
9	010641308	胡华	85	95	87
10	010641309	李栋	93	95	93.4

图 3-82　示例用表

内容和 D2 单元格内容同时在 90 以上的时候，显示“优（奖学金）”，否则无显示。然后将鼠标移动到 F2 单元格的右下角的小黑块上，待鼠标变成十字形状时，向下拉动小黑块至 F10，即可快速应用公式。最终结果如图 3-83 所示。

F2　=IF(AND(C2>=90,D2>=90),"优（奖学金）","")

	A	B	C	D	E	F	G
1	学号	姓名	期末成绩	平时成绩	总评成绩	等级	
2	010641301	刘晓玮	65	80	68		
3	010641302	夏海霞	74	85	76.2		
4	010641303	陈威	81	90	82.8		
5	010641304	周莉	87	90	87.6		
6	010641305	贾君	75	90	78		
7	010641306	韩晓萍	58	80	62.4		
8	010641307	奚景泊	80	90	82		
9	010641308	胡华	85	95	87		
10	010641309	李栋	93	95	93.4	优（奖学金）	

图 3-83　最终样式

105. 应用 OR 函数

OR 函数跟 AND 函数类似，也是在多个条件同时存在时经常会使用的一个函数，它一般用来判断一个或多个逻辑表达式是否都不满足，如果多个逻辑表达式都不满足条件，则返回 FALSE 值，如果其中有一个逻辑表达式成立，则返回 TRUE 值。OR 函数的一般语法格式为：OR(L1,L2,L3…)，其中 L1 即测试条件值或表达式 1，最多可以有 255 个逻辑表达式。例如：OR(3>2,4<1)函数在运算之后的返回值为 TRUE。OR 函数一般和 IF 语句配合使用，用在 IF 的条件判定部分。

106. 根据成绩排名次

借助 LARGE 和 SMALL 函数可实现根据成绩排名次。LARGE 函数返回数据集中第 k 个最大值。其语法格式为：LARGE(array,k)，其中 array 为需要从中选择第 k 个最大值的数组或数据区域；k 为返回值在数组或数据单元格区域中的位置（从大到小）。SMALL 函数返回数据集中第 k 个最小值。其语法格式为：SMALL(array,k)，其中 array 为需要找到第 k 个最小值的数组或数字型数据区域；k 为返回的数据在数组或数据区域里的位置（从小到大）。

下面通过一个具体的例子来演示一下这两个函数的应用。假设 E2：E39 区域存放着学生的成绩，为了使大家看得更清楚，这里首先对“总评成绩”列进行了排序。首先在 G 列选取空白单元格 G2，在其中输入公式“=LARGE(E2：E39,F2)”。其中 F2 作为输入名次变量的单元格，如果在其中输入 2，公式就可以返回 E2：E39 区域中第二大的数值。最终样式如图 3-84 所示。

G2　=LARGE(E2:E39,F2)

	A	B	C	D	E	F	G
1	学号	姓名	期末成绩	平时成绩	总评成绩		第二的总评成绩
2	010641339	颜执栋	95	95	95	2	93.4
3	010641309	李栋	93	95	93.4		
4	010641312	李娟	92	95	92.6		
5	010641321	朱敏敏	91	95	91.8		
6	010641330	毛佳禹	91	95	91.8		
7	010641325	管峰	89	95	90.2		
8	010641328	张赛男	88	90	88.4		
9	010641331	赵金金	88	90	88.4		

图 3-84　最终样式

如果把上述公式修改为“=SMALL(E2：E39,F2)”，然后在 F2 单元格中输入 2，就可以获得 E2：E39 区域倒数第二小的数值。为方便起见，也可以给 E2：E39 区域定义一个名称“学生成绩”。此后可以把上述公式修改为“=LARGE(学生成绩,F2)”或“=SMALL(学生成绩,F2)”。

107. 计算选定区域内数据的个数

用户可以使用 COUNT 函数计算选定区域内数据的个数，该函数用于返回数组或是单元区域内数字单元的个数。需要注意的是，如果单元格的样式不是数字，不会被计算在内。

COUNT 函数的语法格式如下：COUNT(value1，value2，…)，其中 value1，value2，…是可以包含或引用各种类型数据的 1 到 255 个参数，但只有数字类型的数据才计算在内。

下面通过一个具体实例来演示 COUNT 函数的用法，例如要统计某个班级所有参加考试的总人数，实现的思想是只要是参加考试学生肯定会有成绩，操作方法如下。首先在数据区域的最下面一个单元格中输入“参加考试的总人数：”，然后在其右侧的单元格内输入公式“＝COUNT(C2：C39)”，选择所要统计的单元格区域，然后按下“Enter”键即可显示参加考试的人数。

108. 使用 SUMIF 函数

该函数用于按给定条件对指定单元格求和。其语法格式如下：SUMIF(range，criteria，sum_range)，其中 range 是要根据条件计算的单元格区域。每个区域中的单元格都必须是数字和名称、数组和包含数字的引用。空值和文本值将被忽略。criteria 为确定对哪些单元格相加的条件，其形式可以为数字、表达式或文本。sum_range 为要相加的实际单元格(如果区域内的相关单元格符合条件)。如果省略 sum_range，则表示当区域中的单元格符合条件时，它们既按条件计算，也执行相加。

下面通过实例来演示 SUMIF 函数的用法，示例用表如图 3-85 所示。现在要求计算产品名称为真皮靠背椅的销售总额是多少。

	A	B	C	D	E
1	时间	分支机构	产品名称	销售人员	销售额
2	一季度	北京分公司	会议桌	刘东	68000
3	一季度	北京分公司	组合沙发	刘东	94500
4	一季度	深圳分公司	组合沙发	张青	92000
5	一季度	深圳分公司	真皮靠背椅	张青	53600
6	一季度	深圳分公司	会议桌	张青	58400
7	二季度	北京分公司	真皮靠背椅	董力	154600
8	二季度	北京分公司	组合沙发	董力	174600
9	二季度	北京分公司	会议桌	董力	225800
10	二季度	深圳分公司	会议桌	周恺	55600
11	二季度	深圳分公司	组合沙发	周恺	25800
12	二季度	深圳分公司	组合沙发	张青	24650
13	三季度	北京分公司	组合沙发	刘东	37850
14	三季度	北京分公司	会议桌	刘东	95600
15	三季度	深圳分公司	会议桌	张青	86500
16	三季度	深圳分公司	真皮靠背椅	张青	68200

图 3-85　示例用表

首先选择 A17 到 D17 单元格，并设置为【合并并居中】格式，输入“真皮靠背椅的销售总额：”，在 E17 单元格内输入公式“＝SUMIF(C2：C16，"真皮靠背椅"，E2：E16)”，公式中 C2：C16 为条件区域，“真皮靠背椅”为条件区域中要判断是否相等的值，E2：E16 为条件求和区域，输入完公式后按“Enter”键，即可得到产品名称为真皮靠背椅的销售总额。最终样式如图 3-86 所示。

E17　　=SUMIF(C2:C16,"真皮靠背椅",E2:E16)

	A	B	C	D	E
1	时间	分支机构	产品名称	销售人员	销售额
2	一季度	北京分公司	会议桌	刘东	68000
3	一季度	北京分公司	组合沙发	刘东	94500
4	一季度	深圳分公司	组合沙发	张青	92000
5	一季度	深圳分公司	真皮靠背椅	张青	53600
6	一季度	深圳分公司	会议桌	张青	58400
7	二季度	北京分公司	真皮靠背椅	董力	154600
8	二季度	北京分公司	组合沙发	董力	174600
9	二季度	北京分公司	会议桌	董力	225800
10	二季度	深圳分公司	会议桌	周恺	55600
11	二季度	深圳分公司	组合沙发	周恺	25800
12	二季度	深圳分公司	组合沙发	张青	24650
13	三季度	北京分公司	组合沙发	刘东	37850
14	三季度	北京分公司	会议桌	刘东	95600
15	三季度	深圳分公司	会议桌	张青	86500
16	三季度	深圳分公司	真皮靠背椅	张青	68200
17	真皮靠背椅的销售总额：				276400

图 3-86　最终样式

109. 合并日期值

有时，年、月、日分别存放在三个单元格中，希望将它合并到一个单元格中，可用 DATE 函数来完成此功能。该函数用于返回代表特定日期的序列号。如果在输入函数前，单元格的格式为“常规”，则结果将设为日期格式。其语法格式为：DATE(year，month，day)，其中，参数 year 可以为 1～4 位数字。Microsoft Excel 将根据所使用的日期系统来解释 year 参数。默认情况下，Microsoft Excel for Windows 将使用 1900 日期系统。month 代表一年中从 1 月到 12 月各月的正整数或负整数。如果 month 大于 12，则 month 从指定年份的第一个月起累加月份数。例如，DATE(2008，14，2)返回代表 2009 年 2 月 2 日的序列号。如果 month 小于 1，则用 month 减去指定年份的月份数，再从该年份的第一个月起往向上累加，例如，DATE(2008，－3，2)返回代表 2007 年 9 月 2 日的序列号。day 代表一月中从 1 日到 31 日各天的正整数或负整数。如果 day 大于指定月份的天数，则 day 将从该月份的第一天开始累加天数。例如，DATE(2008，1，35)返回代表 2008 年 2 月 4 日的序列号。如果 day 小于 1，则用 day 减去该月份的天数，再从该月份的第一天开始往上累加。例如，DATE(2008，1，－15)返回代表 2007 年 12 月 16 日的序列号。

下面通过例子来演示 DATE 函数的用法。在 A2、B2 和 C2 单元格中分别输入 2008、5、1，然后在 D2 单元格中输入公式"＝DATE(A2，B2，C2)"，输入完毕后按"Enter"键即可在 D2 单元格显示日期完整格式。

110. 计算两个日期之间的间隔天数

有时需要计算两个日期之间的间隔天数，例如根据起始日期和终止日期来判断某个学生请假的天数。用户可以使用 DAYS360 函数来实现。该函数是按照一年 360 天的计算方法，返回两个日期之间的间隔天数。

其语法格式如下：DAYS360(start_date，end_date，method)，其中，start_date 和 end_date 为要计算期间天数的起止日期。如果 start_date 在 end_date 之后，则 DAYS360 将返回一个负数。method 为一个逻辑值，它指定了在计算中是采用欧洲方法还是美国方法。如果取值为 FALSE 或省略，则采用美国方法(NASD)。如果起始日期是一个月的最后一天，则等于同月的 30 号。如果终止日期是一个月的最后一天，并且起始日期早于 30 号，则终止日期等于下一个月的 1 号，否则，终止日期等于本月的 30 号。如果取值为 TRUE，则采用欧洲方法。起始日期和终止日期为一个月的 31 号，都将等于本月的 30 号。

下面通过例子来演示 DAYS360 函数的用法。在 A2 单元格输入起始日期 2008-3-6，在 B2 单元格输入终止日期 2008-5-1，然后在 C2 单元格输入公式"＝DAYS360(A2，B2)"，输入完毕后按"Enter"键即可在 C2 单元格显示起始日期和终止日期之间相隔的天数为 55。

3.4 图表操作

111. 处理坐标轴上的部分内容隐藏的情况

当向 Excel 中插入图表后或者调整了已插入图表的大小后，坐标轴上部分内容不见了，这种情况的发生是由于图表过小引起的，用户只需要把鼠标移动到图表的边框上，当指针呈现双向箭头形状时，按住鼠标左键不放向外拉动，使图表扩大，即可解决上述问题。

112. 取消图表的名称提示

当把鼠标放置到图表上时，总会显示图表上元素的名称提示。取消图表的名称方法是单击 Excel 窗口左上角的【Office】按钮，在下拉菜单中单击【Excel 选项】按钮，打开【Excel 选项】对话框，选择左侧【高级】选项，然后在右侧的【显示】栏下，取消对于【悬停时显示图表元素名称】的选择，最后单击【确定】按钮保存设置。

113. 解决图表中文本框无法输入中文的问题

由于用户在电脑上安装的输入法与 Excel 2007 不兼容，导致在图表的文本框中无法输入中文，这个问题可以用如下的方法来解决：一种方法是可以选一种输入法再尝试；另一种方法是先将文字输入到 Word、Excel 单元格或者 Windows 的记事本中，然后再复制、粘贴到文本框中即可。

114. 给非相邻的数据创建图表

一般情况下，使用整块相邻的数据区域是很容易就可以创建图表的。使用非相邻的数据区域也可以创建图表，只需要按住“Ctrl”键通过鼠标左键选择不相邻的区域，然后再插入图表即可。

115. 为图表添加标题

首先选择图表，工具栏中显示【图表工具】项目，单击其中的【布局】选项卡【标签】选项组中【图表标题】→【图表上方】，将会在图表上方显示标题，单击标题，手动输入标题名称即可。

116. 修改图表中对象的颜色

通常默认生成的图表会使用默认的颜色设置，如果对于默认的颜色不满意，则可以对其进行修改，首先选取图表，单击【设计】→【图表样式】中的范例，图表内的颜色也将变成相应的颜色。

117. 为图表添加数据标签

默认生成的图表没有显示数据标签，难以了解每个项目的详细情况，遇到这种情况，可以通过下面的方法为图表加上数据标签。首先选择图表，单击【布局】选项卡【标签】选项组中【数据标签】按钮的下拉箭头，然后选择【数据标签外】选项即可。

118. 把图表从一张工作表移动到另一张工作表

方法一：通过剪切和粘贴命令可以实现，首先选择工作表，然后按“Ctrl＋X”键剪切图表，在新的工作表页中按“Ctrl＋V”键粘贴图表即可；另一种方法是通过移动图表命令来实现，首先选择图表，然后在图表的空白区域单击鼠标右键，在弹出菜单中选择【移动图表】选项，弹出【移动图表】对话框，如图 3-87 所示，选择该图中【对象位于】右侧的下拉列表框，然后从其中选择一张新的工作表，最后单击【确定】按钮保存设置即可，图表移动到新的工作表中。

119. 隐藏坐标轴标志和刻度线

在需要隐藏的坐标轴上单击鼠标右键，在弹出菜单中选择【设置坐标轴格式】选项，弹出【设置坐标轴格式】对话框，如图 3-88 所示，选择对话框左侧【坐标轴选项】，然后在右侧找到【坐标轴标签】，在其后的下拉列表框中选择【无】选项，设置完毕后单击【关闭】按钮即可，可以看到坐标轴上的标志不见了。

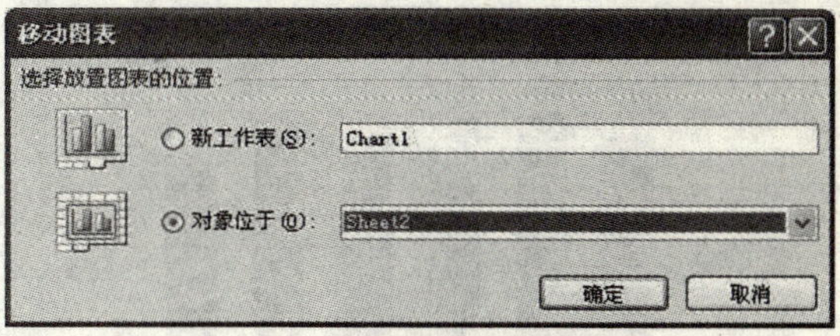

图 3-87　【移动图表】对话框

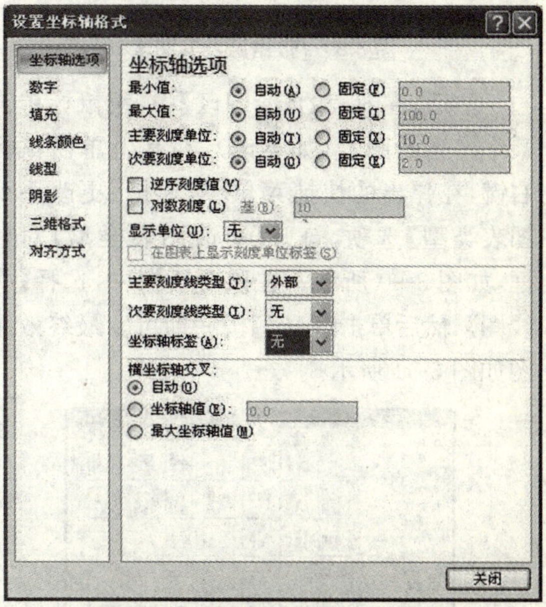

图 3-88　【设置坐标轴格式】对话框

隐藏刻度线的方法是：选择图表，单击【布局】选项卡的【坐标轴】选项组中【网格线】右侧的下拉箭头，然后依次单击【主要横网格线】→【无】，即可隐藏横向刻度线。

120. 让数据源同时使用多种类型图表

用户通常会使用 Excel 建立图表来分析相关的数据。当同一个数据中有多个系列时，有时希望不同的系列使用不同的图表类型，也就是使用不同类型的图表来表达同一数据源的不同数据。首先，已经根据数据源建立了一个簇状柱形图，如图3-89所示。

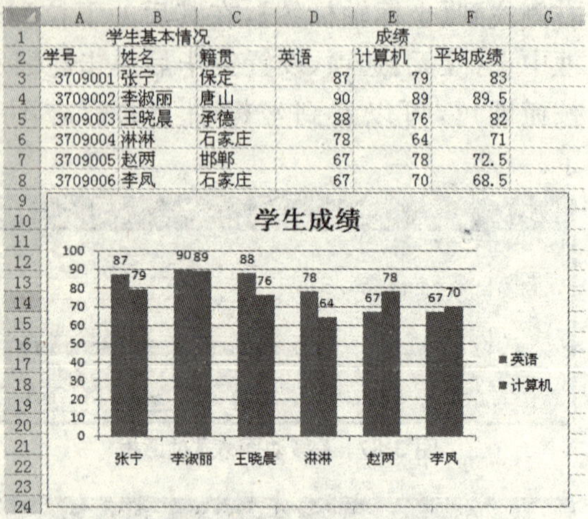

图 3-89 数据源及其图表

然后，在图表的【绘图区】中，用鼠标单击某个序列的图表（如英语），在其上单击鼠标右键，在弹出的快捷菜单中，选择【更改系列图表类型】选项，打开【更改图表类型】对话框，如图 3-90 所示。在该对话框中，选择【折线图】，然后单击【确定】按钮即可。最终效果图如图 3-91 所示。

图 3-90 【更改图表类型】对话框

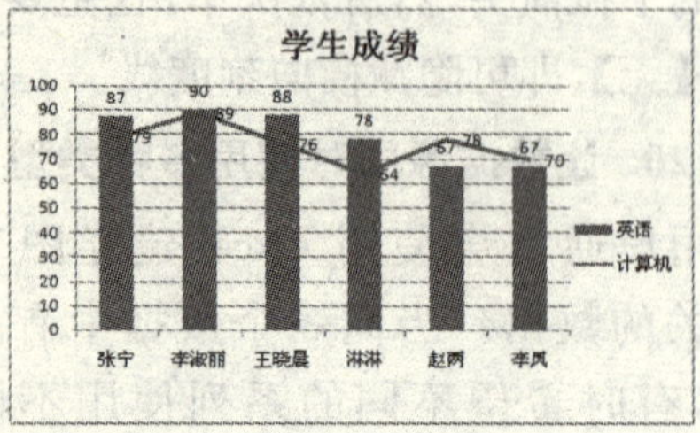

图 3-91 最终样式

技巧 在工作表中，有一些图表的关系比较紧密，需要一起移动，这时可以将多个图表组合在一起进行移动，组合的方法是先按住“Ctrl”键，然后通过单击鼠标左键选择多个图表，然后在任一图表上单击鼠标右键，在弹出的菜单中选择【组合】命令即可。

121. 处理折线图的数据缺失

当在 Excel 中创建了一个折线图表时，如果数据区域有些单元格数据缺失，则在折线图中就会出现缺口，这样就导致折线图不美观，或者不太能够直观地反映出数据的变化趋势。

Excel 提供了两种方法来处理折线图中的缺失数据：一种方法是以零值代表缺失数据，即将空白单元格作为零处理，对于零值数据点，行跌落至零。另一种方法是以内插值替换，用内插值数据点代替空白单元格，填充空距以连接行。

首先，在 Excel 中选中要处理缺失数据的折线图表，在其上单击鼠标右键，在弹出的菜单中选择【选择数据】选项，弹出【选择数据源】对话框，如图 3-92 所示。在该对话框中，单击左下部的【隐藏的单元格和空单元格】按钮，弹出【隐藏和空单元格设置】对话框，如图 3-93 所示，选择【空单元格显示为】后的【零值】单选钮，然后单击【确定】保存设置即可，即可看到带缺口的折线图变成了不带缺口的折线图了。

122. 给图表添加误差线

为了评估趋势线和实际值之间的误差，许多统计图表都会用到误差线，添加误差线的方法如下，首先选择要添加误差线的图表，单击【布局】选项卡【分析】选项组中【误差线】按钮，在下拉菜单中选择【标准偏差误差线】选项即可，效果如图3-94所示。

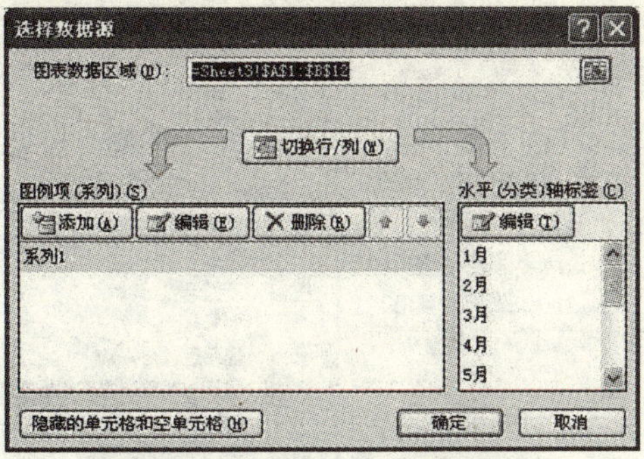

图 3-92　【选择数据源】对话框

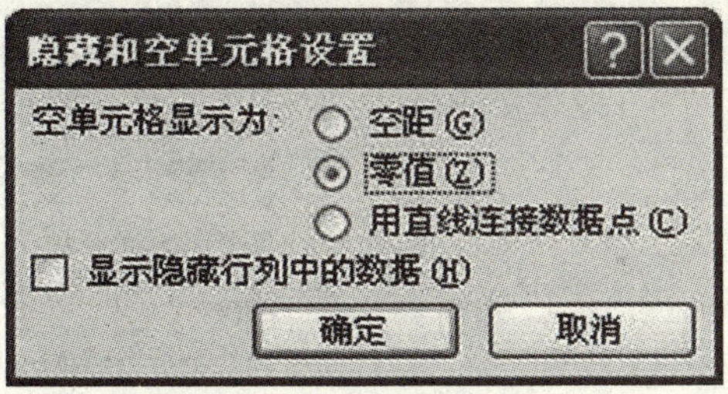

图 3-93　【隐藏和空单元格设置】对话框

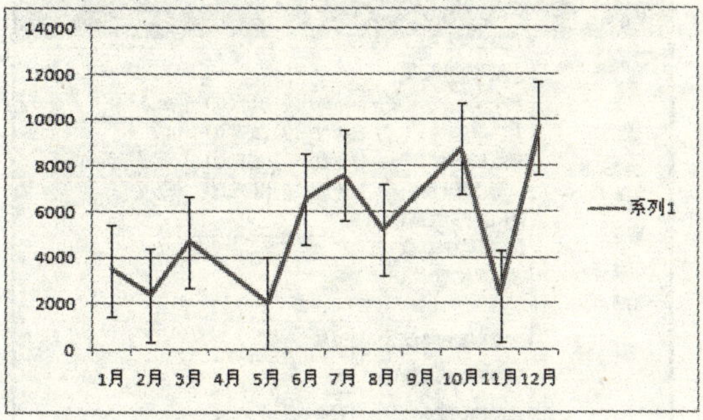

图 3-94　带误差线的折线图

123. 隐藏图表

首先选择一张图表，单击【格式】选项卡【排列】选项组中【选择窗格】按钮，可以看到在 Excel 窗口的右侧出现了一个【选择和可见性】窗格，如图 3-95 所示，单击取消与图表对应的眼睛图标，即可隐藏图表。当然，如果想让图表再次显示出来，可以单击空白方框，使眼睛图标再次出现即可。

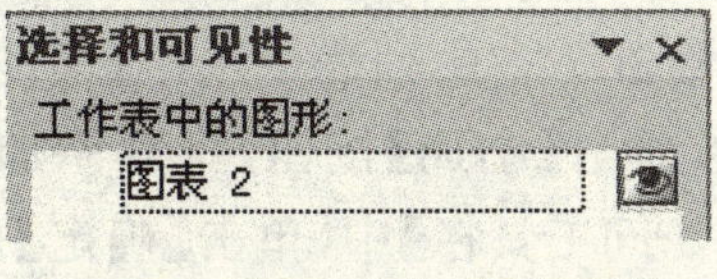

图 3-95　【选择和可见性】窗格

124. 调整数值轴上的单位

有一些图表的数值轴上的数值过长，不但占用了图表的很多位置，而且不易于浏览查看。用户可以手动的调整数值轴上的单位，从而减少呈现的数值长度。首先要选中垂直数值轴，然后单击【布局】选项卡【坐标轴】选项组中【坐标轴】按钮，再依次单击【主要纵坐标轴】→【显示千单位坐标轴】选项即可。

125. 制作能互动的图像

在 Excel 2007 中画出一个函数图像并不难。但是，Excel 2007 的功能绝不仅仅如此，稍加改造，可以利用 Excel 2007 制作出有交互功能的 Excel 函数图像，利用滚动条来研究函数。

首先，制作一个简单的一次函数 y＝kx＋b 的图像。在 A1 单元格中输入“X”，A2：A4 单元格区域中分别输入“－10”、“－9.5”、“－9”，选中这三个单元格，拖动填充柄向下至 A42 单元格，这样得到了从－10 到 10 的数据，间隔为 0.5。在 B1 单元格中输入“Y”，C1、D1 单元格中分别输入“K”、“B”。在 C2、D2 单元格中分别填入数字“2”、“3”，在 B2 单元格中输入公式“＝A2＊＄C＄2＋＄D＄2”并按“Enter”键。选中 B2 单元格拖动其填充柄向下至 B42 单元格复制公式。如图 3-96 所示。

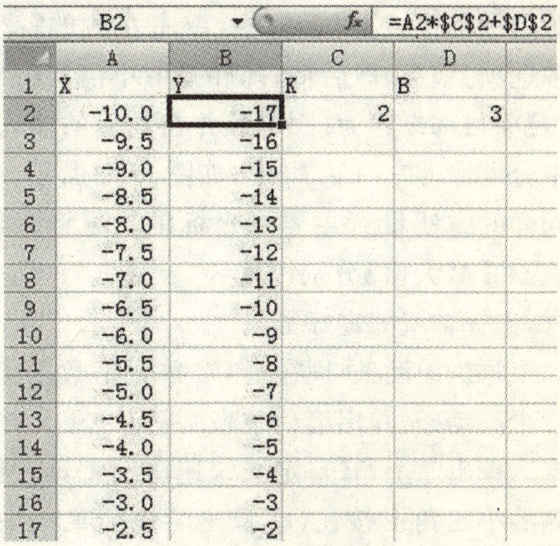

B2　=A2*C2+D2

	A	B	C	D
1	X	Y	K	B
2	-10.0	-17	2	3
3	-9.5	-16		
4	-9.0	-15		
5	-8.5	-14		
6	-8.0	-13		
7	-7.5	-12		
8	-7.0	-11		
9	-6.5	-10		
10	-6.0	-9		
11	-5.5	-8		
12	-5.0	-7		
13	-4.5	-6		
14	-4.0	-5		
15	-3.5	-4		
16	-3.0	-3		
17	-2.5	-2		

图 3-96　初始数据

选中 A1：B42 单元格，单击【插入】选项卡【图表】选项组【散点图】按钮右侧的下拉箭头，在下拉菜单中选择【带平滑线的散点图】，就可以在当前窗口中得到函数 y＝2x＋3 的图像了，如图 3-97 所示。

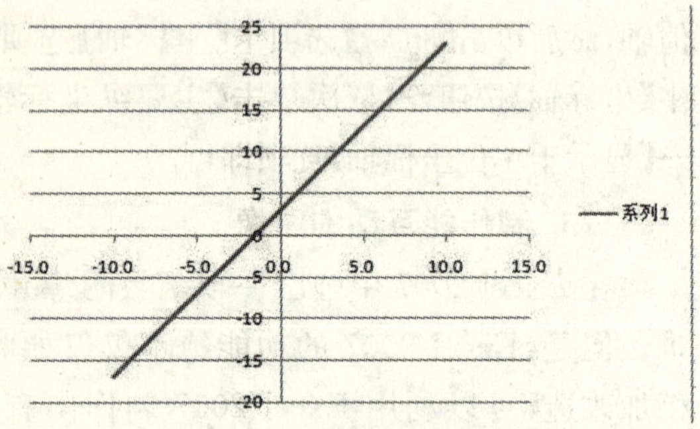

图 3-97　带平滑线的散点图

此时，如果改变 C2 或 D2 单元格的数值，那么函数的图像也会相应地发生改变，图表中坐标轴也会跟着发生变化。如果只通过输入方式改变 C2 或 D2 单元格的数值，比较麻烦。所以，还必须对坐标轴进行固定和添加滚动条操作。

固定坐标轴：选中图表区，此时在 Excel 的功能区中会新增加一个【图表工具】选项卡集。单击其中的【布局】选项卡【坐标轴】功能组中【坐标轴】按钮下小三角形，在弹出的菜单中选择【主要横坐标轴】→【其他主要横坐标轴选项】命令，如图3-98所示。在打开的【设置坐标轴格式】对话框中，单击左侧的【坐标轴选项】项目，然后将右侧的【最小值】、【最大值】项目都设置为【固定】，并在其后的输入框中分别输入“－15”、“10”，如图 3-99 所示。用同样的方法设置主要纵坐标轴。可将【最小值】和【最大值】分别设置为“－50”、“50”。这样，坐标轴就固定好了。

添加滚动条：现在为 C2 单元格数据指定一个滚动条，并用滚动条来调整 C2 单元格数据。单击左上角【自定义快速访问工具栏】右侧的小三角形按钮，在弹出的快捷菜单中选择【其他命令】命令。

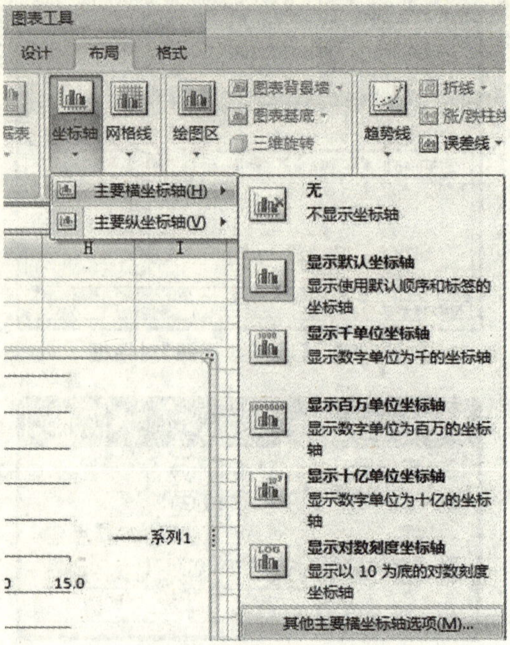

图 3-98　设置主要横坐标轴

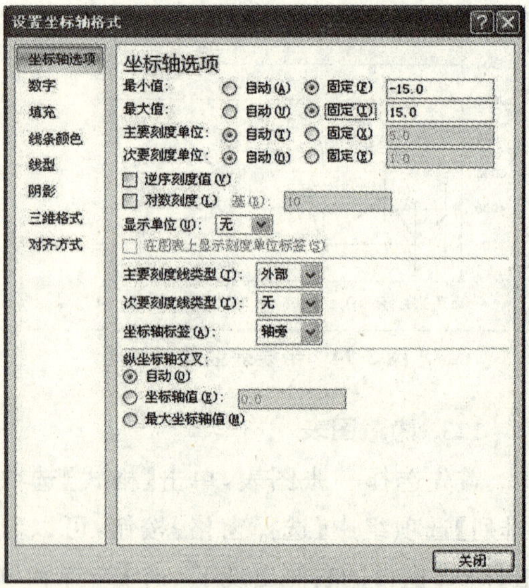

图 3-99　【设置坐标轴格式】对话框

在打开的【Excel 选项】对话框左侧列表中选择【自定义】项目，在中间【从下列位置选择命令】下拉列表中选择【不在功能区中的命令】，然后在下方的列表中选中【滚动条(窗体控件)】，单击【添加】按钮，将其添加到【自定义快速访问工具栏】中，单击【确定】按钮保存设置，如图 3-100 所示。

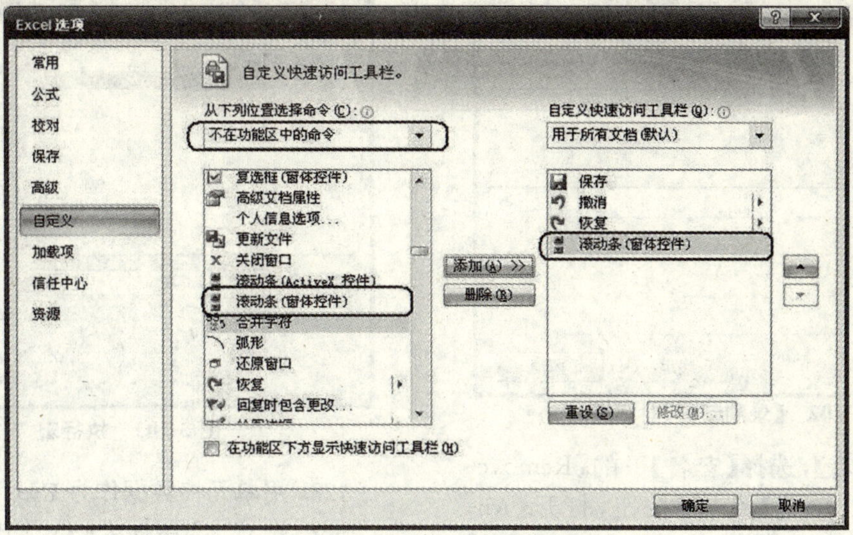

图 3-100 【Excel 选项】对话框

单击 Excel 工作簿左上角【自定义快速访问工具栏】上新添加的【滚动条】按钮，当鼠标指针变为十字形时，在工作表窗口中单击产生一个滚动条。在滚动条上单击鼠标右键，在弹出的快捷菜单中选择【设置对象格式】命令，打开【设置对象格式】对话框，如图 3-101 所示，单击【控制】选项卡，在【单元格链接】右侧的输入框中输入"C2"，指定其与 C2 单元格数据链接。还可以在这个选项卡中指定滚动条的最大值和最小值。同样的方法为 D2 单元格设置一个滚动条，并做好链接。做好后拖动滚动条，函数的图像就会发生相应的变化。可以由此来发现函数图像与参数之间的关系。

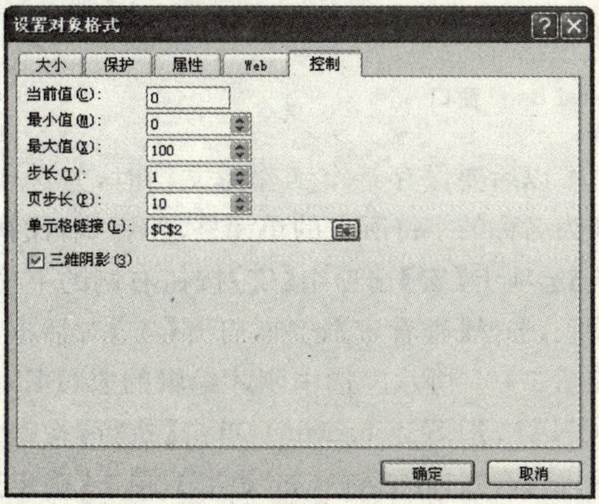

图 3-101 【设置对象格式】对话框

3.5 宏与 VBA

126. 定义自己的函数

用户在 Excel 中可以自定义函数，在 Excel 中按下"Alt+F11"组合键，进入 VBA 编辑状态，单击【插入】→【模块】插入一页新的模块表(Module)，在出现的空白程序窗口中键入自定义函数 VBA 程序，按"Enter"键确认后完成编写工作，Excel 将自动检查其正确性。此后，在同一工作簿内，用户就可以像使用 Excel 内部函数一样在工作表中使用自定义函数。

127. 在 Excel 中批量删除超链接

在 Excel 中，如果某列单元格中全部含有超链接，可以用手工删除超链接的方法，但必须一个个进行删除操作，在数量较多的情况下这种方法比较麻烦。

用户可以借助宏操作来实现超链接的批量删除。切换到【视图】选项卡，单击【宏】的下拉箭头，在弹出菜单中选择【录制宏】，打开【录制新宏】对话框，在【宏名】定义一个名称为:RemoveHyperlinks，如图 3-102 所示，点击【确定】退出。

再次单击【宏】的下拉箭头，在弹出菜单

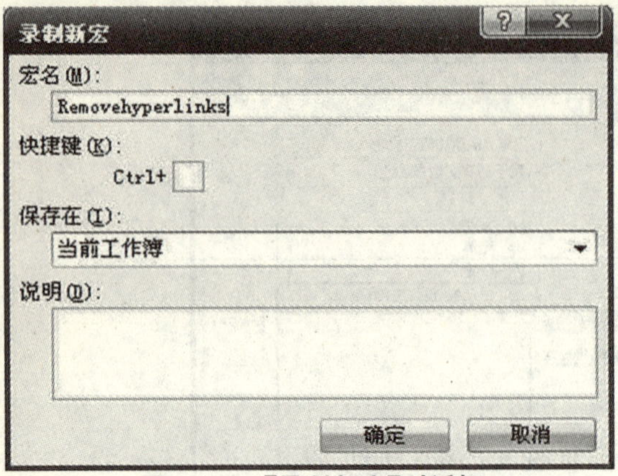

图 3-102 【录制新宏】对话框

中选择【查看宏】，选择【宏名】下的【RemoveHyperlinks】并单击【编辑】按钮，打开【Microsoft Visual Basic】编辑器，用如下内容替换右侧窗口中的所有代码。

```
Sub RemoveHyperlinks()
    ActiveSheet. Hyperlinks. Delete
End Sub
```

最后保存关闭 VBA 编辑器。在图 3-103 所示的窗口中，单击【执行】按钮即可。

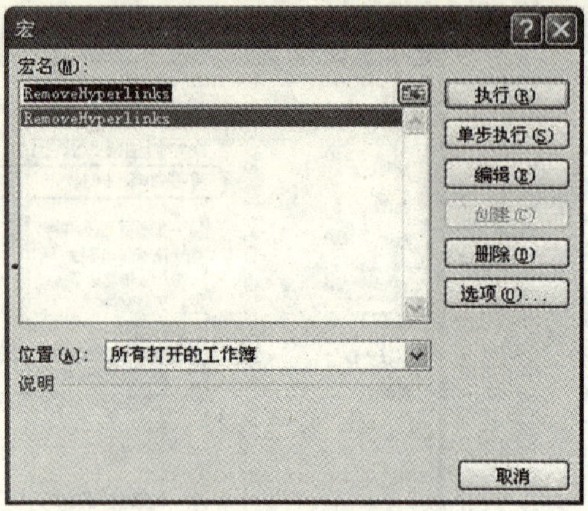

图 3-103 执行宏

128. 用单元格数据作为 Excel 工作簿名称

首先在 Excel 中按下“Alt+F11”组合键，进入 VBA 编辑状态，如图 3-104 所示，在左侧的【工程资源管理器】窗口中，选中【VBAProject(PERSONAL. XLSB)】选项，此项为个人宏工作簿，单击【插入】→【模块】命令，插入一个模块，默认名称为：“模块 1”，将下面代码输入到右侧的代码编辑窗口中。

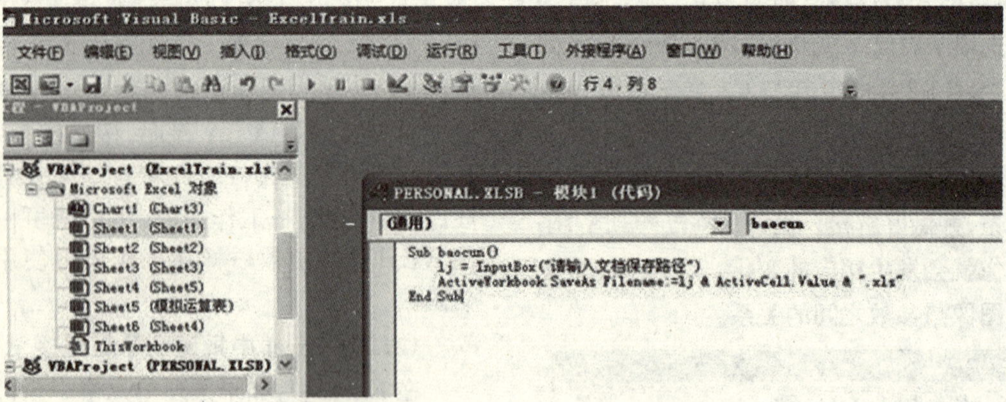

图 3-104 Microsoft Visual Basic 窗口

```
Sub baocun()
    lj=InputBox("请输入文档保存路径")
    ActiveWorkbook. SaveAsFilename:=lj &ActiveCell. Value &". xls"
End Sub
```

然后退出 VBA 编辑状态。

以后要保存某个工作簿文档时，先选中作为名称的字符所在的单元格，然后执行【视图】选项卡【宏】选项组【宏】按钮右侧的下拉箭头，选择【查看宏】选项，打开【宏】对话框，如图 3-105 所示。选中刚才编辑的宏(PERSONAL. XLSB! baocun)，单击【执行】按钮。输入保存文档的路径(如“d:\”)，单击【确定】

按钮，文档会以指定的单元格名称来保存。

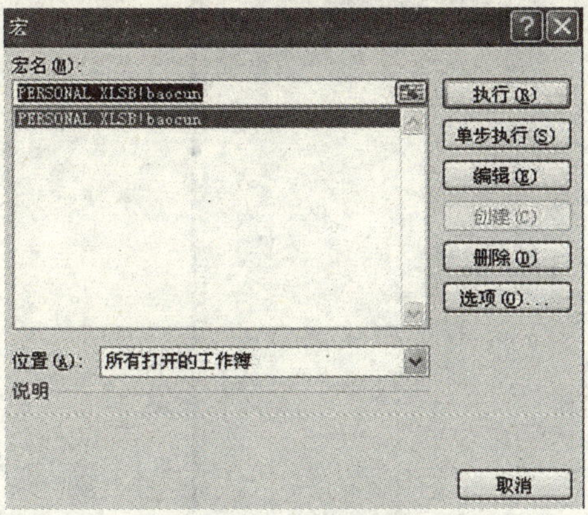

图 3-105　【宏】对话框

3.6　打印

129. 添加一个“双面打印”按钮

单击【视图】选项卡的【宏】选项组中【宏】按钮的下拉箭头，在弹出菜单中选择【录制宏】选项，打开【录制新宏】对话框，如图 3-106 所示，在【宏名】的文本框中输入宏名称，例如输入 smdy，单击【保存在】右侧的下拉按钮，在随后出现的下拉列表中，选择【个人宏工作簿】选项，单击【确定】进入宏录制状态。

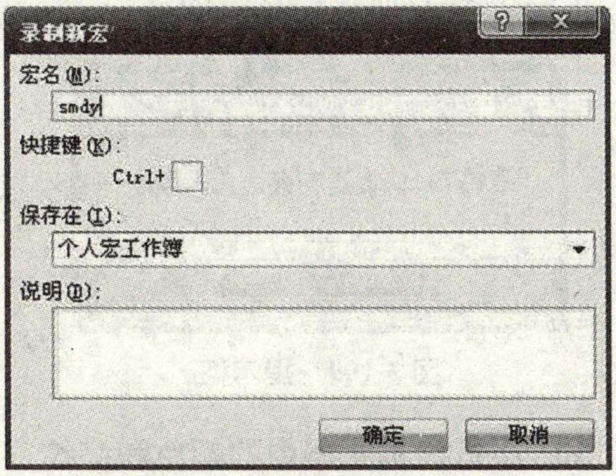

图 3-106　【录制新宏】对话框

先不进行任何操作，直接单击【视图】选项卡的【宏】选项组中【宏】按钮的下拉箭头，选择【宏】【停止录制】按钮，系统会自动生成一个隐藏的【个人宏工作簿】。特别提醒：以后需要在【个人宏工作簿】中编辑宏时，就不需要再进入此步操作了。

然后，编辑“双面打印”代码，按“Alt”+“F11”组合键，进入 VBA 编辑状态。在左侧【工程资源管理器】中，展开【VBAProject(PERSONAL.XLSB)】选项(这就是“个人宏工作簿”)，双击其中的“模块 1”，然后用下述代码替换右侧编辑区中的原有代码：

```
Sub smdy()
    On Error Resume Next
        x = ExecuteExcel4Macro ("get.document(50)")
    For i=1 To Int(x/2)+1
        ExecuteExcel4Macro "PRINT(2,"&2*i-1&","&2*i-1&",1,,,,,,,,2,,,TRUE,,FALSE)"
    Next i
    MsgBox"请将打印纸反向装入打印机中",vbOKOnly,"打印另一面"
    For j=1 To Int(x/2)+1
        ExecuteExcel4Macro"PRINT(2,"&2*j&","&2*j&",1,,,,,,,,2,,,TRUE,,FALSE)"
    Next j
End Sub
```

输入完成后，关闭 VBA 编辑窗口返回到 Excel 编辑状态。

下面开始添加一个双面打印按钮。其实，用户只要运行上面 smdy 宏，就可以实现双面打印效果了。这里为了操作方便，在【快速访问工具栏】上添加一个双面打印的按钮。

单击 Excel 窗口左上角的【Office】按钮，在随后出现的下拉菜单中，选择【自定义快速访问工具栏】选项，打开【Excel 选项】对话框，如图 3-107 所示，在左侧选择【自定义】选项，然后单击【从下列位置选择命令】右侧的下拉按钮。在随后出现的下拉列表中，选中【宏】选项，再选择刚才编辑的宏【PERSONAL.XLSB!smdy】，单击【添加】按钮将其添加到右侧的快速工具栏中。

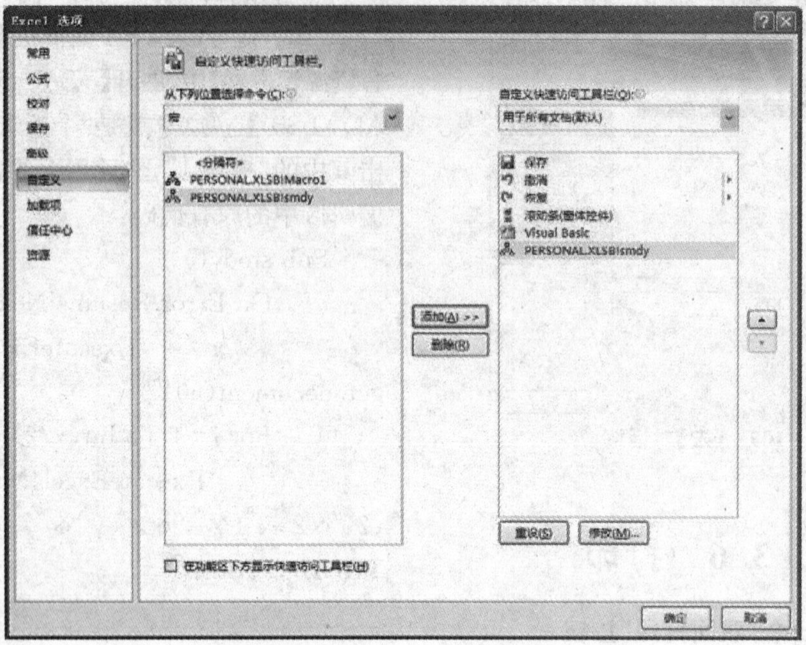

图 3-107 【Excel 选项】对话框

再单击其中【修改】按钮,打开【修改按钮】对话框,如图 3-108 所示,选中一个自己喜欢的图标,并在【显示名称】输入:双面打印,单击【确定】按钮返回到【Excel 选项】对话框中,再单击【确定】退出。

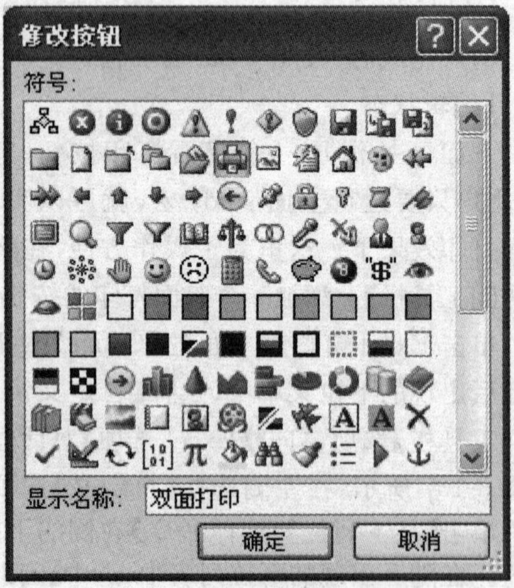

图 3-108 【修改按钮】对话框

这时在快速访问工具栏上就会多出一个按钮,打开要双面打印的文档,单击窗口上端快速访问工具栏上的【双面打印】按钮,系统即刻开始打印奇数页,打印完成后,弹出如图 3-109 所示的提示框。将刚才打印出来的文档纸张,依次反向装入打印机中,单击上图中的【确定】按钮,即可将偶数页打印到纸张的另一面上,实现双面打印之目的。

图 3-109 提示框

130. 不打印单元格中的颜色和底纹

单击工作簿左上角的【Office】按钮,选择【打印】→【打印预览】,在打印预览模式下,单击【打印预览】→【页面设置】按钮,弹出【页面设置】对话框,如图 3-110 所示,在【工作表】选项卡下,在【打印】栏内选择【单色打印】复选框,单击【确定】按钮保存设置。之后,打印出来的表格就不显示颜色和底纹了。

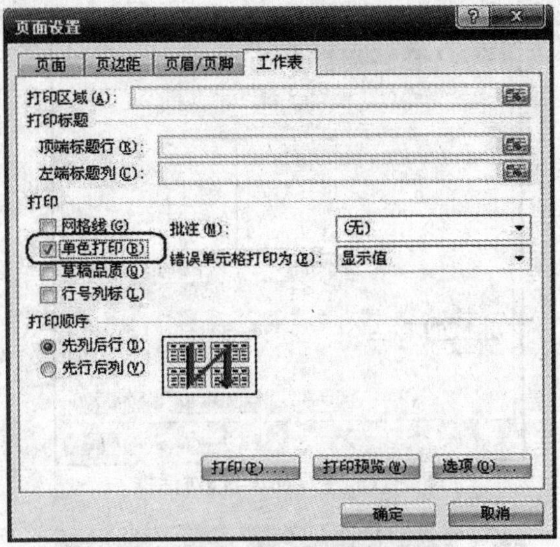

图 3-110　【页面设置】对话框

131. 只打印图表以外区域

当需要打印 Excel 图表时，可以直接选中图表，然后使用打印命令进行打印。如果不想打印图表，只想打印图表以外的其他区域，则可以选中这些区域，然后单击【Office】按钮，在下拉菜单中选择【打印】选项，打开【打印内容】对话框，如图3-111所示，在【打印内容】下面选中单选框【选定区域】，再单击【确定】进行打印。

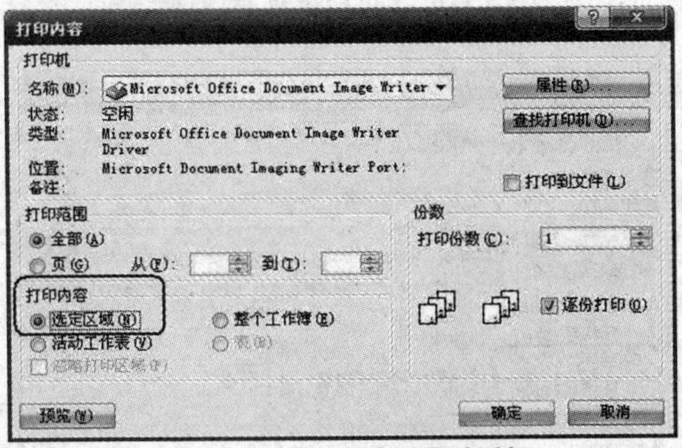

图 3-111　【打印内容】对话框

132. 一次打印多个工作表

要想一次打印多个工作表，可以在按住 Shift 或 Ctrl 键的同时，用鼠标在需要打印的工作表名称上单击，即可选中多个工作表(注：按住 Shift 键单击鼠标可以选择多个连续的工作表，按住 Ctrl 单击鼠标可以选择多个非连续的工作表)，单击 Excel 窗口左上角的【Office】按钮，在下拉菜单中单击【打印】选项的【打印】按钮，打开【打印内容】对话框，如图 3-112 所示，在【打印内容】对话框中，选中【打印内容】栏下的【整个工作簿】选项，再单击【确定】按钮，即可一次性将整个工作簿中所有工作表打印出来。

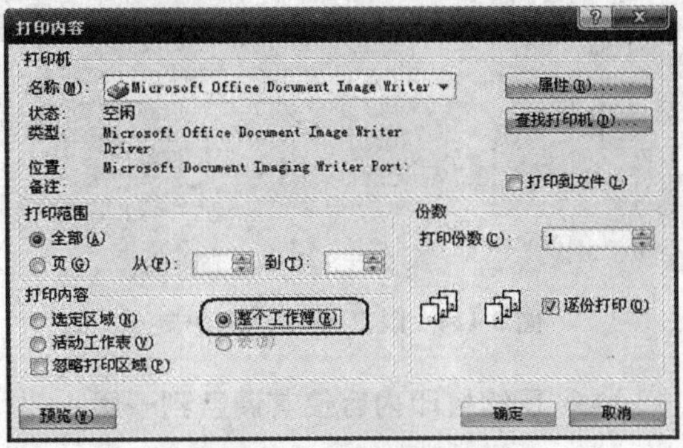

图 3-112　【打印内容】对话框

133. 将单元格的公式打印出来

有时，需要将单元格中的公式打印出来，而不是打印单元格的值，可以通过单击【公式】选项卡的【公式审核】选项组中的【显示公式】按钮，如图 3-113 所示，此时，工作表中含有公式的单元格将不显示公式的运算结果，而是显示出具体公式，执行打印操作，即可将公式打印出来。

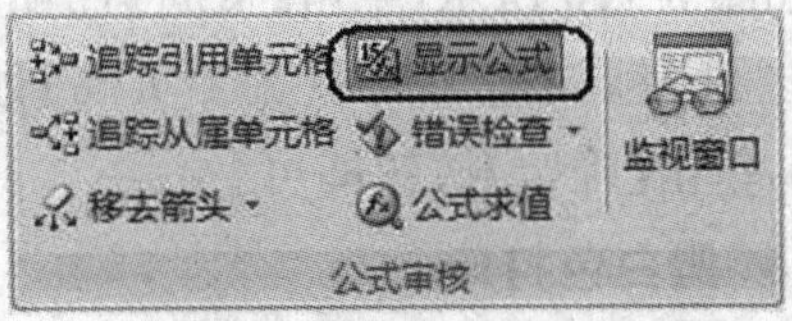

图 3-113　【公式审核】选项组

134. 使工作表居中打印

有时需要打印的数据不是很多，如果直接打印，这些内容有可能会集中在纸张顶端，看起来很不美观，但如果人工调整又非常麻烦。这时，只要单击 Excel 窗口左上角【Office】按钮，在下拉菜单中单击【打印】选项的【打印预览】按钮，出现【打印预览】选项卡，如图 3-114 所示，在该选项卡的【打印】选项组中单击【页面设置】按钮，打开【页面设置】对话框，如图 3-115 所示，单击【页边距】选项卡，如果希望工作表中的数据在左右页边距之间水平居中，只要在【居中方式】栏下勾选【水平】复选框即可；如果希望工作表中的数据在上下页边距之间垂直居中，只要勾选【垂直】复选框，这样就美观多了。

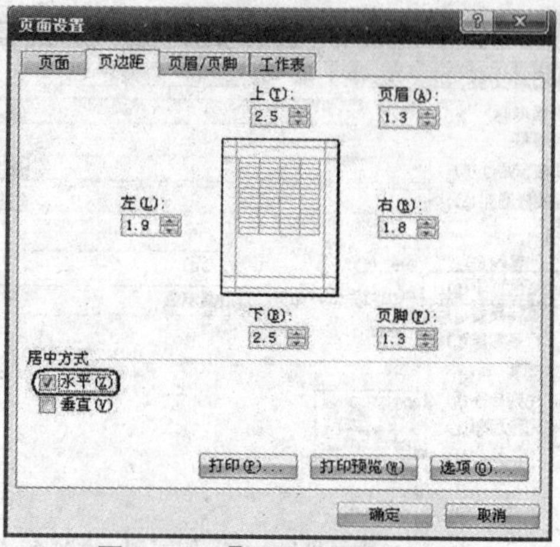

图 3-115 【页面设置】对话框

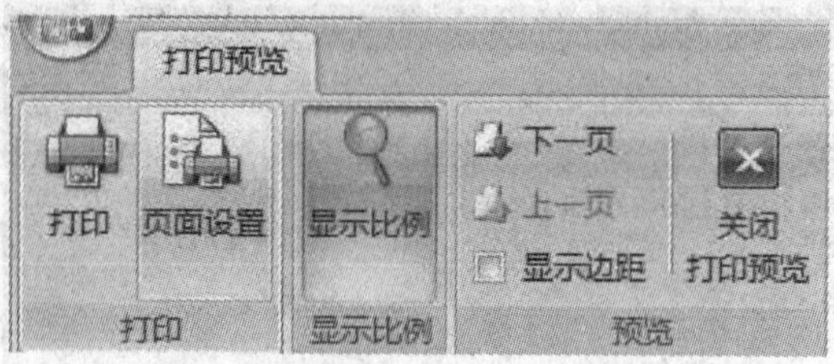

图 3-114 【打印预览】选项卡

135. 压缩打印内容使其调整到一页

如果要打印的表格内容超过一页，且第二页中的记录数只有几行，可将第二页中的内容打印到第一页上，这样既美观又节约了纸张。操作方法是将页面设置调整为"1 页宽 1 页高"就可以了。单击 Excel 窗口左上角的【Office】按钮，在下拉菜单中单击【打印】选项的【打印预览】按钮，出现【打印预览】选项卡，如图 3-114 所示，在该选项卡的【打印】选项组中单击【页面设置】按钮，打开【页面设置】对话框，如图 3-116 所示，单击【页面】选项卡，在【缩放】栏下使【调整为:1 页宽 1 页高】处于选中状态，单击【确定】按钮即可。

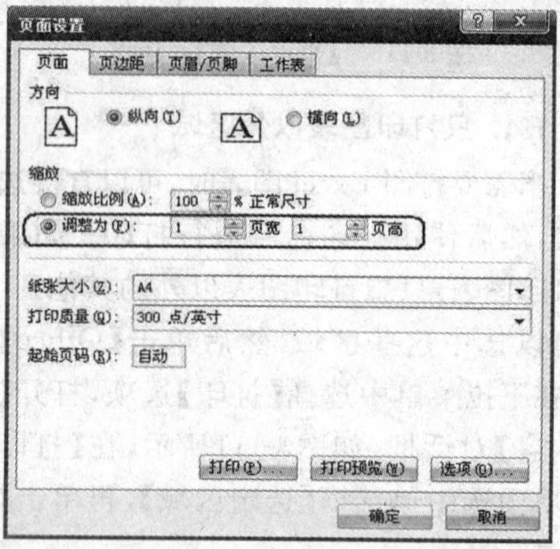

图 3-116 【页面设置】对话框

136. 黑白色打印

当打印机并非彩色打印机时，更需要简单的黑白色打印。其实完成这个任务很简单。单击 Excel 窗口左上角的【Office】按钮，在下拉菜单中单击【打印】选项的【打印预览】按钮，出现【打印预览】选项卡，在该选项卡的【打印】选项组中单击【页面设置】按钮，打开【页面设置】对话框，如图3-117所示，单击【工作表】选项卡，在【打印】栏下，勾选【单色打印】前面的复选框即可。

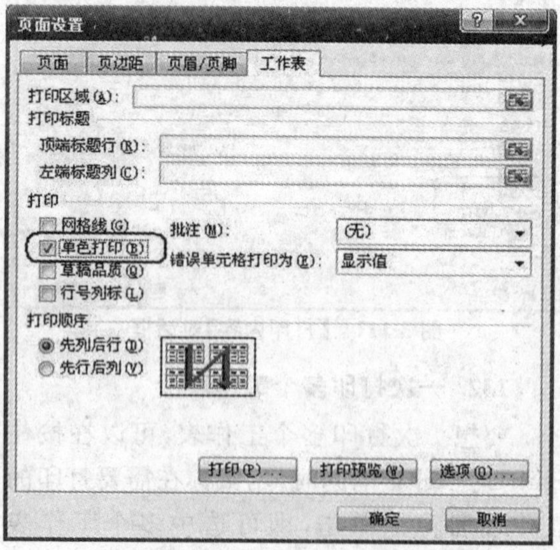

图 3-117 【页面设置】对话框

第 4 章

PowerPoint 2007 使用技巧

4.1 创建和打开演示文稿

1. 利用模板新建一个演示文稿

首先启动 PowerPoint，然后单击 PowerPoint 窗口左上角的【Office】按钮，弹出如图 4-1所示的下拉列表，单击列表中【新建】命令。

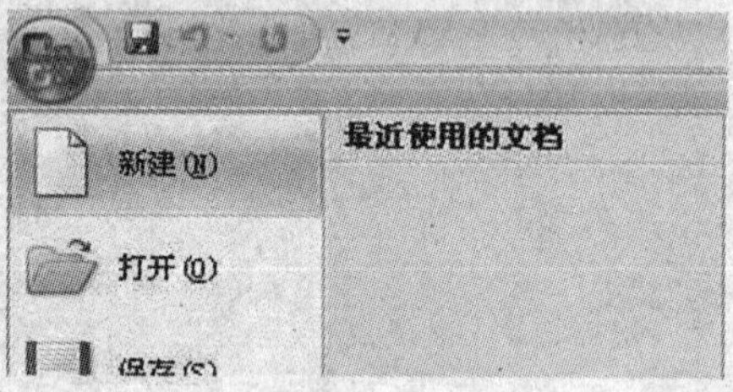

图 4-1 【新建】命令

打开如图 4-2 所示的【新建演示文稿】对话框。在【新建演示文稿】对话框中，单击左侧【模板】栏中的【已安装的模板】，然后在对话框中部【已安装的模板】栏中选中一个合适的模板，在对话框右侧即显示该模板的效果图。单击对话框右下方的【创建】按钮，就利用选中的模板新建了一个演示文稿，如图 4-3 所示。

2. 利用 Microsoft Office 在线模板新建一个演示文稿

Microsoft Office 在线提供了很多模板，可以利用这些模板快速新建一个演示文稿。

图 4-2 【新建演示文稿】对话框

图 4-3 利用模板新建的演示文稿

首先启动 PowerPoint，依次单击 PowerPoint 窗口左上角的【Office】按钮→【新建】命令，打开如图 4-4 所示的【新建演示文稿】对话框。在【新建演示文稿】对话框中，单击左侧【Microsoft Office Online】栏中的一项，例如【内容幻灯片】，则在对话框中部和右部显示模板列表和效果图。在对话框中部【内容幻灯片】栏中选中一个合适的模板，在对话框右侧即显示该模板的效果图。

Microsoft Office 在线模板只提供给正版用户使用，单击对话框右下方的【下载】按钮，会弹出【Microsoft Office 正版增值】对话框，单击【继续】按钮，验证通过后就可以利用这个模板新建一个演示文稿。

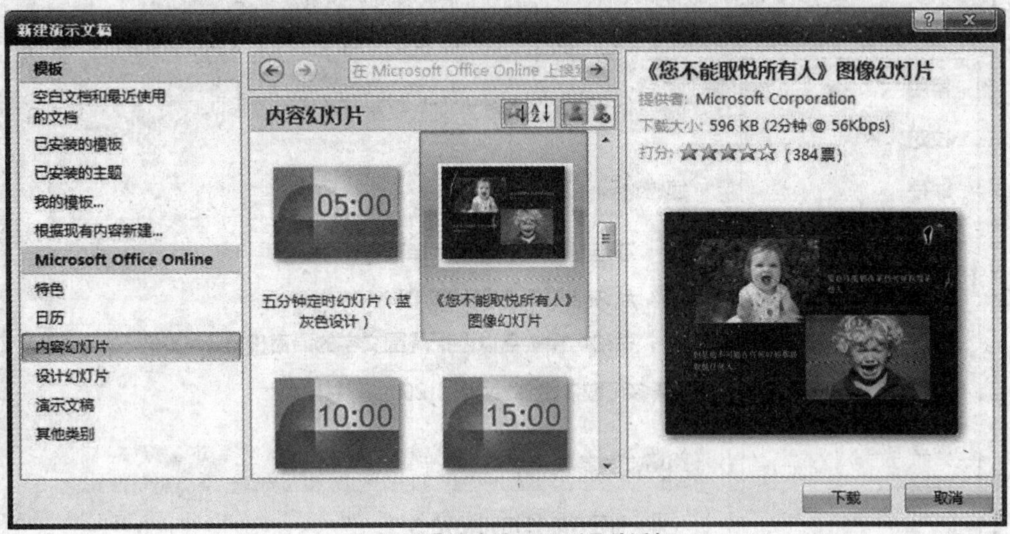

图 4-4 【新建演示文稿】对话框

3. 以灰度模式查看演示文稿

单击 PowerPoint 窗口上部功能区中的【视图】选项卡，可以看到【颜色/灰度】选项组，如图4-5 所示。单击该选项组中的【灰度】按钮，即可切换到灰度模式，同时窗口上部功能区中显示【灰度】选项卡，如图 4-6 所示。

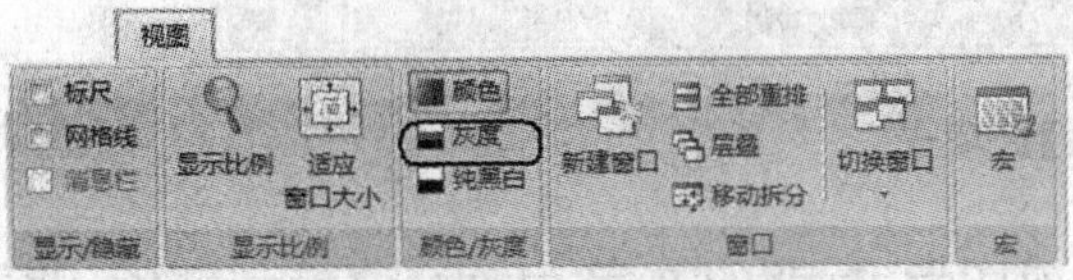

图 4-5 【视图】选项卡

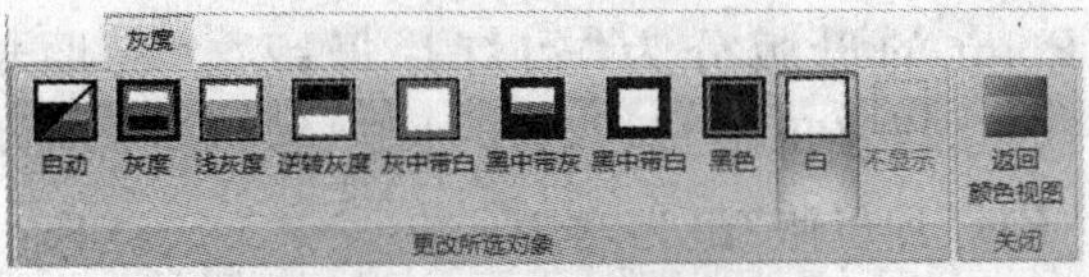

图 4-6 【灰度】选项卡

利用【灰度】选项卡中【更改所选对象】组中的按钮，可以对灰度的显示方式进行进一步的设置，PowerPoint 提供的灰度模式包括：自动、灰度、浅灰度、逆转灰度、灰中带白、黑中带灰、黑中带白、黑色、白色等。

4. 增加撤消操作次数

Windows 中的“撤消”(Undo)功能确实为用户带来了很多的方便。但默认情况下，PowerPoint 的撤消操作次数最多只有 20 次。用户也可根据需要自行定义可撤消的次数。

单击 PowerPoint 窗口左上方的【Office】按钮，单击下拉列表中右下方的【PowerPoint 选项】按钮，打开【PowerPoint 选项】对话框，如图 4-7 所示。在【PowerPoint 选项】对话框中，单击左侧的【高级】，然后在右侧的【编辑选项】栏中将【最多可取消操作数】项后面的数字设置为一个适当的次数，单击【确定】按钮关闭对话框。要注意的是，如果设置的次数太多，会影响计算机的性能。另外，PowerPoint 撤消操作次数的上限为 150 次。

5. 切换视图方式

PowerPoint 提供了多种视图方式，如普通视图、大纲视图、幻灯片视图、幻灯片浏览视图、幻灯片放映视图、备注页视图等。下面介绍切换这些视图的方法。

在缺省状态下，PowerPoint 使用的是普通视图和幻灯片视图。单击 PowerPoint 窗口上部功能区中的【视图】选项卡，如图 4-8 所示。在该选项卡上可以看到【演示文稿视图】选项组，选项组中有各种视图方式的切换按钮。单击该选项组中的相应按钮，即可切换到该视图方式。

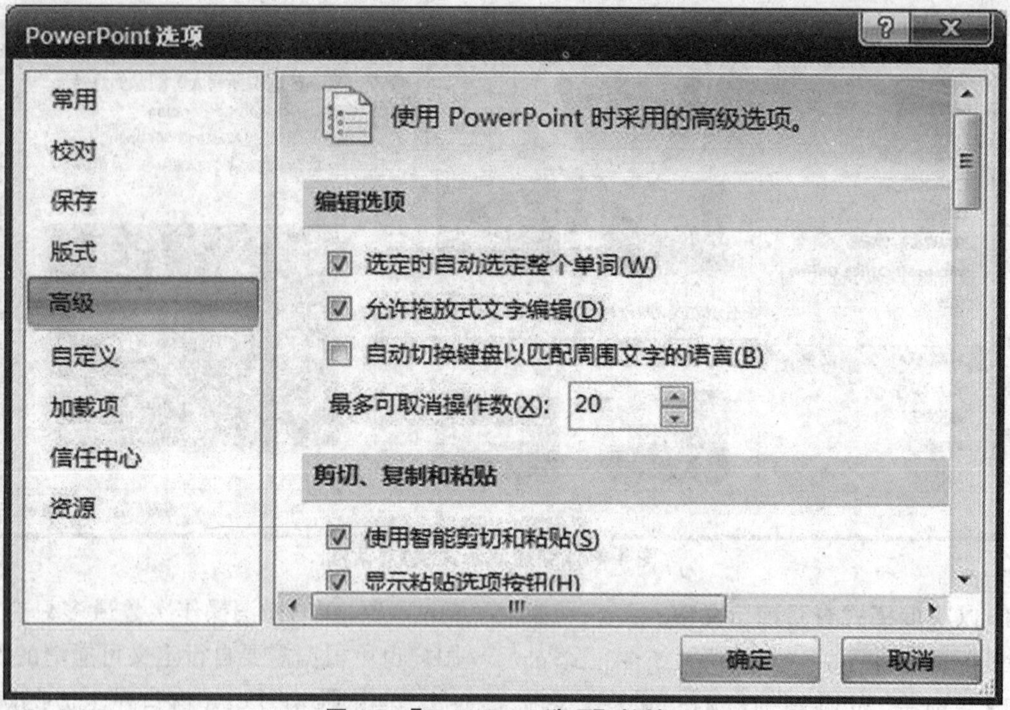

图 4-7 【PowerPoint 选项】对话框

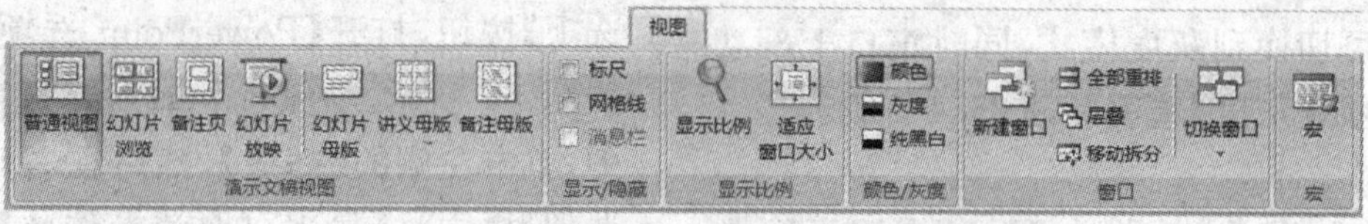

图 4-8 【视图】选项卡

4.2 定义母版和版式

6. 定义幻灯片的母版

通常在制作一份演示文稿的时候，不是只有一张幻灯片，大多数的情况都会有许多张幻灯片串连起来描述一个主题。如果希望在每张幻灯片上显示一部分相同的内容或呈现相同的风格，如公司的 Logo、使用的标题文字等级大小、颜色和字体等，使用手动插入或调整格式的方法显然太繁琐。可以通过母版的定义来解决这一问题。

在 PowerPoint 中提供“母版”的设计，可以在其中设定同一演示文稿中所有幻灯片使用的格式，如每张幻灯片中都要出现的文字或图形，标题的文字、大小、位置和颜色，背景的颜色等，各种文字、背景的属性等。PowerPoint 的母版分为“幻灯片母版”、“标题母版”、“讲义母版”和“备注母版”等四种。其中“幻灯片母版”最为常用。

启动 PowerPoint 之后，单击 PowerPoint 窗口上部功能区中的【视图】选项卡，可以看到【演示文稿视图】选项组，如图 4-8 所示。单击其中的【幻灯片母版】按钮，进入幻灯片母版的编辑模式，同时窗口上部功能区中显示【幻灯片母版】选项卡，如图 4-9 所示。

单击【幻灯片母版】选项卡中【编辑母版】组中的【插入幻灯片母版】按钮，可以快速的在演示文稿中添加一个幻灯片母版。单击【幻灯片母版】选项卡中【编辑母版】组中的【插

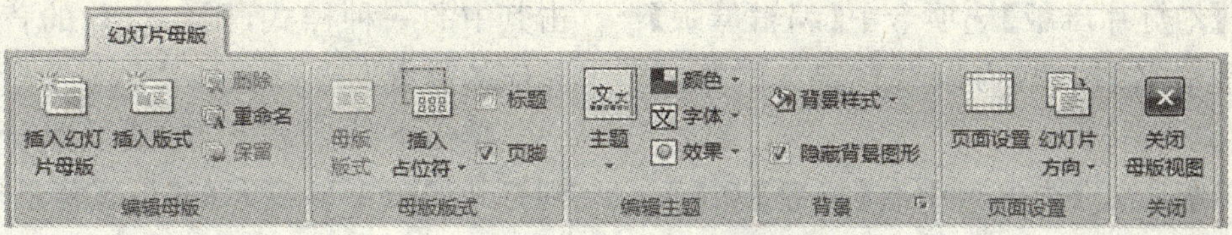

图 4-9　【幻灯片母版】选项卡

入版式】按钮，可以快速的在幻灯片母版中添加一个自定义版式。

对每一个幻灯片母版，都可以对其中的占位符进行编辑修改，可以插入新的占位符，更改主题颜色、主题字体、主题效果、背景样式、幻灯片方向等。

修改完毕后，单击【幻灯片母版】选项卡中【关闭】组中的【关闭母版视图】按钮，返回到 PowerPoint 的幻灯片编辑窗口中。之后新增加的任何幻灯片的风格都会与母版设置的相同。

7. 自定义幻灯片的版式

旧版本的 PowerPoint 所提供的幻灯片版式是不允许用户自行定义的，PowerPoint 2007 则可以让用户随心所欲地自定义专用的幻灯片版式。若要添加新的自定义幻灯片版式，必须先切换到幻灯片母版视图，添加一个新的幻灯片版式后，附加所需要的对象，然后另存为模板文件即可。

首先，单击功能区中的【视图】选项卡，然后单击【演示文稿视图】选项组中的【幻灯片母版】按钮，进入幻灯片母版视图。进入幻灯片母版视图后，在窗口左侧的窗格中即可看到默认的幻灯片母版与版式的缩略图，如图 4-10所示。单击所要添加版式的缩略图，然后单击【幻灯片母版】选项卡中【编辑母版】选项组中的【插入版式】按钮，如图 4-9 所示，即可在幻灯片母版视图中添加一张新幻灯片。

添加一张新幻灯片后，即可在此幻灯片上设置所要添加的各种组件，快速产生一个自定义的幻灯片版式。单击【幻灯片母版】选项卡中【母版版式】选项组中的【插入占位符】按钮，打开如图 4-11 所示的下拉列表，根据需要选中其中的一个选项，这时鼠标指针变为“十”形状，拖动鼠标左键在幻灯片母版中定义一个矩形区域，就可以快速插入一个相应类型的占位符。也可以单击【母版版式】选项组中的【插入文本占位符】按钮，再用上述方法直接在母版中插入一个文本占位符。

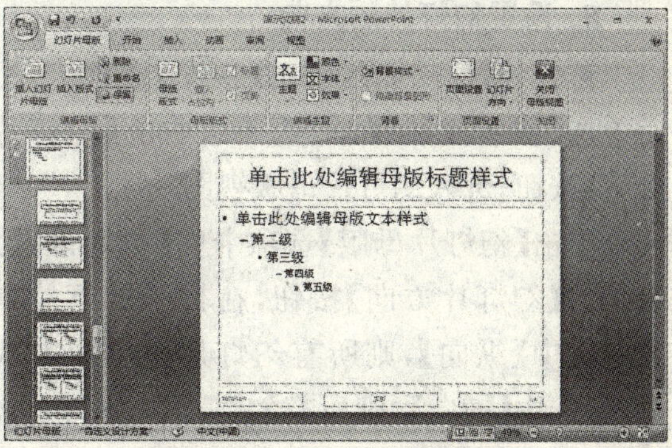

图 4-10　幻灯片母版视图

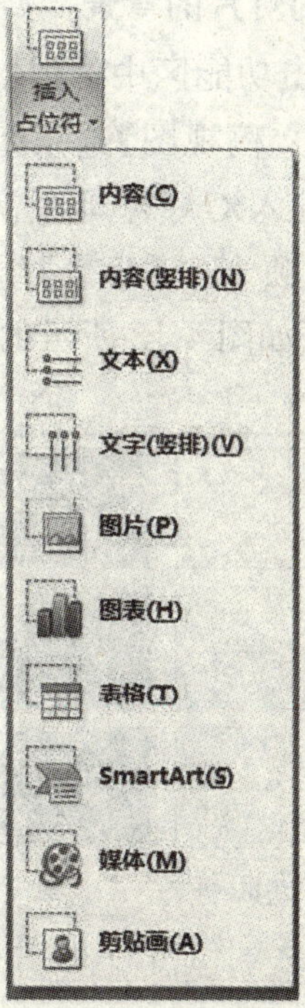

图 4-11　【插入占位符】下拉列表

单击【幻灯片母版】选项卡中【编辑母版】组中的【重命名】按钮，可以对自定义的版式重新命名。

在【母版版式】选项组中有【标题】和【页脚】两个复选框选项，可以根据需要选择是否在幻灯片版式上显示或去除幻灯片标题文字，页脚中的日期、页码等信息。

最后，将其另存为 PowerPoint 模板(.potx)就完成了版式的定义。以后只要使用该演示文稿模板创建新幻灯片，便可以套用自定义的幻灯片版式了。

8. 设置幻灯片的方向

首先，激活功能区中的【视图】选项卡，然后单击【演示文稿视图】选项组中的【幻灯片母版】按钮，进入幻灯片母版视图。

单击【幻灯片母版】选项卡中【页面设置】组中的【幻灯片方向】按钮，在打开的下拉列表中选中【纵向】，则所有幻灯片以纵向方式显示，选中【横向】，则所有幻灯片以横向方式显示。

9. 设置幻灯片的背景

首先，单击功能区中的【视图】选项卡，然后单击【演示文稿视图】选项组中的【幻灯片母版】按钮，进入幻灯片母版视图。单击【幻灯片母版】选项卡中【背景】组中的【背景样式】按钮，打开如图 4-12 所示的下拉列表。单击其中的一种样式，则幻灯片的背景就作出相应的设置。

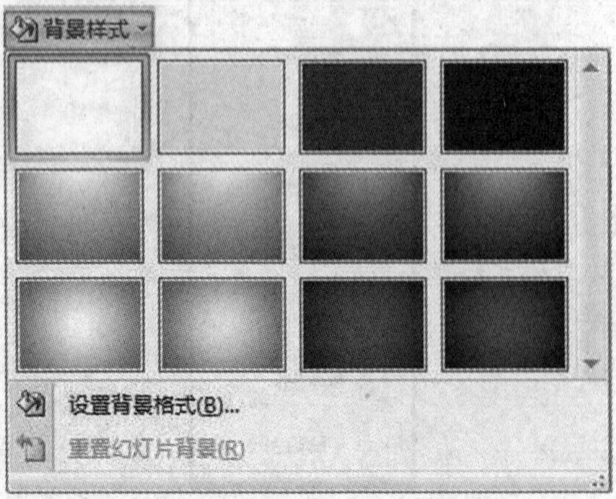

图 4-12 【背景样式】下拉列表

单击下拉列表下方的【设置背景格式】，则打开如图 4-13 所示的【设置背景格式】对话框。在该对话框中，可以对幻灯片的背景进行更加个性化的设置。

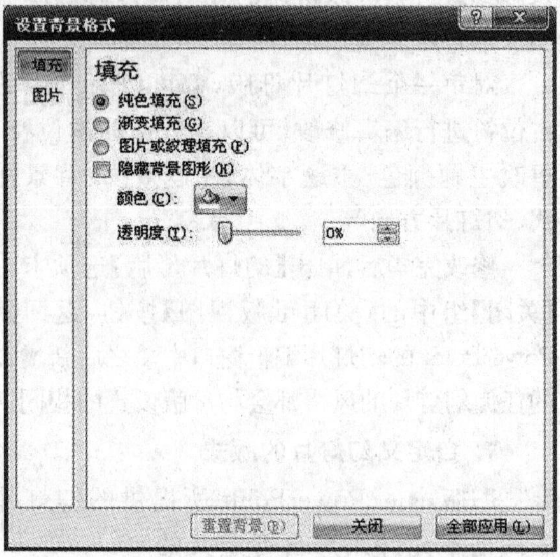

图 4-13 【设置背景格式】对话框

单击【设置背景格式】对话框中的【纯色填充】项，则可将幻灯片的背景设置为单一的颜色。单击其中的【颜色】按钮，则弹出如图 4-14所示的下拉列表，在列表中可以选择一种背景颜色。用鼠标左键拉动如图 4-13 所示的【设置背景格式】对话框中的【透明度】项的滑动条，或直接修改其后的百分比数值，可以设置背景色的填充透明度。

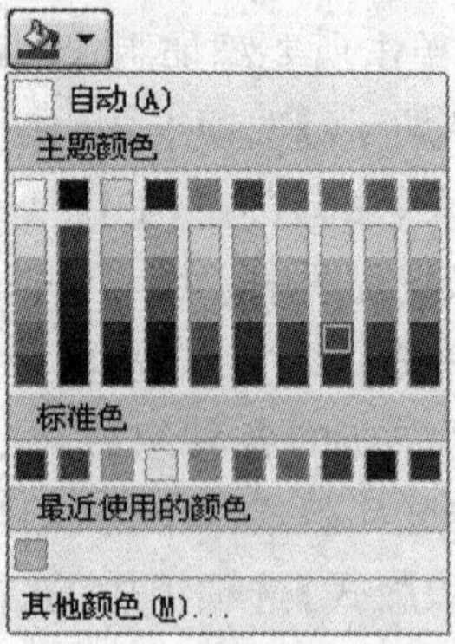

图 4-14 【颜色】下拉列表

单击【设置背景格式】对话框中的【渐变填充】单选项，如图 4-15 所示，则可将幻灯片的背景设置成多种颜色的渐变效果。利用该对话框可以调整渐变的颜色、类型、方向、角度、光圈、结束位置、透明度等参数。

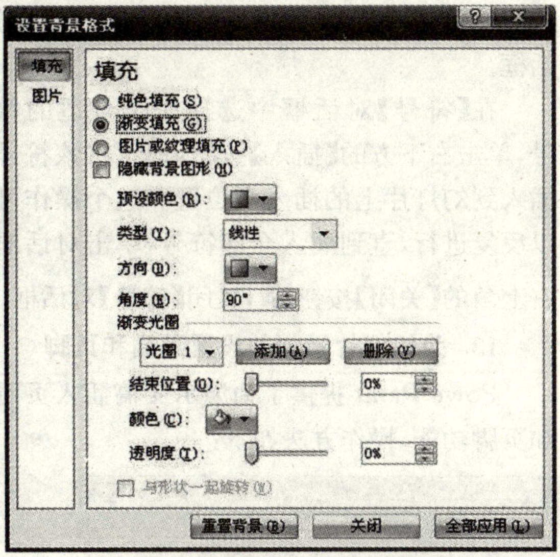

图 4-15 渐变填充的选项

单击【设置背景格式】对话框中的【图片或纹理填充】单选项，则可将幻灯片的背景设置成图片或纹理填充的效果。

10. 忽略幻灯片母版背景图形

方法一：首先，激活功能区中的【视图】选项卡，然后单击【演示文稿视图】选项组中的【幻灯片母版】按钮，进入幻灯片母版视图。单击【幻灯片母版】选项卡中【背景】组中的【隐藏背景图形】复选框，使其处于选中状态。

方法二：在幻灯片编辑模式下，在幻灯片的背景处单击鼠标右键，弹出如图 4-16 所示的快捷菜单，选择【设置背景格式】命令，打开【设置背景格式】对话框，单击其中的【隐藏背景图形】复选框，使其处于选中状态。这样幻灯片母版中的背景图形就不会出现在幻灯片中了。

11. 设置幻灯片母版的主题

首先，单击功能区中的【视图】选项卡，然后单击【演示文稿视图】选项组中的【幻灯片

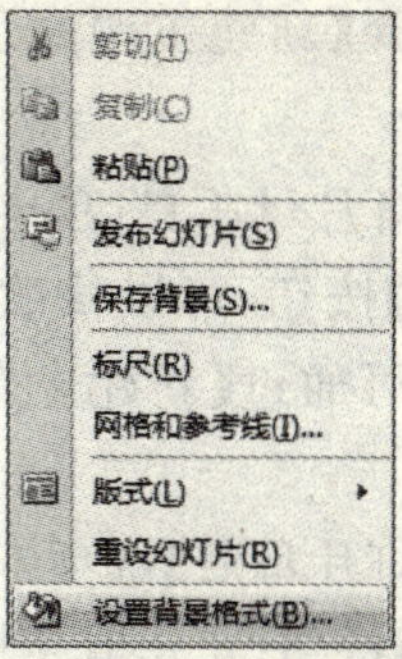

图 4-16 【幻灯片背景】快捷菜单

母版】按钮，进入幻灯片母版视图。单击【幻灯片母版】选项卡【编辑主题】组中的【主题】按钮，如图 4-17 所示，弹出如图 4-18 所示的下拉列表。单击其中的一种样式，则幻灯片的主题效果就作出相应的设置。

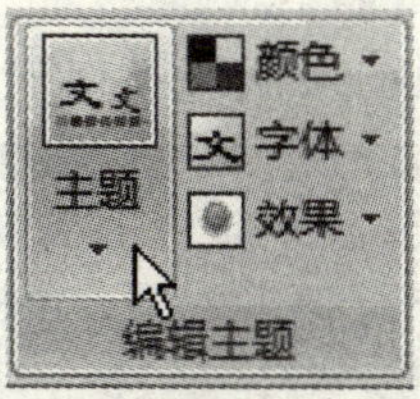

图 4-17 【编辑主题】组中的按钮

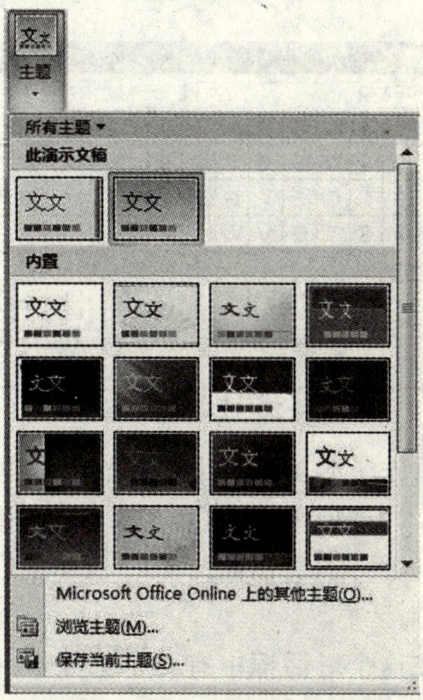

图 4-18 【主题】下拉列表

单击【幻灯片母版】选项卡中【编辑主题】组中的【颜色】按钮，可以修改幻灯片的主题

颜色，也可选择【新建主题颜色】选项自定义主题颜色。

单击【幻灯片母版】选项卡中【编辑主题】组中的【字体】按钮，可以修改幻灯片的主题字体，同样也可通过【新建主题字体】自定义主题字体。

单击【幻灯片母版】选项卡中【编辑主题】组中的【效果】按钮，单击其中的一种样式，则可以修改幻灯片的主题效果。

4.3 编辑幻灯片中的文本和公式

12. 在幻灯片中插入符号

在制作演示文稿的过程中，经常需要输入一些特殊的符号，这个操作可以利用 PowerPoint 的插入符号功能完成。

首先，利用鼠标将插入点定位到插入符号的位置，然后单击功能区中的【插入】选项卡，如图4-19所示。单击【文本】选项组中的【符号】按钮，弹出如图 4-20 所示的【符号】对话框。

在【符号】对话框中选择一个合适的符号，单击右下方的【插入】按钮，即可将该符号插入到幻灯片上的插入点位置。这个操作可以反复进行，直到插入全部符号，单击对话框右上角的【关闭】按钮☒，关闭【符号】对话框。

13. 为幻灯片添加并设置页眉和页脚

PowerPoint 提供了为演示文稿插入页眉和页脚功能，操作方法如下：

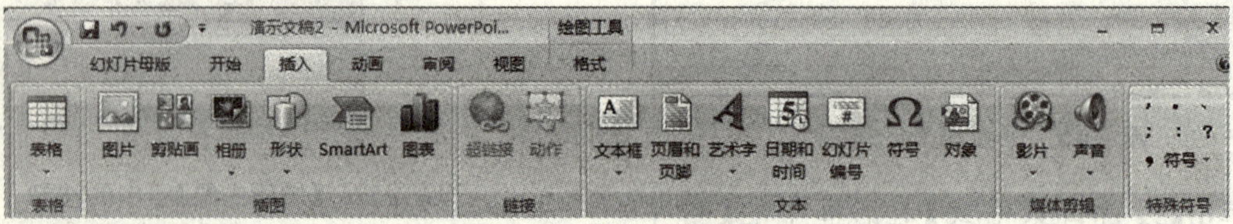

图 4-19 【插入】选项卡

图 4-20 【符号】对话框

首先激活功能区中的【插入】选项卡，单击【文本】选项组中的【页眉和页脚】按钮，如图 4-19 所示。弹出如图 4-21 所示的【页眉和页脚】对话框。

在这个对话框中有两个选项卡，一个是【幻灯片】选项卡，另一个是【备注和讲义】选项卡。在【幻灯片】选项卡勾选【页脚】复选框，就能在下方的文本框中自行设置页

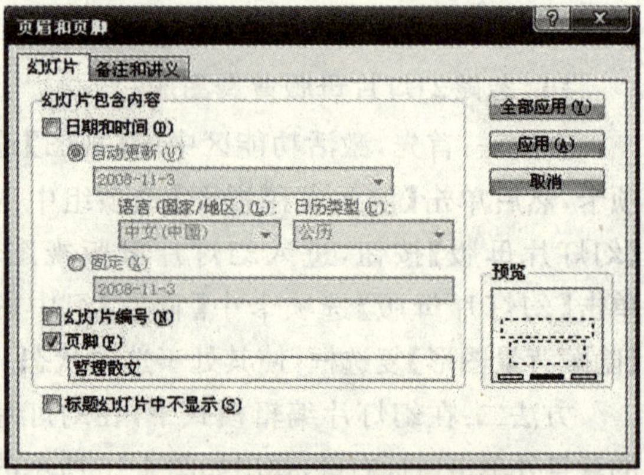

图 4-21 【页眉和页脚】对话框

脚内容。另外，在【页脚】复选框的下方还有一个【标题幻灯片中不显示】复选框，如果选中它，那么在标题幻灯片中将不会显示页眉和页脚。而如果不选中这个复选框，则在所有幻灯片中都将显示页眉和页脚。

14. 自动更新幻灯片日期和时间

如果插到页眉与页脚中的日期不能随使用日期的变化而变化，则可以通过下面的技巧，把日期或时间插到页眉与页脚中，并且使之能自动更新。

首先激活功能区中的【插入】选项卡，单击【文本】选项组中的【页眉和页脚】按钮，打开如图 4-21 所示的【页眉和页脚】对话框。

在【页眉和页脚】对话框中【幻灯片】选项卡的【幻灯片包含内容】栏中可以看到一个【日期和时间】复选框，如果这个复选框被取消，那么其下的两个单选框将不能够被激活。把它选中，则可以选中【自动更新】单选框，然后在其下方的下拉列表中选择一种合适的时间格式，以后每次打开文件，系统就会自动更新幻灯片页眉上的日期与时间。

15. 设置文字中的超链接

在 PowerPoint 中，可以对文字做一些超链接，从而建立很实用的跳转目录。

首先在幻灯片中选中要设置超链接的文本，单击鼠标右键，弹出如图 4-22 所示的快捷菜单。单击菜单中的【超链接】命令，打开【插入超链接】对话框，如图 4-23 所示。若想要跳转到本文件中的其他页面，则单击左侧【本文档中的位置】，在右侧的下拉列表中就可以选择所要跳转到的页面。若想要跳转到其他文件或网页，则单击左侧【原有文件或网页】，然后在右侧的下拉列表中选择所要跳转到的文件或网页，如图 4-24 所示。

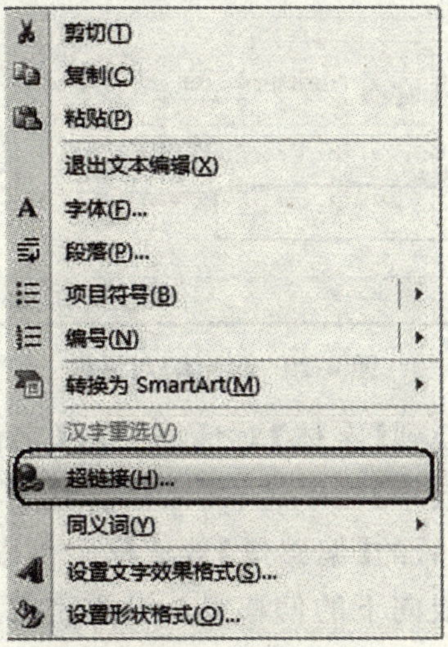

图 4-22 快捷菜单

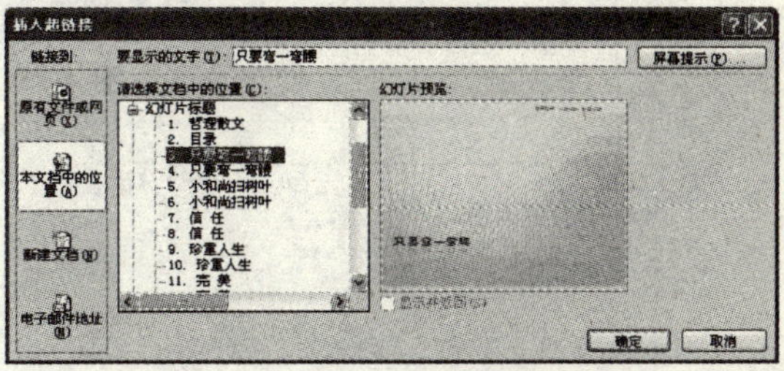

图 4-23 【插入超链接】对话框

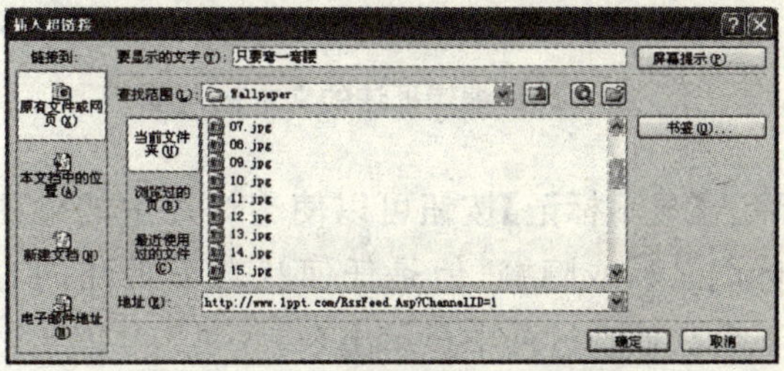

图 4-24 跳转到其他文件或网页

16. 在演示文稿中插入批注

审查他人的演示文稿时，可以利用批注功能提出自己的修改意见。批注内容并不会在放映过程中显示出来。以下介绍向 PowerPoint 演示文稿中插入批注的方法。

首先，选中需要插入批注的幻灯片，然后单击功能区中的【审阅】选项卡，如图 4-25 所示。单击【批注】选项组中的【新建批注】按钮，打开如图 4-26 所示的文本输入框，进入批注编辑状态，在该文本框中键入批注的内容。输入完毕后，在文本框外任意处单击鼠标左键，就会关闭文本框，退出批注编辑状态，在幻灯片上可以看到一个批注标记。

当使用者将鼠标指向批注标记时，批注内容即刻显示了出来，双击批注标记，可以再次进入批注编辑状态，对批注进行相应的编辑处理。当幻灯片中有批注时，【批注】选项组中的各按钮都将变为可用状态，利用该选项组中的按钮可完成对批注的新建、编辑和删

图 4-25 【审阅】选项卡

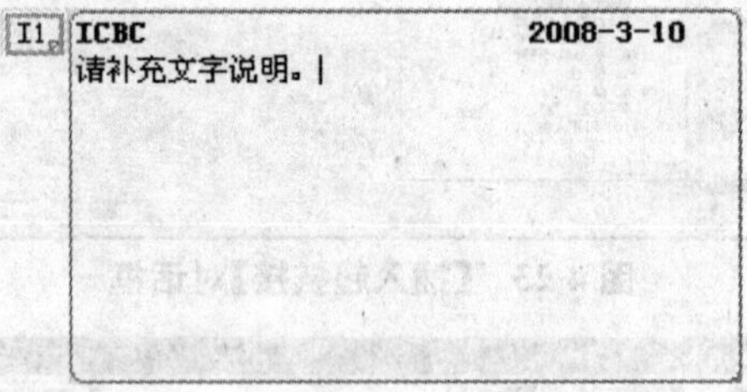

图 4-26 编辑批注的文本输入框

除。【显示标记】按钮可以使幻灯片中的批注标记显示或隐藏，但是任何状态下批注内容不会在放映过程中显示出来。

17. 快速替换演示文稿中的字体

打开需要替换字体的幻灯片，激活功能区中的【开始】选项卡，单击【编辑】选项组中的【替换】右侧的下拉按钮，弹出如图 4-27 所示的下拉菜单。单击【替换】下拉菜单中的【替换字体】命令，打开如图 4-28 所示的【替换字体】对话框。其中，【替换】下拉列表中列出的是演示文稿中使用的全部字体，【替换为】下拉列表中列出的是可以使用的全部字体。在【替换】下拉列表中选中要替换的字体，在【替换为】下拉列表中选中将要替换为的字体，单击【替换】按钮，替换字体的操作即完成。

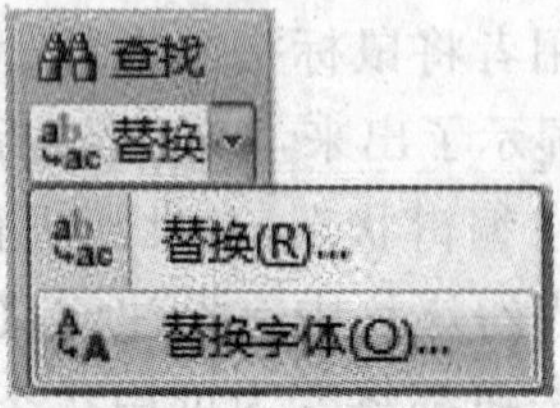

图 4-27 【替换】下拉菜单

图 4-28 【替换字体】对话框

18. 设置字符的上标或下标效果

将字符设置为上标或下标效果是制作幻灯片时经常用到的操作。首先用鼠标选中需要设置为上标或下标效果的文本，单击功能区中的【开始】选项卡，单击【字体】选项组右下方的【字体对话框启动器】按钮，打开如图 4-29 所示的【字体】对话框。

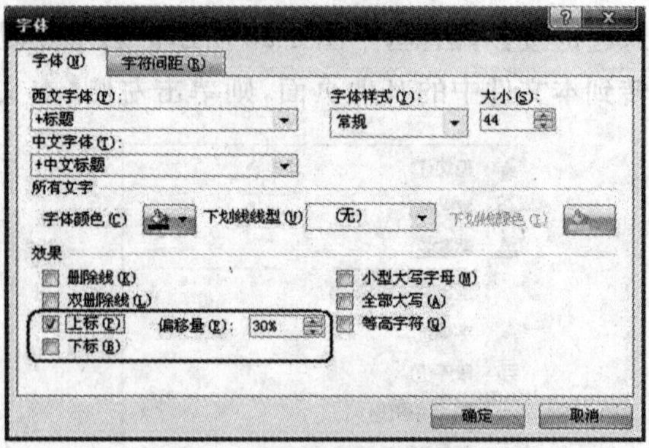

图 4-29 【字体】对话框

切换到【字体】对话框中的【字体】选项卡，在【效果】栏中选中【上标】或【下标】复选框，在其后的【偏移量】数值框中可以设置文字向上或向下的偏移量。设置完成后，单击【确定】按钮。

技巧

用户可使用快捷键完成上标或下标效果的设置。首先用鼠标选中需要设置为上标或下标效果的文本，按下组合键“Ctrl＋Shift＋＋”，可将选中的文本设置为上标效果；按下组合键“Ctrl＋＝”，可将选中的文本设置为下标效果。

19. 调整字符间距

首先用鼠标选中需要调整字符间距的文本，单击功能区中的【开始】选项卡，单击【字体】选项组中的【字符间距】按钮，如图 4-30 所示，打开如图 4-31 所示的下拉菜单。在下拉菜单中可以选择合适的字符间距类别，还可以选择【其他间距】命令打开【字体】对话框，利用其中的【字符间距】选项卡进行更自由的设置。

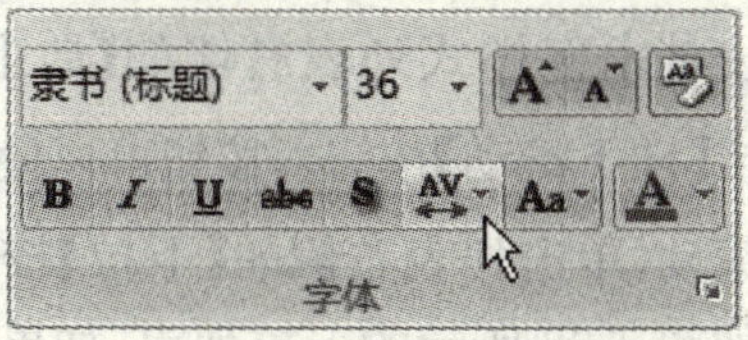

图 4-30 【字体】选项组中的【字符间距】按钮

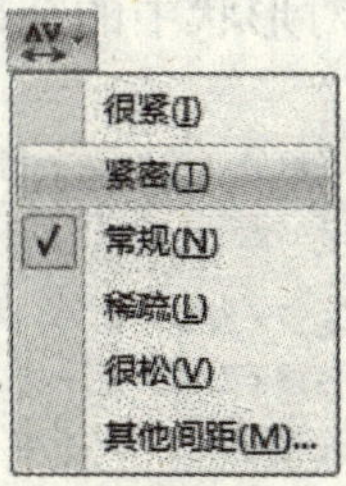

图 4-31 【字符间距】下拉菜单

20. 快速更改文字的大小写

首先用鼠标选中需要更改大小写的文字，单击功能区中的【开始】选项卡，单击【字体】选项组中的【更改大小写】按钮，如图 4-32 所示，打开如图 4-33 所示的下拉菜单。

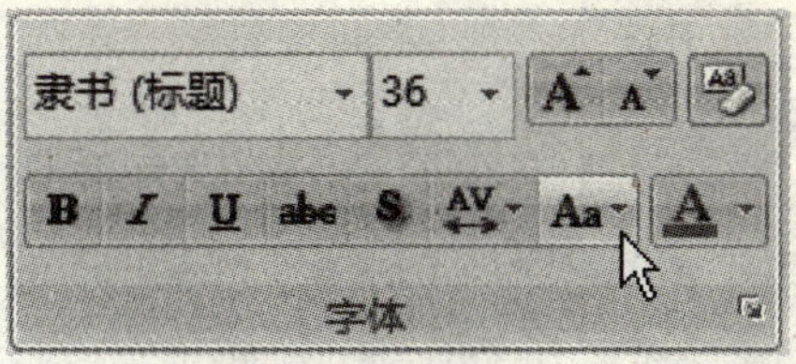

图 4-32 【字体】选项组中的【更改大小写】按钮

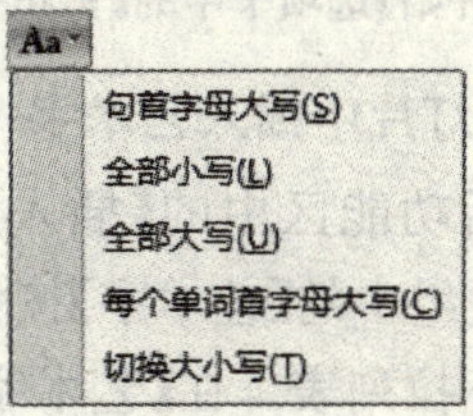

图 4-33 【更改大小写】下拉菜单

在【更改大小写】下拉菜单中，单击【句首字母大写】，可以使选中的文本每一句首字母都改成大写。单击【全部小写】，可以使选中的文本每个字母都改成小写。单击【全部大写】，可以使选中的文本每个字母都改成大写。单击【每个单词首字母大写】，可以使选中文本中的每一个单词首字母都改成大写。单击【切换大小写】，可以使选中文本中的每一个字母改变大小写的状态。

21. 使用格式刷

每个字符的格式包括很多属性，如字号、字体、颜色等。字符格式设置好之后，如果在其他的字符中也要应用相同的格式，可以利用格式刷工具将字符的格式复制到其他字符中，而不需要单独进行各种属性的设置。

首先用鼠标选中已经设置好格式的文本，单击功能区中的【开始】选项卡，单击【剪贴板】选项组中的【格式刷】按钮，如图 4-34 所示，此时鼠标指针变成一个小刷子形状。按住鼠标左键，在目标文本上面拖动鼠标，则鼠标拖过的文本格式就设置为与选定文本相同的格式。若要多次复制相同的格式，可以双击【格式刷】按钮，其余操作与前述相同。再次单击【格式刷】按钮可以退出格式刷状态，返回到正常编辑的状态。

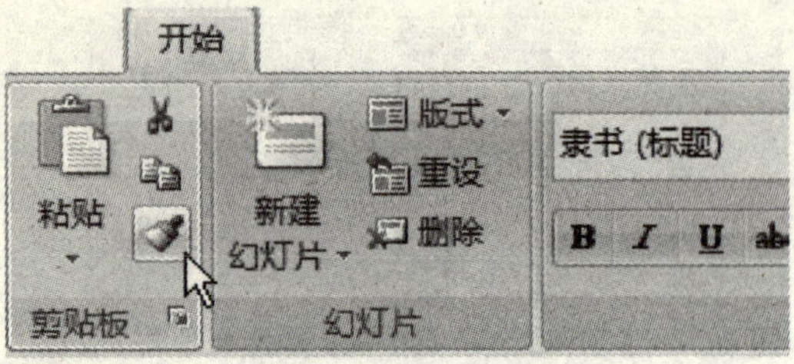

图 4-34 【开始】选项卡中的【剪贴板】选项组

22. 在幻灯片中插入艺术字

首先激活功能区中的【插入】选项卡，单击【文本】选项组中的【艺术字】按钮，打开如图 4-35 所示的下拉列表。在【艺术字】下拉列表

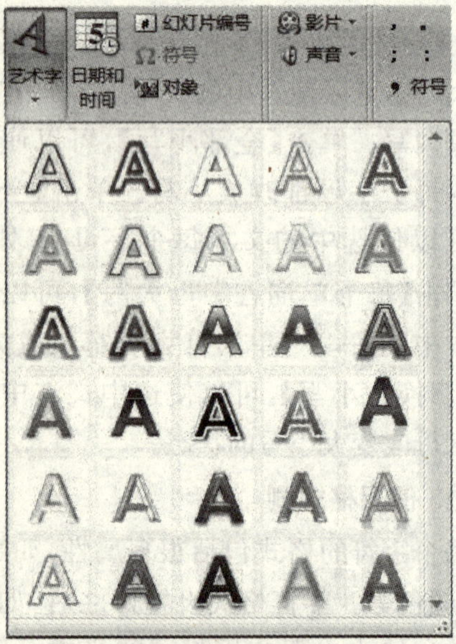

图 4-35 【艺术字】下拉列表

中选择合适的艺术字样式，然后在幻灯片中单击鼠标左键就可以插入输入艺术字的提示框，如图 4-36 所示。在提示框中输入合适的文本，在框外单击鼠标左键确认输入。

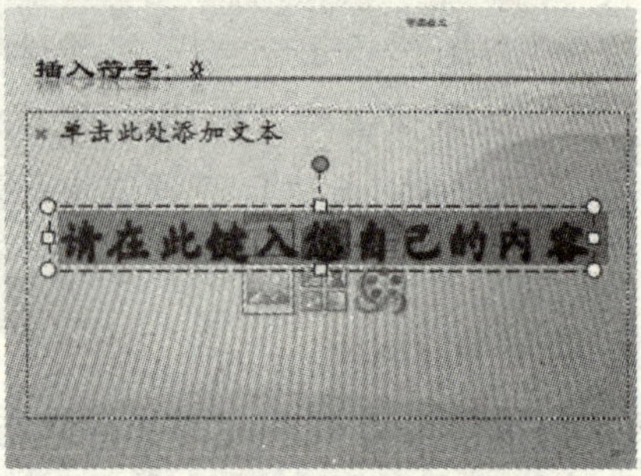

图 4-36 输入艺术字的提示框

23. 设置艺术字的样式

首先用鼠标选中需要设置格式的文本，单击功能区中的【绘图工具—格式】选项卡，如图 4-37 所示。单击【艺术字样式】选项组中的艺术字样式列表中的一个样式按钮，即可以将选中文本设置为所选的艺术字样式。

单击艺术字样式列表右侧的【向上滚动】按钮或【向下滚动】按钮按钮可以使列表内容上下滚动，单击列表右侧的【下拉】按钮可以打开如图 4-38 所示的下拉列表，如果单击下拉列表中【应用于形状中的所有文字】栏中的样式，则该艺术字样式的设置不仅仅对选中文字有效，同时对形状中的全部文字都有效。

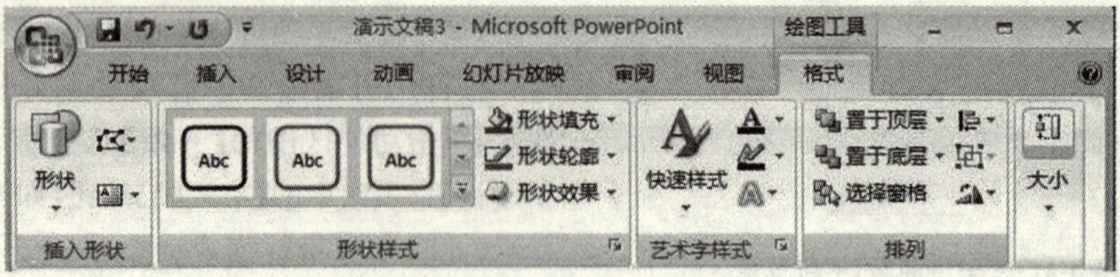

图 4-37 【绘图工具—格式】选项卡

24. 给文本轮廓填充颜色和添加效果

在 PowerPoint 2007 中，不仅可以将文字视为一个整体设置颜色，还可以将文字视为一个形状，设置文字的填充颜色以及添加效果。

首先用鼠标选中需要设置格式的文本，单击功能区中的【绘图工具—格式】选项卡，单击【艺术字】选项组中的【文本填充】按钮，

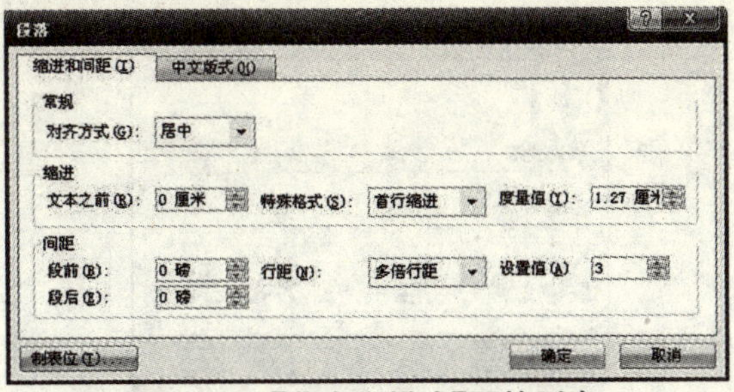

图 4-38 【艺术字样式】下拉列表

则以当前颜色填充选中的文本。如果单击按钮画有小三角标识的右半部分，则打开如图 4-39 所示的下拉列表，在列表中可以选择合适的颜色填充文本。

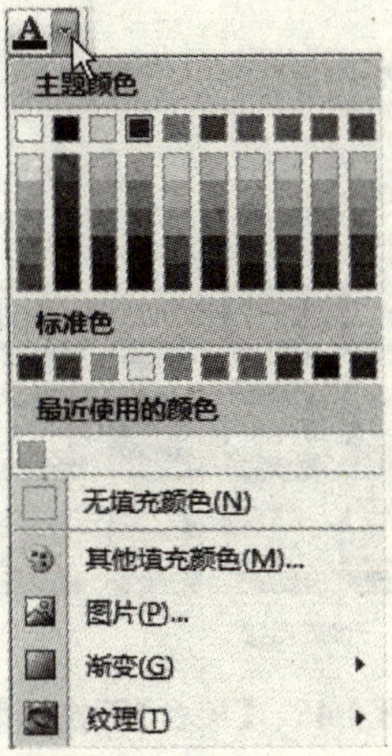

图 4-39 【文本填充】下拉列表

用户还可选择渐变、纹理、图片等选项为文本添加各种效果。

25. 设置文本的轮廓

首先用鼠标选中需要设置格式的文本，单击功能区中的【绘图工具—格式】选项卡，单击【艺术字样式】选项组中的【文本轮廓】按钮，如图 4-37 所示，则以当前颜色绘制选中文本的轮廓。如果单击按钮画有小三角标识的右半部分，则打开如图 4-40 所示的下拉列表，在列表中可以选择合适的颜色绘制文本的轮廓。

在如图 4-40 所示的下拉列表中选择【粗细】，可以设置轮廓线条的粗细。选择【虚线】，可以设置轮廓线条的样式。

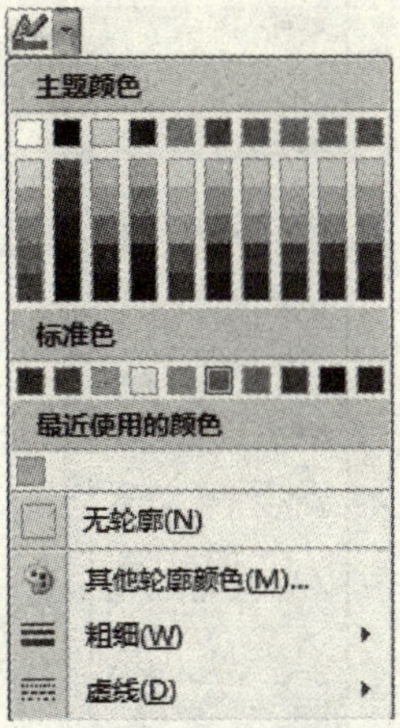

图 4-40 【文本轮廓】下拉列表

26. 设置文本的阴影效果

首先用鼠标选中需要设置格式的文本，单击功能区中的【绘图工具—格式】选项卡，单击【艺术字样式】选项组中的【文本效果】按钮，如图 4-37 所示，弹出如图 4-41 所示的列表。在下拉菜单中选择【阴影】，弹出如图 4-42 所示的列表，在其中选择一个合适的阴影样式，即可以完成文字阴影的设置。

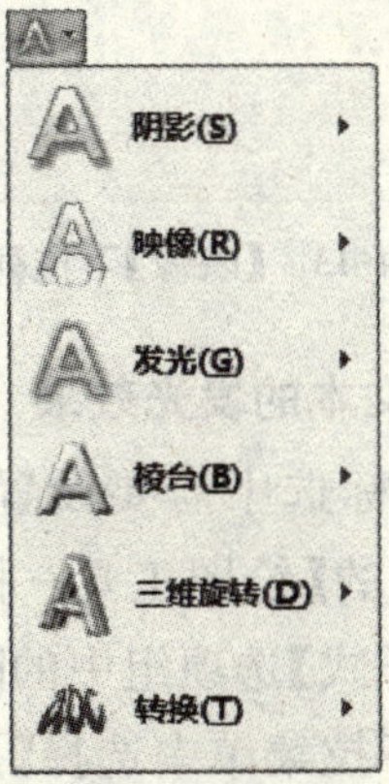

图 4-41 【文本效果】下拉列表

27. 设置文本的倒影效果

首先用鼠标选中需要设置格式的文本，单击功能区中的【绘图工具—格式】选项卡，单击【艺术字样式】选项组中的【文本效果】按钮，在弹出的下拉菜单中选择【映像】，打开如图 4-43 所示的列表，在其中选择一个合适的映像样式，即可以给文字添加倒影。

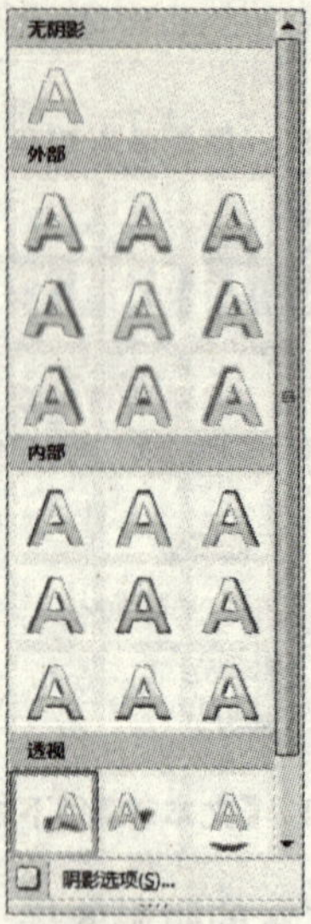

图 4-42 【阴影】下拉列表

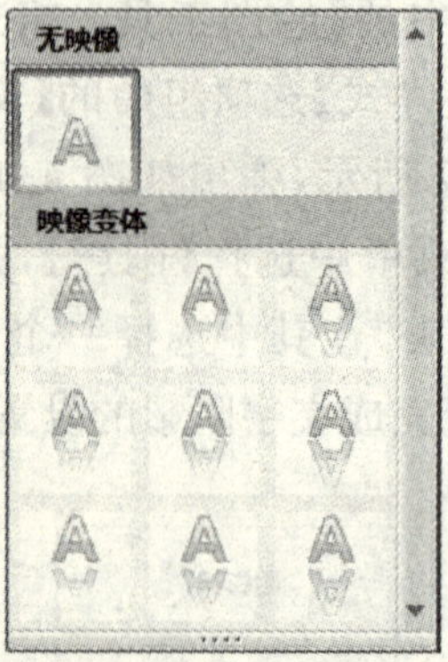

图 4-43 【映像】下拉列表

28. 设置文本的发光效果

首先用鼠标选中需要设置格式的文本，单击功能区中的【绘图工具—格式】选项卡，单击【艺术字样式】选项组中的【文本效果】按钮，在弹出的下拉菜单中选择【发光】，打开如图 4-44 所示的列表，在其中选择一个合适的发光样式，即可以给文字添加发光效果。

29. 设置文本的三维效果

首先用鼠标选中需要设置格式的文本，单击功能区中的【绘图工具—格式】选项卡，单击【艺术字样式】选项组中的【文本效果】按钮，在弹出的下拉菜单中选择【棱台】，打开如

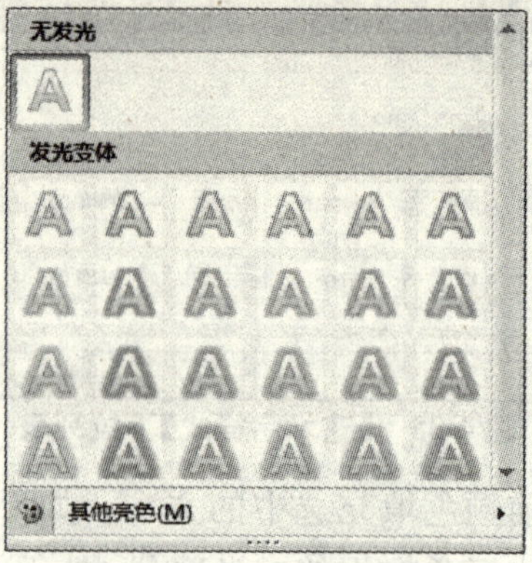

图 4-44 【发光】下拉列表

图 4-45 所示的列表，在其中选择一个合适的棱台样式。

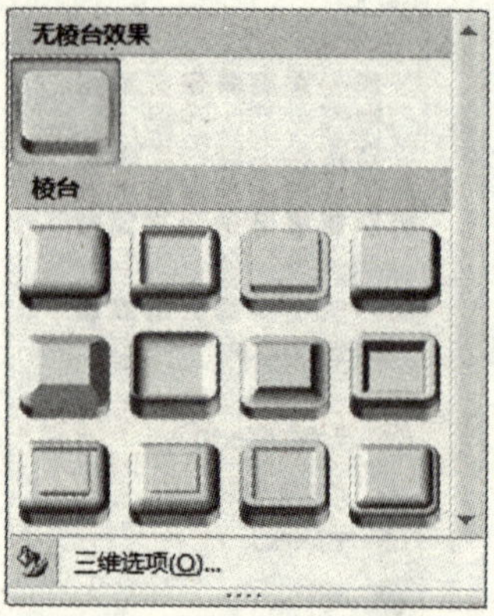

图 4-45 【棱台】下拉列表

为了增加三维的立体效果，可以将文字旋转一定角度，单击【艺术字】选项组中的【文本效果】按钮，在弹出的下拉菜单中选择【三维旋转】，打开如图 4-46 所示的列表，在其中选择一个合适的旋转角度和样式。

30. 设置行距和段落间距

首先用鼠标选中需要设置行距的段落，单击功能区中的【开始】选项卡，单击【段落】选项组中的【行距】按钮，如图 4-47 所示，在弹出的下拉列表中可以选择合适的行距大小，还可以选择【行距】下拉列表中的【行距选项】，打开【段落】对话框中的【缩进和间距】选项卡，在其中进行更自由的设置，如图 4-48 所示。

设置段落间距的方法与上述方法类似，

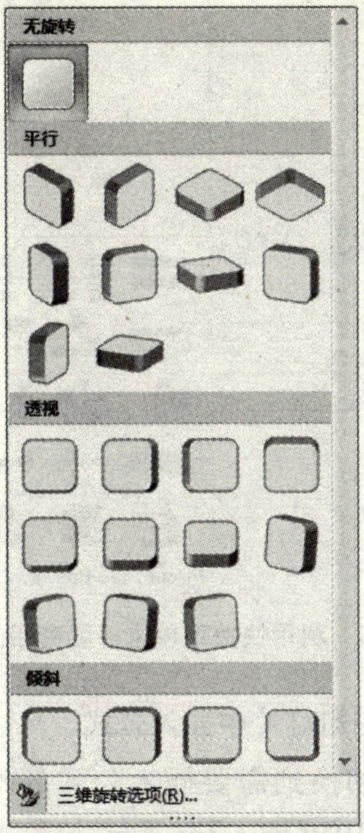

图 4-46　【三维旋转】下拉列表

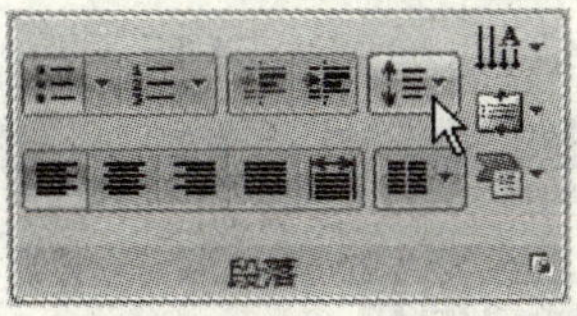

图 4-47　【段落】选项组中的【行距】按钮

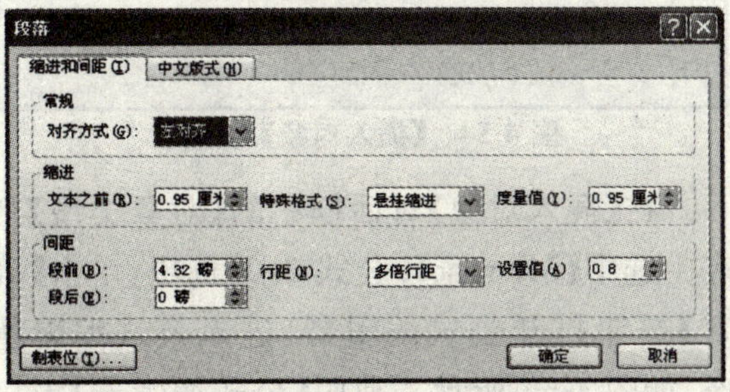

图 4-48　【段落】对话框

首先用鼠标选中需要设置段落间距的段落，单击功能区中的【开始】选项卡，然后单击【段落】选项组中右下角的【段落对话框启动器】按钮，打开如图 4-48 所示的【段落】对话框中的【缩进和间距】选项卡。在【间距】栏中可以分别设置段前和段后的间距大小。

31. 为文本添加或设置项目符号或编号

首先用鼠标选中需要添加项目符号的段落，单击功能区中的【开始】选项卡，单击【段落】选项组中的【项目符号】按钮，如图 4-49 所示，可以给选中的文本添加一个缺省的项目符号。如果单击【项目符号】按钮右侧画有小三角标识的部分，则打开下拉列表。在下拉列表中可以选择合适的项目符号，还可以单击【项目符号和编号】，打开【项目符号和编号】对话框中的【项目符号】选项卡，如图 4-50 所示，在其中可以设置项目符号的样式、大小和颜色。单击【项目符号】选项卡上的【图片】按钮，可以选择更多的项目符号样式；单击【项目符号】选项卡右下方的【自定义】按钮，可以打开【符号】对话框，在其中选择一个符号作为项目符号使用。

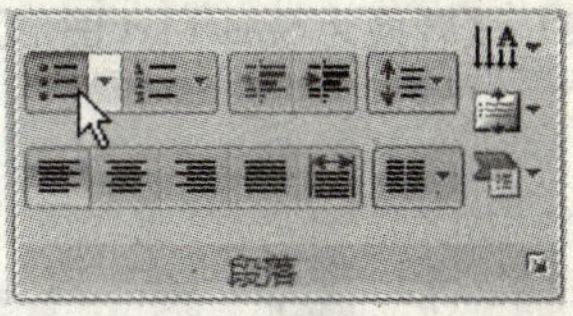

图 4-49　【段落】选项组中的【项目符号】按钮

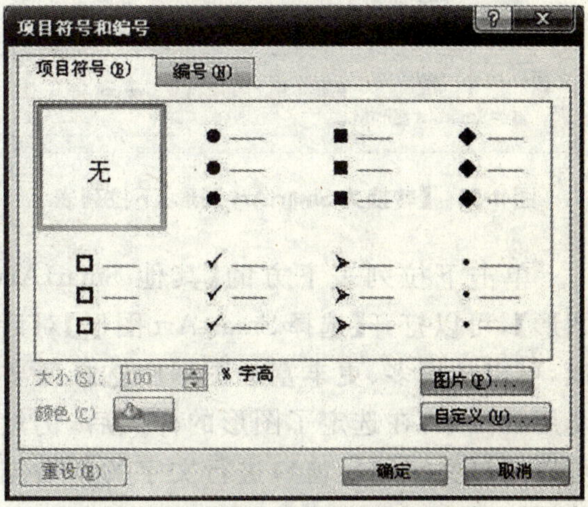

图 4-50　【项目符号和编号】对话框

添加设置编号的方法与此类似，单击【项目符号】按钮旁的【编号】按钮即可完成相关设置。

32. 将条列式文字变成图形

在幻灯片的制作过程中，经常需要条列

式描述的文字，PowerPoint 2007 提供了全新的自动化转换工具，可将条列式文字自动以图形方式表现。

方法一：选中幻灯片上条列式文字的文本框后，单击功能区中的【开始】选项卡，单击【段落】选项组中的【转换为 SmartArt 图形】按钮，如图 4-51 所示。打开【转换为 SmartArt 图形】下拉列表，如图 4-52 所示，即可从其下拉列表中挑选所要套用的图形。将鼠标指针停在一个图形样式上面便可在幻灯片中立即预览其效果，单击该图形样式就将条列式文字变成选定的图形样式。

图 4-51 【转换为 SmartArt 图形】按钮

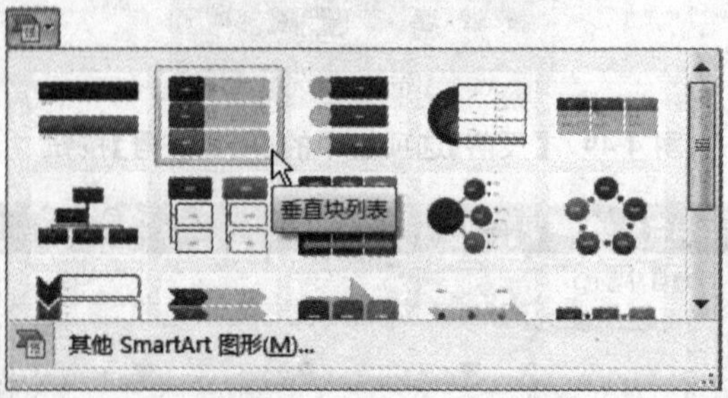

图 4-52 【转换为 SmartArt 图形】下拉列表

单击下拉列表下方的【其他 SmartArt 图形】，可以打开【选择 SmartArt 图形】对话框，可以从更多、更丰富的图形中选择所要套用的图形，在选定了图形的样式后，仍然可以通过文字编辑窗口进行文字的新增与编辑。

方法二：以鼠标右键直接单击幻灯片上条列式文字的文本框，从展开的快捷菜单中执行【转换为 SmartArt 图形】命令，打开图形列表，从中挑选所要转换并套用的图形，如图 4-53 所示。

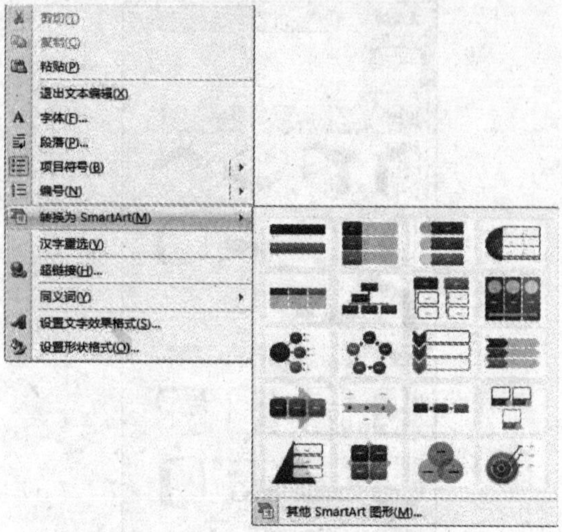

图 4-53 利用快捷菜单选择要套用的图形

33. 在幻灯片中插入公式

首先切换到需要插入公式的幻灯片，单击功能区中的【插入】选项卡，如图 4-19 所示。单击【文本】选项组中的【对象】按钮，打开【插入对象】对话框，如图 4-54 所示。

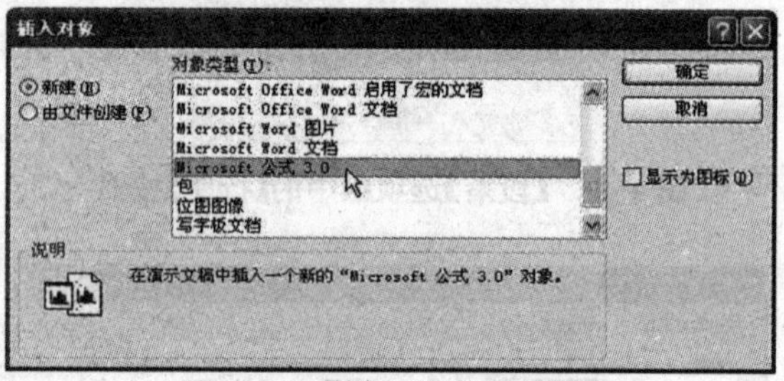

图 4-54 【插入对象】对话框

在【插入对象】对话框中的【对象类型】列表中选中【Microsoft 公式 3.0】选项，单击【确定】按钮打开公式编辑器，进入公式编辑状态，如图 4-55 所示。利用【公式编辑器】窗口

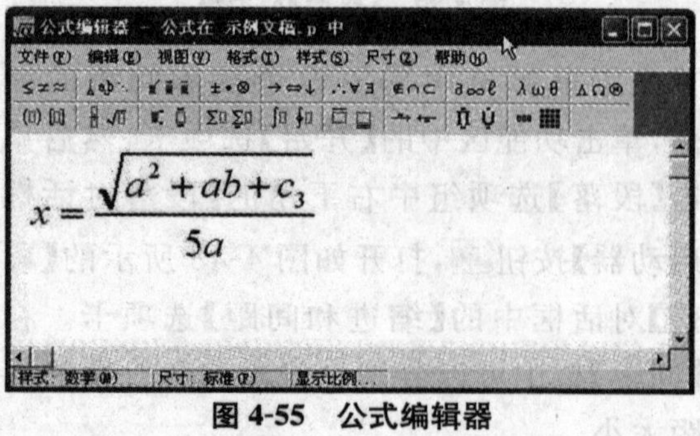

图 4-55 公式编辑器

上方的【公式】工具栏上的相应按钮，即可编辑制作出所需要的公式。制作完成后，在【公式编辑器】窗口中，执行菜单【文件】→【退出并返回到示例文稿】，或单击窗口右上方的【关闭】按钮，返回到幻灯片编辑状态。

如果进入公式编辑状态后，【公式】工具栏没有展开，可以执行菜单【视图】→【工具栏】命令。插入的公式，实际上是一个内嵌的图片，默认情况下比较小，会影响演示效果，可以利用鼠标拖动调整它的大小和位置，使其具有更好的演示效果。如果在【插入对象】对话框中没有【Microsoft 公式 3.0】选项，说明该组件还没有安装，可以利用 Microsoft Office 的安装软件进行安装。

34. 为 PowerPoint 中的公式加上背景

选中公式，单击鼠标右键，执行快捷菜单中的【设置对象格式】命令，打开【设置对象格式】对话框，如图 4-56 所示。在该对话框中，切换到【颜色和线条】选项卡，单击【填充】栏中【颜色】项右侧的下拉按钮，在弹出的下拉列表中可以选择一种填充颜色作为公式的背景。也可单击【填充效果】，打开【填充效果】对话框，利用【渐变】、【纹理】、【图案】、【图片】等选项卡，设置相应的背景。

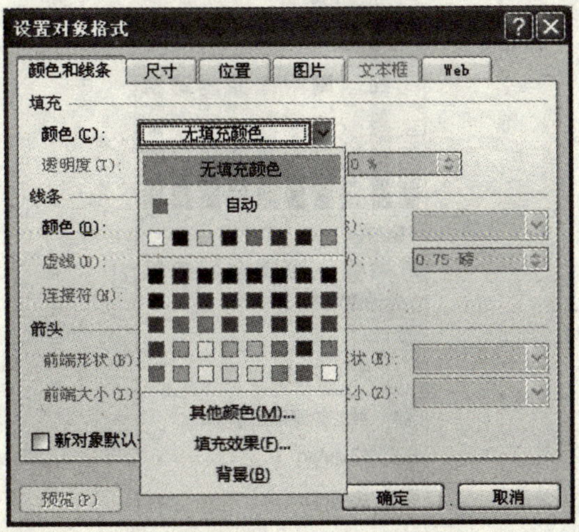

图 4-56 【设置对象格式】对话框

35. 变换公式中文字的颜色

PowerPoint 2007 中默认的公式颜色是黑色的，下面介绍修改其颜色的方法。

首先在要设置颜色的公式上单击鼠标右键，在弹出的快捷菜单上单击【另存为图片】命令，把公式存为一个图片文件，图片的保存类型选择“PNG 可移植网格图形格式(＊.PNG)”。

删掉用公式编辑器编辑的公式，插入刚才保存的公式图片，在公式图片上单击鼠标右键，在弹出的菜单上单击【设置图片格式】命令，打开【设置图片格式】对话框。在该对话框中，单击左侧的【阴影】，在右侧【阴影】栏中单击【预设】按钮，在弹出的下拉列表中选择一个阴影格式。

然后单击【设置图片格式】对话框中的【颜色】按钮，在弹出的列表中选择需要设置的颜色，或单击其中的【其他颜色】，在弹出的【颜色】对话框中选择合适的颜色。选择好后单击【关闭】按钮，公式中文字的颜色就变成了所选择的颜色了。

此方法在 Word 2007 中同样适用。

4.4 插入图片和绘制图形

36. 在幻灯片中插入图片

要插入来自图片文件的图片，首先切换到需要插入图片的幻灯片，单击功能区中的【插入】选项卡，单击【插图】选项组中的【图片】按钮，弹出【插入图片】对话框，选择一个图片文件，单击【插入】按钮。这样，选中的图片就被插入到幻灯片中了。

如果要插入内置的剪贴画，则单击【插图】选项组中的【剪贴画】按钮，打开窗口右侧的【剪贴画】窗格，设置好【搜索文字】、【搜索返回】和【结果类型】项后单击【搜索】按钮，窗格下部就会列出搜索到的剪贴画缩略图，单击其中的一个图片，选中的剪贴画就被插入到幻灯片中了。

37. 修正插入的图片

首先选中要修正的图片，单击功能区中的【图片工具—格式】选项卡，如图 4-57 所示。利用该选项卡，可以完成有关图片的各种编辑操作。

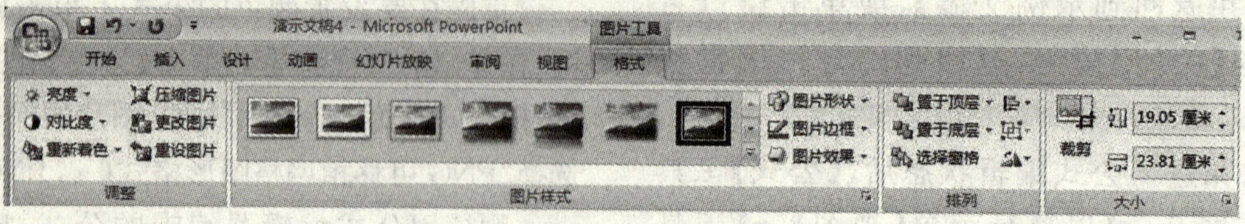

图 4-57 【图片工具—格式】选项卡

使用【调整】选项组中的按钮可以完成对图片的亮度、对比度、色调等参数的调整。使用【图片样式】选项组中的按钮可以完成对图片的形状、边框和各种特殊效果的调整和设置。首先选中幻灯片中的图片，然后单击【图片样式】选项组中列出的图片样式缩略图，就可以快速设置图片的样式。

单击【图片样式】选项组中【图片形状】按钮，弹出如图 4-58 所示的下拉列表，单击其中的一个形状可以设置选中图片的轮廓形状。

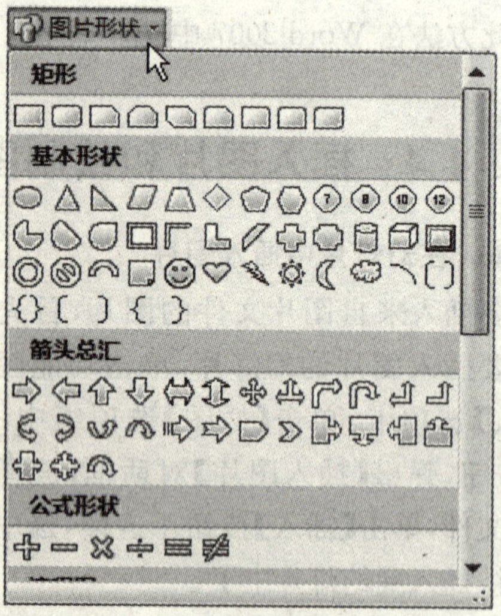

图 4-58 【图片形状】下拉列表

单击【图片样式】选项组中【图片效果】按钮，弹出如图 4-59 所示的下拉列表，可以设置选中图片的各种特殊效果，如阴影、映射、发光等，设置方法与设置文本效果的方法类似，这里不再赘述。

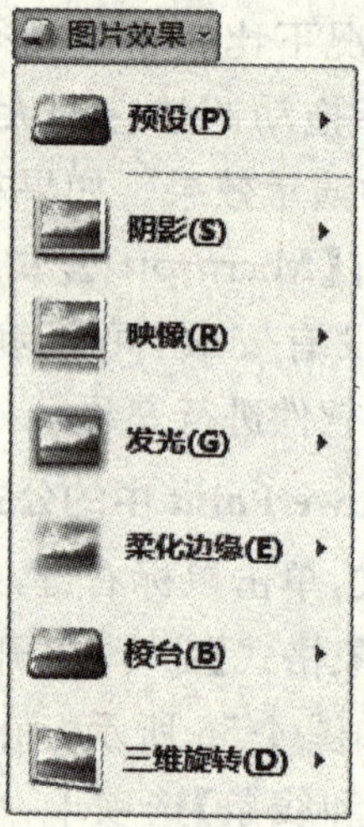

图 4-59 【图片效果】下拉列表

单击【图片样式】选项组中【图片边框】按钮，出现如图 4-60 所示的下拉列表，可以设置图片边框的线型、粗细、颜色等，设置方法与设置文本轮廓的方法类似，这里不再赘述。

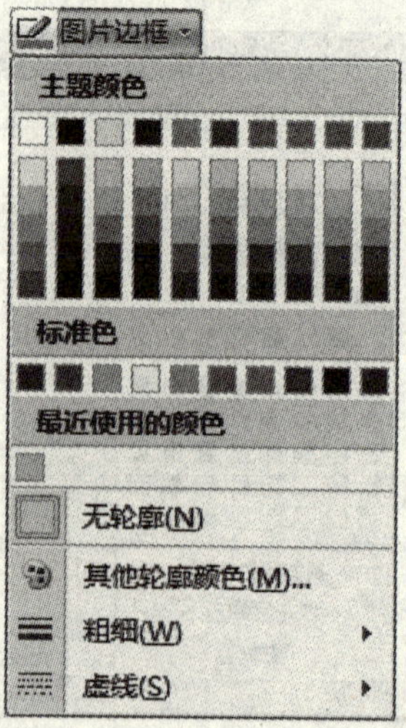

图 4-60 【图片样式】下拉列表

38. 将图片的一部分设为透明

首先选中要修正的图片，单击功能区中的【图片工具—格式】选项卡，单击【调整】选项组中的【重新着色】按钮，打开重新着色选项的下拉列表，如图 4-61 所示。单击列表下方的【设置透明色】，鼠标即变成设置透明色的形状，用鼠标左键在需要设置成透明的颜色上单击，就可以将该颜色区域设为透明。

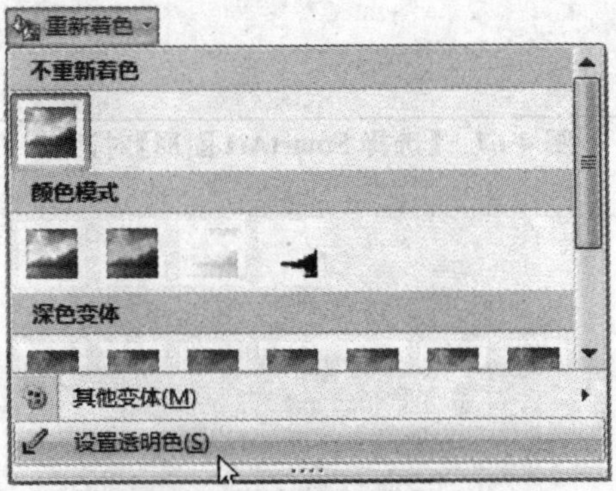

图 4-61 【重新着色】下拉列表

39. 压缩演示文稿中的图片

要压缩幻灯片中被选中的图片，单击【图片工具—格式】选项卡，单击【调整】组中的【压缩图片】按钮，打开如图 4-62 所示的【压缩图片】对话框。单击对话框中的【选项】按钮，则打开【压缩设置】对话框，如图 4-63 所示，根据具体压缩需要进行相关设置。单击【确定】按钮关闭对话框。

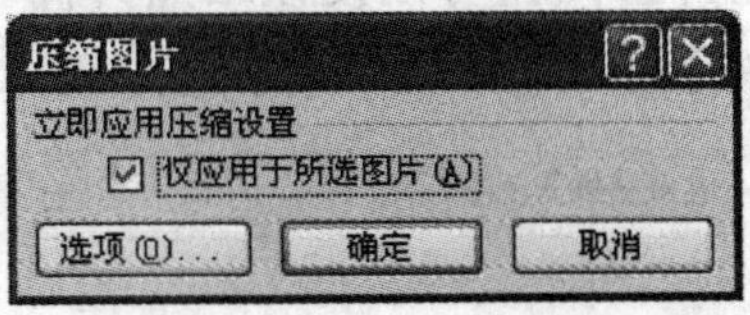

图 4-62 【压缩图片】对话框

40. 快速排列幻灯片中多个图片

首先选中需要排列的全部图片，然后单击【图片工具—格式】选项卡，单击【排列】组中的各功能按钮，如图 4-64 所示，可以完成对幻灯片中多个图片的快速排列。

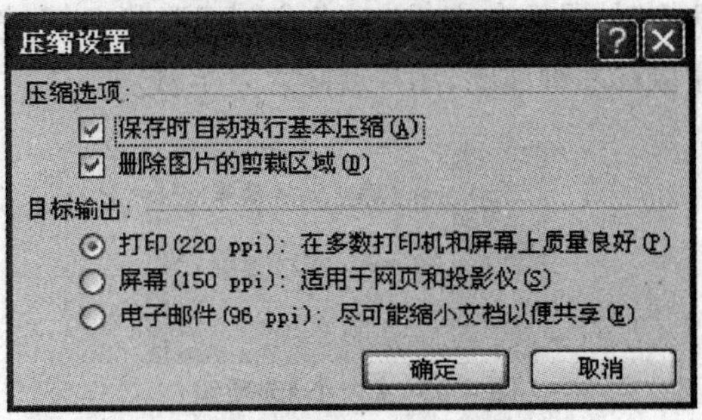

图 4-63 【压缩设置】对话框

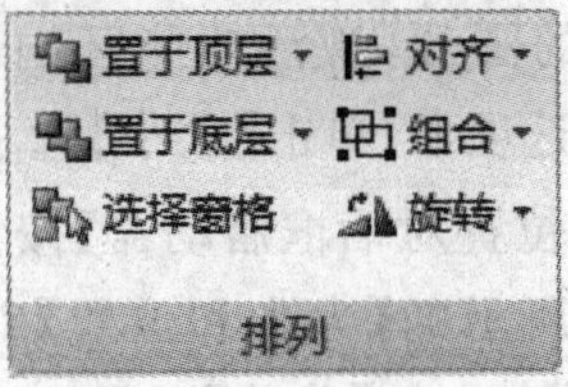

图 4-64 【排列】组

单击【排列】选项组中的【置于顶层】按钮和【置于底层】按钮，可以将选中的图片置于最顶层、最底层、上移一层或下移一层。

单击【排列】选项组中的【选择窗格】按钮，则可以打开窗口右侧的【选择和可见性】窗格，窗格中显示幻灯片中所有形状的名字列表。利用该窗格可以快速地选择幻灯片中的单个对象，并能改变这些对象的排列顺序和可见性。

单击【排列】选项组中的【对齐】按钮，利用下拉列表中的选项可以使选中的一组图片按选定方式对齐或均匀分布；单击【排列】选项组中的【组合】按钮，利用下拉列表中的选项可以使选中的一组图片组合为一个整体，或取消组合；单击【排列】选项组中的【旋转】按钮，利用下拉列表中的选项可以使选中的图片按指定角度旋转。

41. 剪裁图片

首先选中要裁剪的图片，单击功能区中的【图片工具—格式】选项卡，单击【大小】选项组中的【裁剪】按钮，如图 4-65 所示。此时选中的图片四周会出现 8 个句柄标志，同时鼠标变为裁剪的形状。当鼠标移动到任意一个句柄上时，鼠标会变成“┐”或“┴”形状，这时按住鼠标左键拖动，图片就随之发生裁剪。

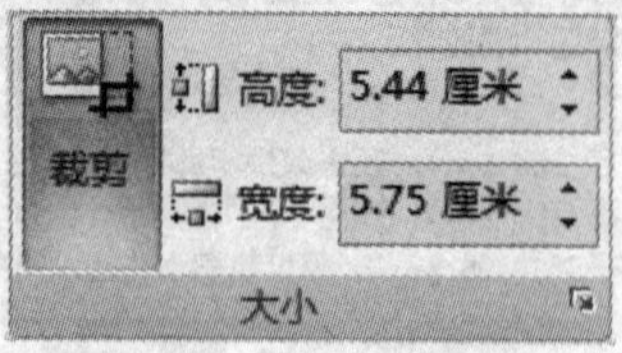

图 4-65 【大小】选项组

也可以对图片进行精确的裁剪。首先选中要裁剪的图片，激活功能区中的【图片工具—格式】选项卡，单击【大小】选项组右下方的【大小和位置对话框启动器】按钮，打开如图 4-66 所示的【大小和位置】对话框。在【大小】选项卡中的【裁剪】栏中设置相应的裁剪数据，图片就随之发生裁剪。

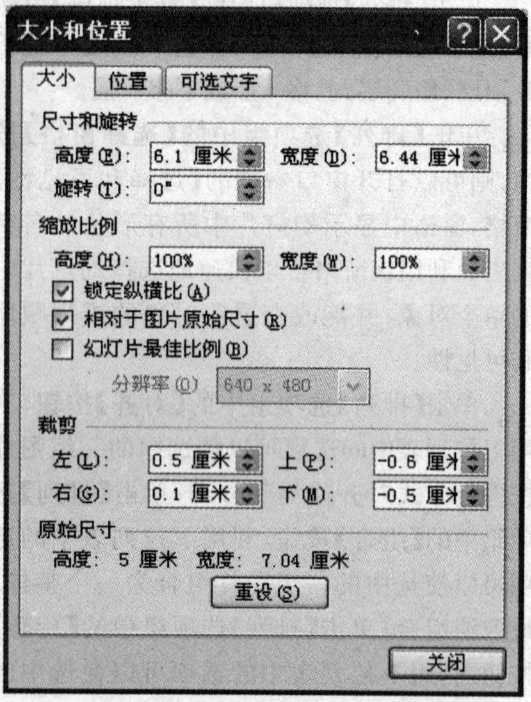

图 4-66 【大小和位置】对话框

42. 制作树状结构图

首先切换到需要插入树状结构图的幻灯片，单击功能区中的【插入】选项卡，单击【插图】选项组中的【SmartArt】按钮，打开如图 4-67所示的【选择 SmartArt 图形】对话框，单击对话框中左侧列表中的【层次结构】，然后在对话框中部选择【组织结构图】，单击【确定】按钮。在幻灯片中插入一个如图 4-68 所示的一个组织结构图框架。

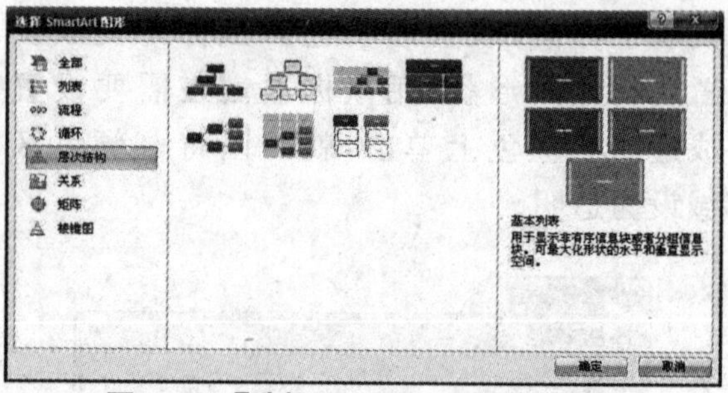

图 4-67 【选择 SmartArt 图形】对话框

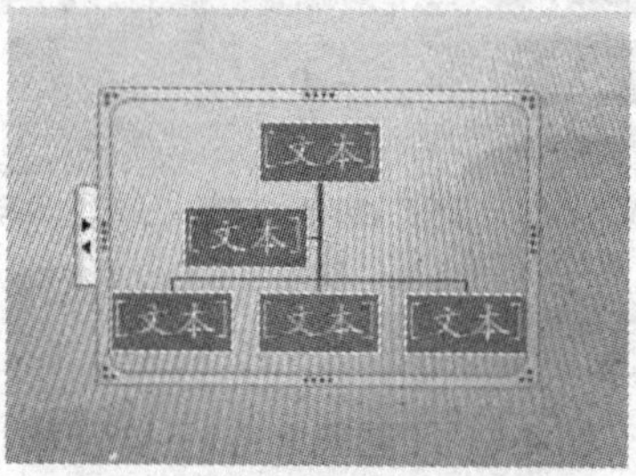

图 4-68 组织结构图框架

在【文本】处单击鼠标左键，可以输入结构图中各结点的文本。单击框架左侧的【展开】按钮，则打开【组织结构图布局】对话框，如图 4-69 所示。在该对话框中，单击【文本】处可以输入结构图中各结点的文本。在【文本】处回车可以增加一个新的结点。在文本处单击鼠标右键，弹出如图 4-70 所示的快捷菜单，选择【升级】可以使该结点升高一级，选择【降级】可以使该结点降低一级。Power-

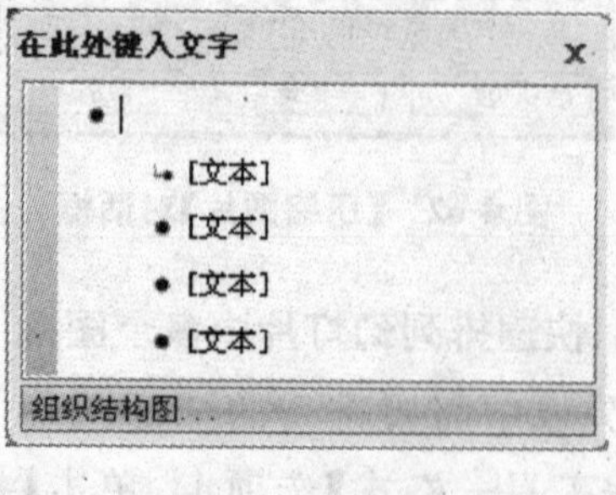

图 4-69 【组织结构图布局】对话框

Point 会根据组织结构图的大小自动调整整体大小。这样，就完成了对结构图的编辑和调整。

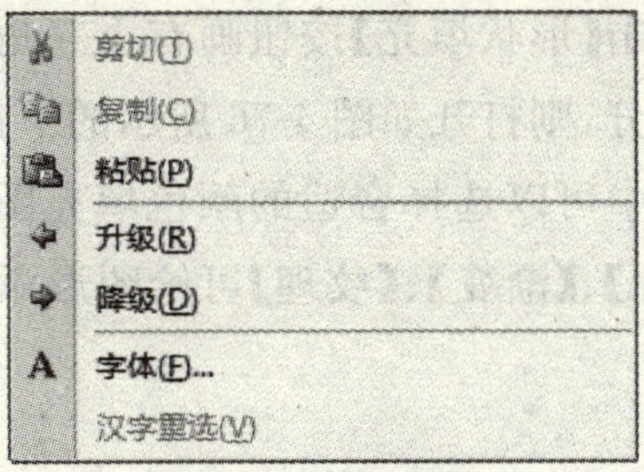

图 4-70　快捷菜单

如果对默认的效果不满意，可以设置文本字体、颜色，图框样式、颜色，线条样式、颜色等。这些设置可以通过【SmartArt 工具—设计】选项卡上的工具按钮来完成，如图 4-71 所示。

43. 在幻灯片中绘制图形

在幻灯片中绘制图形的操作通过【插入】选项卡【插图】组中的【形状】按钮完成，如图 4-72 所示。

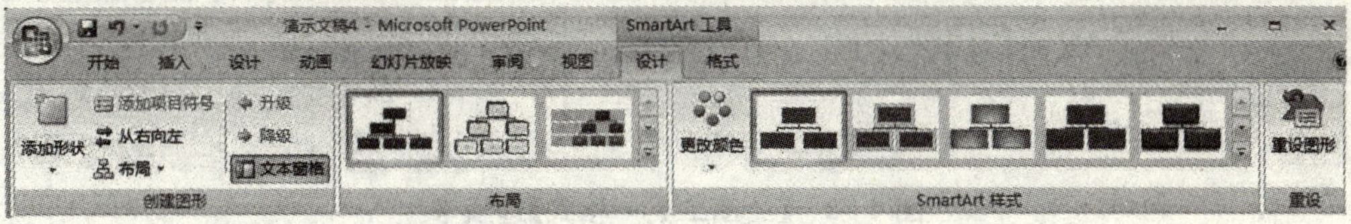

图 4-71　【SmartArt 工具—设计】选项卡

单击【插入】选项卡→【插图】选项组→【形状】按钮，选择下拉列表中的某一个形状，鼠标指针就变成"＋"形状，在要绘制图形的开始位置单击鼠标左键并拖动到所需要的结束位置，释放鼠标左键，即可绘制出所需要的基本图形。在绘制时如果同时按住"Shift"键，则可绘出正方形或正圆等图形。

图 4-72　【插图】选项组

当选择的形状是任意多边形时，在要绘制图形的开始位置单击鼠标左键，再移到下一个顶点处单击鼠标左键，依此类推，直到起点附近处单击鼠标左键结束，就可以绘制出一个封闭的任意多边形。如果绘制的是一个非闭合的图形，则在终点处双击鼠标就可结束图形绘制。如果按住鼠标左键不放，随意拖动鼠标，则可绘制出不规则的曲线。

44. 更改图形的形状

如果已经在幻灯片中绘制了图形，现在需要更改图形的形状，操作方法如下：

首先选中幻灯片中需要更改形状的图形，单击【绘图工具—格式】选项卡【插入形状】选项组中的【编辑形状】按钮，如图 4-73 所示。在弹出的下拉列表中选中【更改形状】，再从【更改形状】的下拉列表中选中相应的形状，单击鼠标左键，如图 4-74 所示，幻灯片上的选中图形就更改为列表上选中的形状。

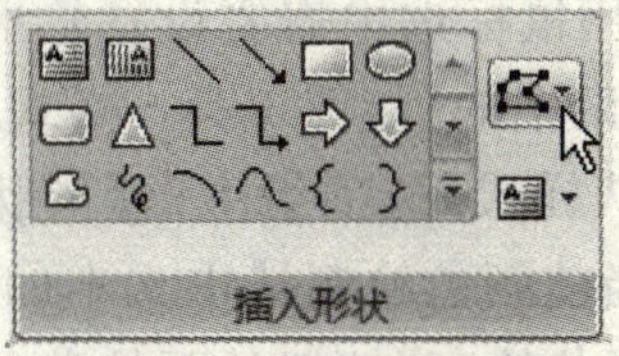

图 4-73　【插入形状】选项组

45. 给图形填充颜色、渐变、纹理或图片效果

首先用鼠标选中需要填充颜色的图形，单击功能区中的【绘图工具—格式】选项卡，

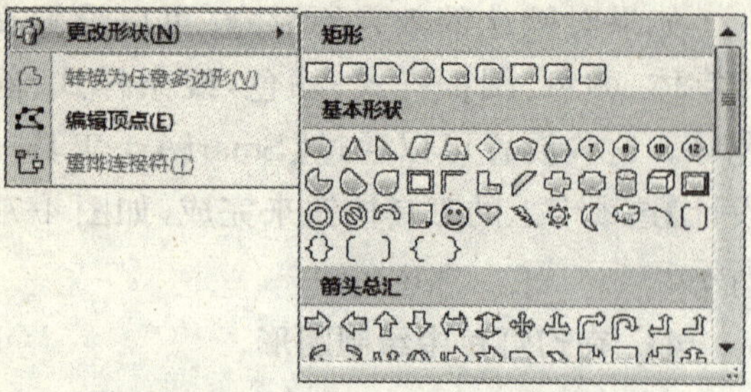

图 4-74 【更改形状】的下拉列表

如图 4-75 所示。单击【形状样式】选项组中的【形状填充】按钮，则以当前颜色填充形状。如果单击【形状填充】按钮画有小三角标识的右半部分，则打开如图 4-76 所示的下拉列表，在列表中可以选择合适的颜色填充图形。选择【图片】、【渐变】、【纹理】可给图形添加相应效果。

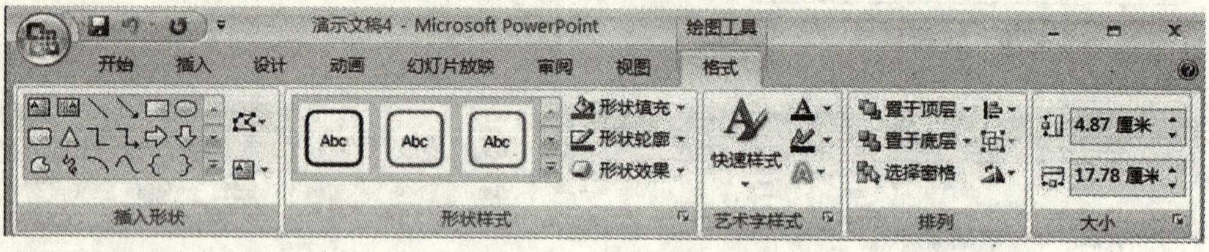

图 4-75 【绘图工具—格式】选项卡

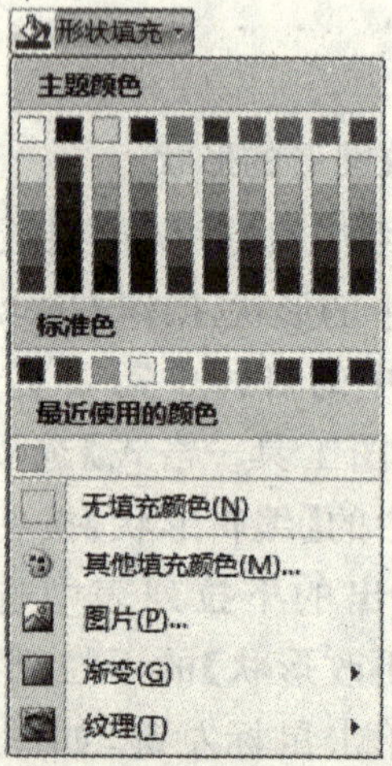

图 4-76 【形状填充】下拉列表

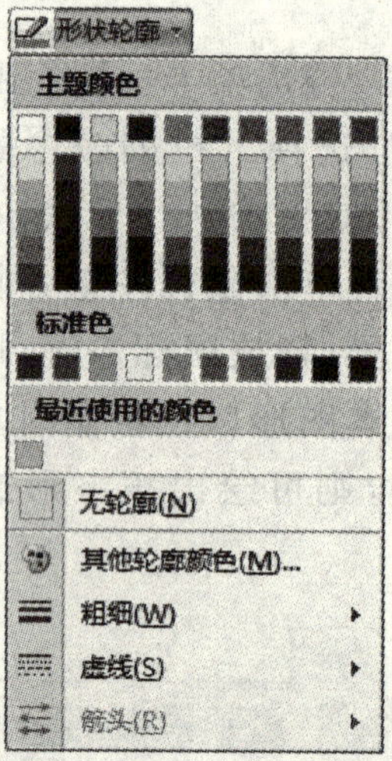

图 4-77 【形状轮廓】下拉列表

46. 设置图形轮廓的颜色、线型和粗细

首先用鼠标选中需要设置轮廓的图形，单击功能区中的【绘图工具—格式】选项卡，单击【形状样式】选项组中的【形状轮廓】按钮，则以当前颜色绘制选中文本的轮廓。如果单击【形状轮廓】按钮的下拉菜单按钮，则打开如图 4-77 所示的下拉列表，在列表中可以选择合适的颜色绘制文本的轮廓。

在如图 4-77 所示的列表中选择【粗细】，可以设置轮廓线条的粗细。选择【虚线】，可以设置轮廓线条的样式。

47. 设置图形的艺术效果

首先用鼠标选中需要设置效果的图形，单击功能区中的【绘图工具—格式】选项卡，单击【形状样式】选项组中的【形状效果】按钮，打开如图4-78 所示的下拉列表。在列表中单击【阴影】，打开如图 4-79 所示的下拉列表，在其中选择一个合适的阴影样式，即可以完成图形阴影效果的设置。如果单击列表中下方的【阴影选项】，则打开【设置形状格式】对话框的【阴影】栏，可以对阴影的各种参数进行自定义设置。

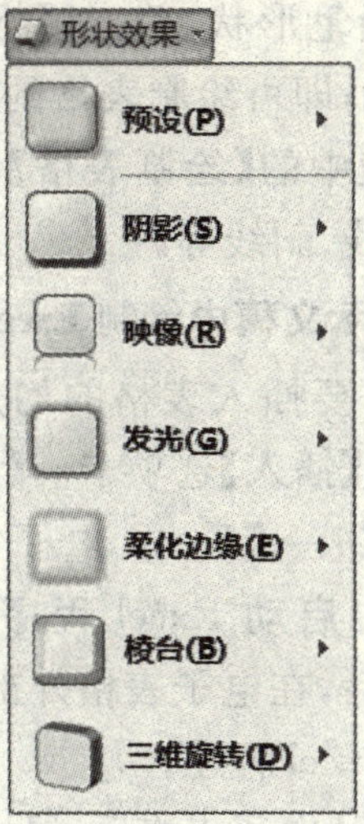

图 4-78 【形状效果】下拉列表

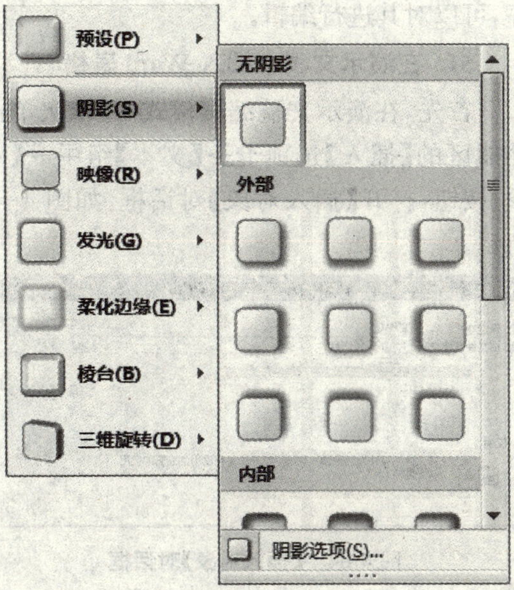

图 4-79 【阴影】下拉列表

为图形设置映像、发光、柔化边缘、棱台和三维旋转效果的方法与设置阴影的方法类似，不再赘述。

48. 对齐和分布多个对象

在一张幻灯片中，常常要插入多个对象（如图片、图形、文本框等），如何让它们排列整齐呢？使用【开始】选项卡上【绘图】选项组中的功能按钮，可以完成对幻灯片中多个对象的快速排列和分布。

首先选中需要对齐或分布的多个对象。按住鼠标左键，在幻灯片中多个对象外围拖拉出一个线框，即可同时选中虚线框所包围的对象。也可以按住“Shift”键，然后用鼠标分别单击对象，同时选中多个对象，这些对象可以不是连续的。

依次单击【开始】选项卡→【绘图】选项组→【排列】按钮，弹出如图 4-80 所示的下拉列表。单击列表中【放置对象】组中的【对齐】，打开下一级列表，执行其中的各种“对齐”或“分布”命令，即可完成多个对象的对齐和分布的操作。用此种方法设置的对齐方式，其实是多个对象向其中一个对象“看齐”，例如，当选定了“右对齐”选项后，所有对象即向“最右边”一个对象“看齐”。

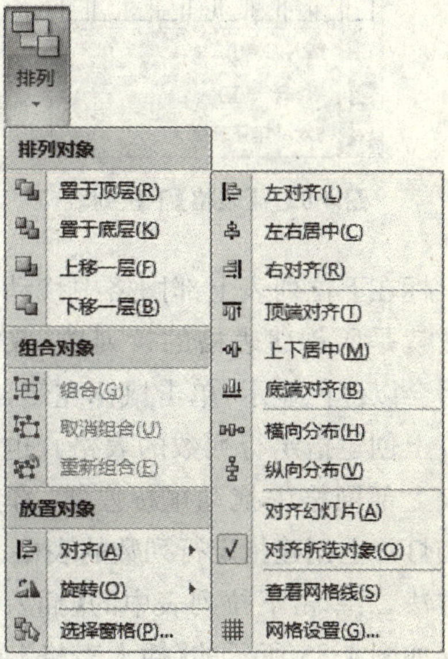

图 4-80 【排列】下拉列表

4.5 编辑幻灯片中的表格

49. 在幻灯片中插入表格

方法一：切换到需要插入表格的幻灯片，单击功能区中的【插入】选项卡，单击【表格】

选项组中的【表格】按钮，如图 4-81 所示，弹出如图 4-82 所示的列表。

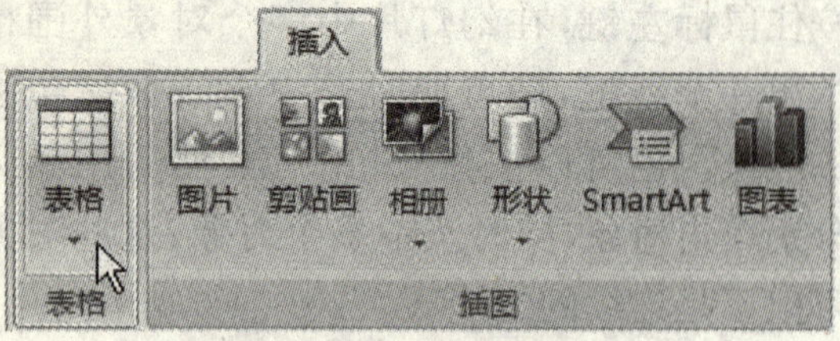

图 4-81 【表格】按钮

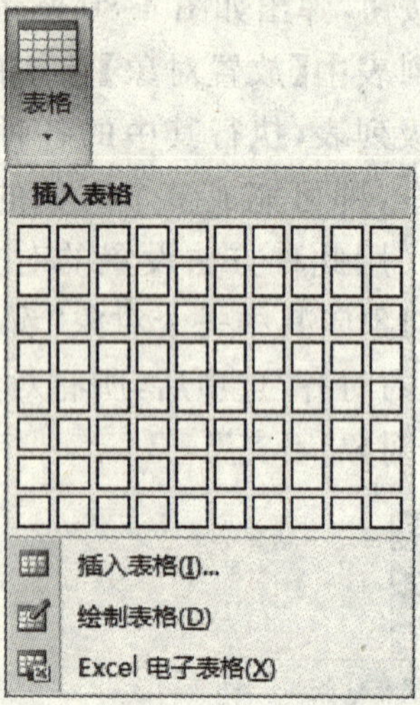

图 4-82 【表格】下拉列表

鼠标在下拉列表上部网格中移动的行数和列数就是所创建表格的行列数，鼠标滑过的方格会以橙色显示，单击鼠标左键，即可在幻灯片上创建指定行列数的表格。也可在下拉列表上部网格中拖动鼠标左键，释放时即可在幻灯片上创建指定行列数的表格。

方法二：单击下拉列表中的【插入表格】，则打开如图 4-83 所示的【插入表格】对话框，选择好行数和列数后单击【确定】按钮，即可在幻灯片上创建指定行列数的表格。

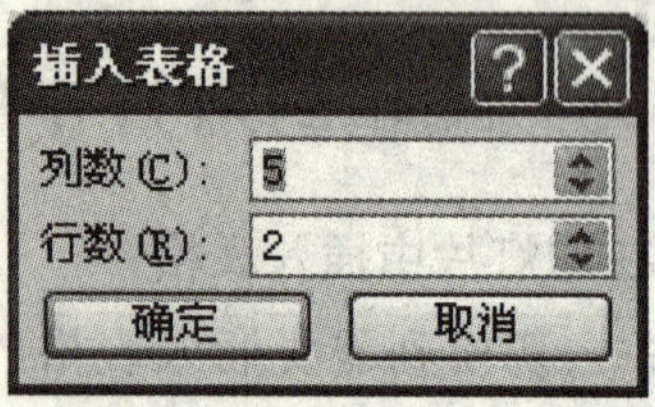

图 4-83 【插入表格】对话框

方法三：单击下拉列表中的【绘制表格】，则鼠标变成铅笔形状，单击鼠标左键并向右下方拖动鼠标，即可绘制表格的外边框，再次单击下拉列表中的【绘制表格】，可绘制表格内的横线、竖线、斜线等。

50. 在演示文稿中绘制 Excel 电子表格

切换到需要插入表格的幻灯片，依次单击功能区中的【插入】选项卡→【表格】选项组→【表格】按钮→【Excel 电子表格】，则在 PowerPoint 中启动 Excel 程序绘制电子表格，绘制完毕后，在电子表格外部单击鼠标左键即可退出 Excel 程序。

插入 Excel 电子表格后，鼠标左键在该表格上双击，则在 PowerPoint 中启动 Excel 程序，可以对其进行编辑。

51. 在演示文稿中插入 Word 表格

首先，在演示文稿编辑模式中，依次单击功能区的【插入】选项卡→【文本】组中→【对象】按钮，打开【插入对象】对话框，如图 4-84 所示。

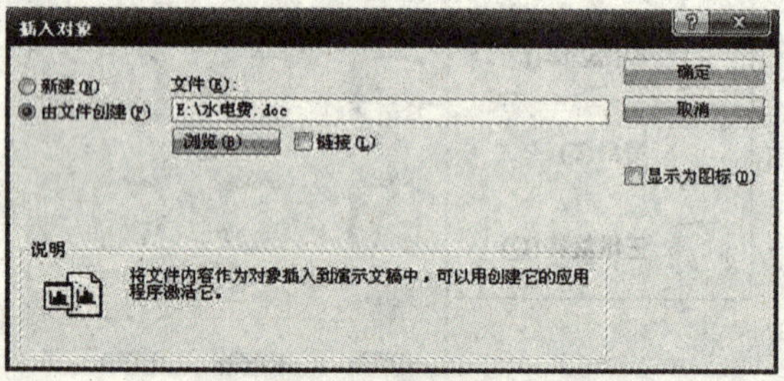

图 4-84 【插入对象】对话框

在【插入对象】对话框中，单击【由文件创建】单选钮，然后单击【浏览】按钮，打开【浏览】对话框。在该对话框中找到并选中包含表格的 Word 文档，单击【确定】按钮，在默认情况下，该文件会被完全插入到当前演示文稿中。如果希望插入后的表格随原文件中的表格一起更新，则在如图 4-84 所示的对话框中勾选【链接】复选框。单击【确定】按钮。此时 Word 表格被插入到当前演示文稿中。

如果需要编辑表格，则双击该表格，打开 Word 应用程序对表格进行编辑。编辑完毕后在表格以外的位置单击鼠标左键，可恢复到演示文稿编辑状态。如果要移动表格的位置，则可以直接拖动表格。向演示文稿中插入 Excel 表格也可以使用上述方法，用插入对象的方法实现，并且插入后的表格可以与源数据文件同步更新，随时可以打开相应的编辑程序进行编辑。

52. 设置表格的样式

快速设置表格的样式，可以使用【表格工具—设计】选项卡【表格样式】组中的按钮，如图 4-85 所示。

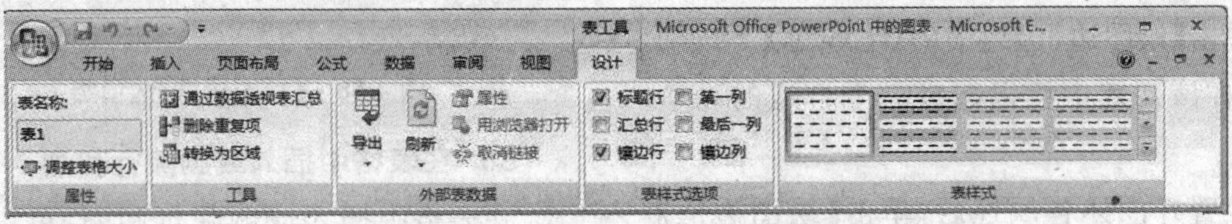

图 4-85　【表格工具—设计】选项卡

首先选定需要设置样式的表格，激活功能区中的【表格工具—设计】选项卡，单击【表格样式】选项组中样式列表中的一个样式按钮，即可完成相应表格样式的设置。

单击【表格样式】选项组中样式列表右侧的【向上滚动】按钮或【向下滚动】按钮，则样式列表的内容会上下滚动。单击样式列表右侧的【下拉】按钮，则打开表格样式下拉列表，根据需要在下拉列表中选中一个样式，即可完成对选定表格样式的设置。

53. 设置表格的外观效果

要设置表格的外观效果，如阴影效果、映像效果等，可以使用【表格工具—设计】选项卡【表格样式】组中的【效果】按钮，单击该按钮，则打开如图 4-86 所示的下拉列表。利用列表中的各选项，可以对选中表格或单元格设置一种外观效果。

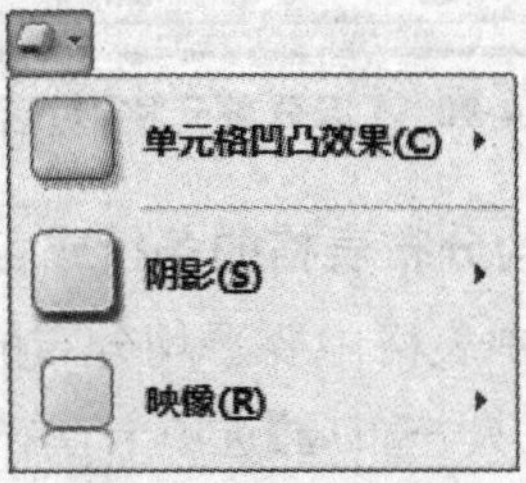

图 4-86　【效果】下拉列表

54. 添加或删除表格的边框

要设置表格的边框，可以使用【表格工具—设计】选项卡【表格样式】组中的【边框】按钮。单击该按钮的左半部分，则以当前的边框参数设置选中表格或单元格的边框。单击该按钮旁的下拉菜单，则打开如图 4-87 所示的下拉列表。利用列表中的各选项，可以对选中表格或单元格的边框进行添加或删除。

图 4-87　【边框】下拉列表

55. 设置表格的边框线条样式、粗细或颜色

在 PowerPoint 中创建了表格后，经常需要设置边框的粗细、颜色等，可以使用【表格工具—设计】选项卡【绘图边框】选项组中的选项对其进行设置，如图 4-88 所示。

单击【绘图边框】组中的【笔样式】下拉列表框，在该列表中可以选择一个合适的线条。单击【绘图边框】组中的【笔粗细】下拉列表框，在该列表中可以选择一个合适的画笔宽度。单击【绘图边框】组中的【笔颜色】下拉列表框，在该列表中可以选择一个合适的画笔颜色。

设置好前述各属性后，单击【绘图边框】组中的【绘制表格】按钮，在需要修改边框处重新绘制即可。也可以在表格中绘制一条新的边框。单击【绘图边框】组中的【擦除】按钮，在边框处拖动鼠标左键，则可以擦除该边框。

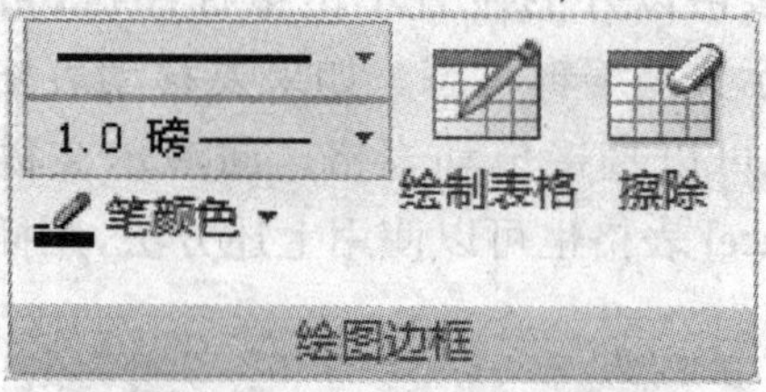

图 4-88 【绘图边框】选项组

56. 在表格中插入或删除行和列

在表格中插入或删除行和列，可以使用【表格工具—布局】选项卡中的功能按钮完成，如图4-89 所示。

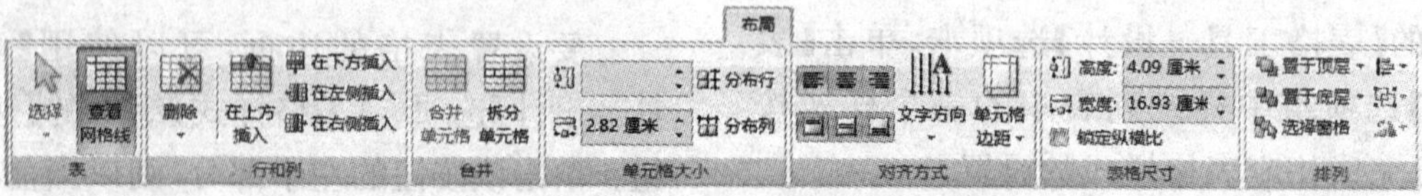

图 4-89 【表格工具—布局】选项卡

如果在表格中插入一行或一列，操作方法如下：

首先单击表格中的一个单元格，将插入点置于这个单元格，根据插入需要单击【表格工具—布局】选项卡中的【行和列】选项组中的各按钮，单击【在上方插入】按钮，则在插入点所在的单元格上方插入一行；单击【在下方插入】按钮，则在插入点所在的单元格下方插入一行；单击【在左侧插入】按钮，则在插入点所在的单元格左侧插入一列；单击【在右侧插入】按钮，则在插入点所在的单元格右侧插入一列。单击【删除】按钮，则删除插入点所在的行或列。

如果在插入前选中多行或多列单元格，再执行上述操作，则可以一次插入多行或多列。

57. 合并或拆分单元格

合并单元格的方法：首先用鼠标选定需要合并的几个单元格，然后激活【表格工具—布局】选项卡，单击【合并】组中的【合并单元格】按钮，即可完成单元格的合并。

拆分单元格的方法：首先用鼠标选定需要拆分的单元格，然后激活【表格工具—布局】选项卡，单击【合并】组中的【拆分单元格】按钮，打开如图 4-90 所示【拆分单元格】对话框，在该对话框中可以设置拆分的行数和列数，设置完成后单击【确定】按钮，即完成了单元格的拆分。

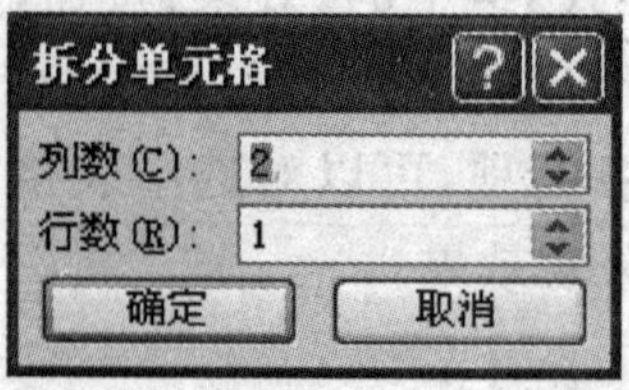

图 4-90 【拆分单元格】对话框

58. 平均分布表格的各行或各列

首先选中表格中要平均分布的各行，然后激活【表格工具—布局】选项卡，单击【单元格大小】选项组中的【分布行】按钮，即可快速平均分布表格中选定的各行。选中表格中要平均分布的各列，单击【分布列】按钮，即可快速平均分布表格中选定的各列。

4.6 在幻灯片中应用图表

59. 在幻灯片中插入图表

切换到需要插入图表的幻灯片，单击功能区中的【插入】选项卡，单击【插图】选项组中的【图表】按钮，可以快速地在幻灯片中插入一个图表，同时打开图表数据的编辑窗口。

60. 设置图表中文字的样式

首先双击幻灯片中的图表，弹出如图 4-91 所示的【Microsoft Office PowerPoint】对话框，单击【转换】或【全部转换】按钮，将图表转换成 2007 Office system 格式，就可以对图表中的文字进行编辑。用鼠标选中要设置属性的文字，单击【开始】选项卡中【字体】选项组中的相应按钮，如图 4-92 所示。

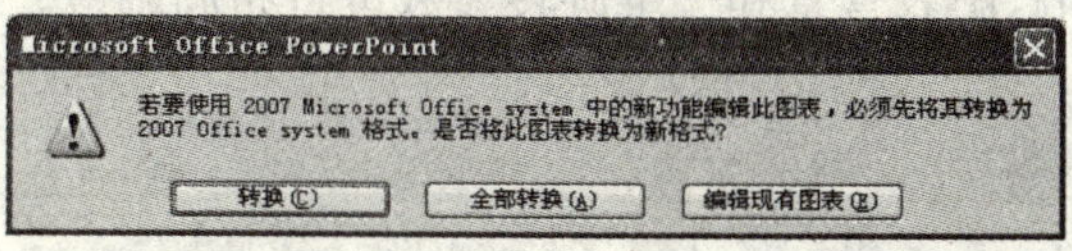

图 4-91 【Microsoft Office PowerPoint】对话框

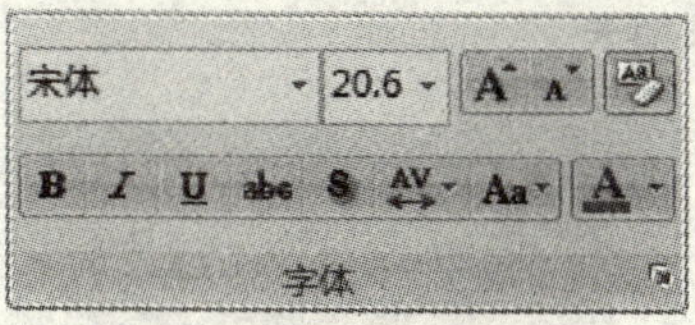

图 4-92 【字体】选项组

利用【字体】选项组中的相应按钮，可以设置文字的颜色、字体、字号、加粗、斜体、删除线等属性。单击右下角的【字体对话框启动器】按钮，打开【字体】对话框，可以对字体进行更复杂的属性设置。

61. 设置图表中的背景和图表的背景墙

首先在图表的背景或背景墙处单击鼠标左键，依次单击【开始】选项卡→【绘图】选项组→【形状填充】按钮，打开如图 4-93 所示的下拉列表。利用其中的选项可以设置背景的填充颜色、图片、纹理或渐变效果，具体方法如前所述。

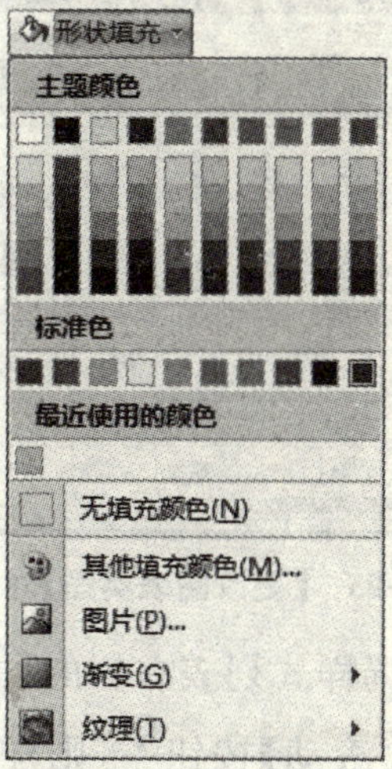

图 4-93 【形状填充】下拉列表

用同样方法，依次单击【开始】选项卡→【绘图】组→【形状轮廓】按钮，可以设置背景的轮廓线。依次单击【开始】选项卡→【绘图】组→【形状效果】按钮，可以设置背景的效果。

62. 更改图表类型

首先选中要更改类型的图表，依次单击【图表工具—设计】选项卡→【类型】选项组→【更改图表类型】按钮，如图 4-94 所示。打开如图 4-95 所示的【更改图表类型】对话框，在对话框中选中一个图表类型，单击【确定】按钮，选中的图表即更改为相应的图表样式。

63. 更改图表的布局

快速调整布局，可以使用【图表工具—设计】选项卡中【图表布局】组中的选项，首先选中要更改布局的图表，单击【图表工具—设计】选项卡，然后在【图表布局】的列表中选中一种布局，用鼠标单击即可。

图 4-94 【图表工具—设计】选项卡

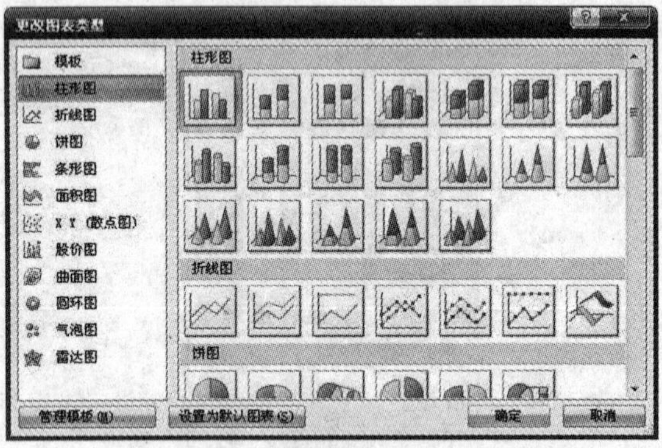

图 4-95 【更改图表类型】对话框

单击布局样式列表右侧的【向上滚动】按钮或【向下滚动】按钮，则样式列表的内容会上下滚动。单击布局样式列表右侧的【下拉】按钮，则打开表格布局样式下拉列表，根据需要在下拉列表中选中一个样式，即可完成对选定图表布局的设置。

要对图表中的各元素分别进行精确的布局调整，可以使用【图表工具—布局】选项卡中的各选项完成，如图 4-96 所示。

选中要更改布局的图表，单击【图表工具—布局】选项卡。使用该选项卡上的【标签】选项组中的各功能按钮，可以对图表中的标题、坐标轴标题、图例、数据标签、数据表等各元素进行精确的布局调整。

选中要更改布局的图表，单击【图表工具—布局】选项卡。使用该选项卡上的【坐标轴】选项组中的各功能按钮，可以对图表中的坐标轴和网格线进行布局调整。

选中要更改布局的图表，单击【图表工具—布局】选项卡。使用该选项卡上的【背景】选项组中的各功能按钮，可以对图表中的背景墙、图表背景和三维旋转参数进行布局调整。

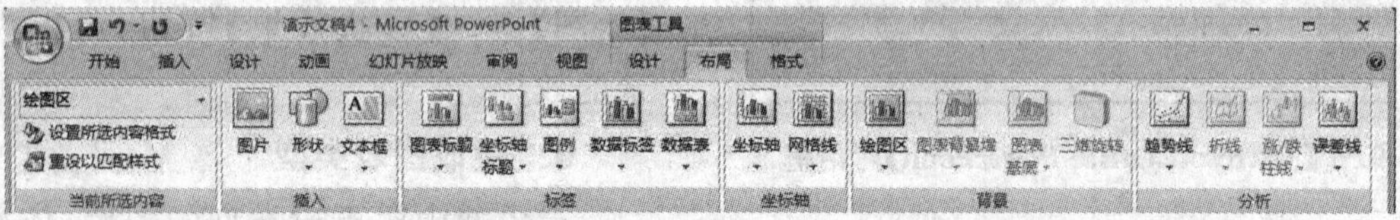

图 4-96 【图表工具—布局】选项卡

4.7 在幻灯片中插入媒体剪辑

64. 在幻灯片中插入来自外部文件的声音

很多 PowerPoint 演示文稿中需要使用声音，若要插入来自文件的声音，单击【插入】选项卡【媒体剪辑】组的【文件中的声音】按钮，打开【插入声音】对话框；或单击【声音】按钮，在如图 4-97 所示的下拉列表中单击【文件中的声音】，打开【插入声音】对话框。

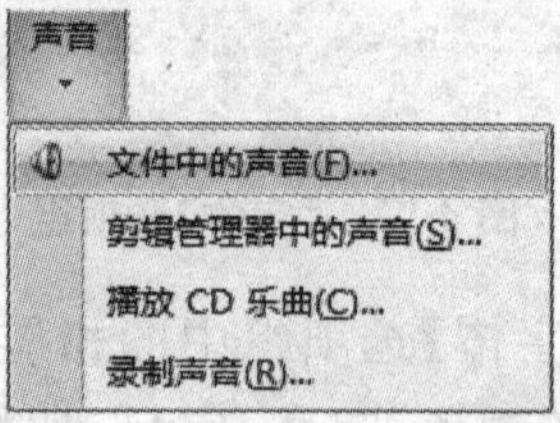

图 4-97 【声音】下拉列表

在此对话框中选择好声音文件后，单击【确定】按钮，弹出如图 4-98 所示的对话框，用于选择声音的播放方式。如果选择【自动】，则当幻灯片放映时自动播放声音；如果选择【在单击时】，则当幻灯片放映时单击声音图标后才播放声音。

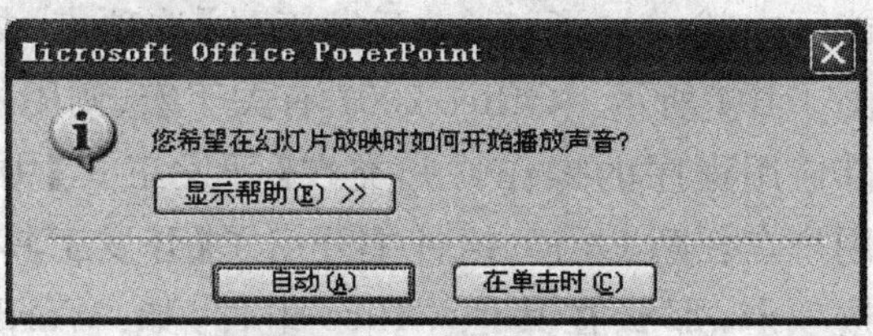

图 4-98　选择播放方式

单击【自动】或【在单击时】按钮后，即完成声音的插入，在幻灯片上显示一喇叭图标。选中该喇叭图标，上部功能区则会出现【声音工具—选项】选项卡，在其中的【声音选项】组中，可以对声音的属性做一些设置。

65. 在幻灯片中插入剪辑管理器中的声音

很多 PowerPoint 演示文稿中需要使用声音，若要插入来自剪辑管理器的声音，依次单击【插入】选项卡→【媒体剪辑】组→【声音】按钮→【剪辑管理器中的声音】，打开【剪贴画】窗格。

在【剪贴画】窗格中的【结果类型】下拉列表中选中【声音】项，如图 4-99 所示。单击【搜索】按钮，则在下方的列表中就会列出剪辑管理器中的声音搜索结果。选中其中的一个声音图标双击鼠标左键，则弹出选择声音的播放方式对话框。如果选择【自动】，则当幻灯片放映时自动播放声音；如果选择【在单击时】，则当幻灯片放映时单击声音图标后才播放声音。单击【自动】或【在单击时】按钮后，即完成声音的插入，在幻灯片上显示一喇叭图标。

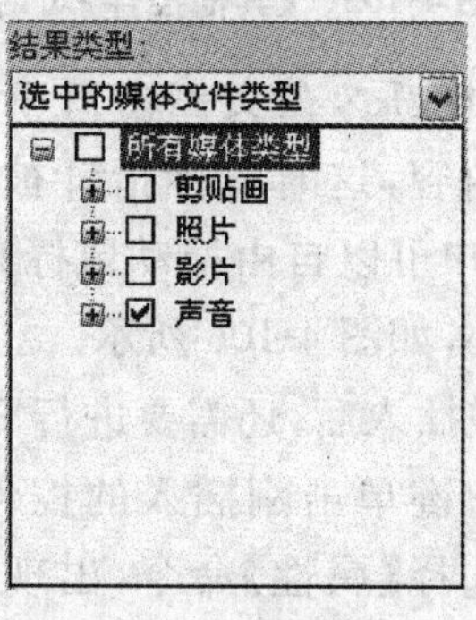

图 4-99　【结果类型】下拉列表

66. 在幻灯片中插入 CD 乐曲

很多 PowerPoint 演示文稿中需要使用声音，若要插入来自 CD 的声音，依次单击【插入】选项卡→【媒体剪辑】组→【声音】按钮→【播放 CD 乐曲】，打开如图 4-100 所示的【插入 CD 乐曲】对话框。

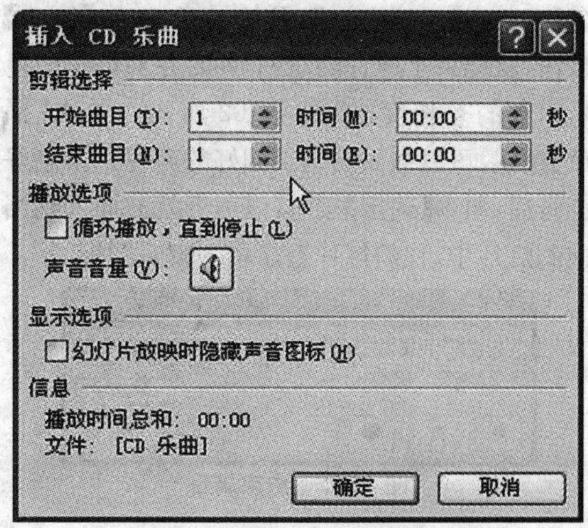

图 4-100　【插入 CD 乐曲】对话框

在【插入 CD 乐曲】对话框中，【开始曲目】项中可以设置从 CD 上的第几首歌曲开始播放，其后的【时间】项设置当前曲目的开始播放时间；【结束曲目】项中可以设置播放到 CD 上的第几首歌曲结束，其后的【时间】项设置当前曲目的结束播放时间。

设置好参数后，单击【确定】按钮，弹出选择声音的播放方式的对话框，如果选择【自动】，则当幻灯片放映时自动播放声音；如果选择【在单击时】，则当幻灯片放映时单击声音图标后才播放声音。单击【自动】或【在单击时】按钮后，即完成声音的插入，在幻灯片上显示一 CD 图标。

67. 在 PowerPoint 中录制声音

很多 PowerPoint 演示文稿中需要使用声音，若要在 PowerPoint 中录制声音，依次单击【插入】选项卡→【媒体剪辑】组→【声音】按钮→【录制声音】，打开如图 4-101 所示的【录音】对话框。

图 4-101 【录音】对话框

在【名称】文本框中可以输入录制声音的名称，单击【录音】按钮，开始录音，单击【停止】按钮，就结束了声音的录制，同时在对话框中显示声音的总长度，如图 4-102 所示。单击【播放】按钮，可以播放刚刚录制好的声音。录制好声音后，单击【确定】按钮，该声音就被插入到当前幻灯片中，在幻灯片上显示一喇叭图标。

图 4-102 结束录音

68. 在幻灯片中插入 Flash 动画

在 PowerPoint 中插入 Flash 动画的常用方法是通过【控件工具箱】插入控件的方法来调用。默认情况下，在 PowerPoint 2007 的菜单中没有【控件工具箱】这个工具，要想调用它，需要进行设置。设置的方法如下：

单击 PowerPoint 窗口左上方的【Office】按钮，在弹出的下拉列表中单击【PowerPoint 选项】按钮，打开【PowerPoint 选项】对话框，如图 4-103 所示。单击左侧列表中的【常用】，勾选右侧【PowerPoint 首选使用选项】组中的【在功能区显示"开发工具"选项卡】复选框，单击【确定】按钮。

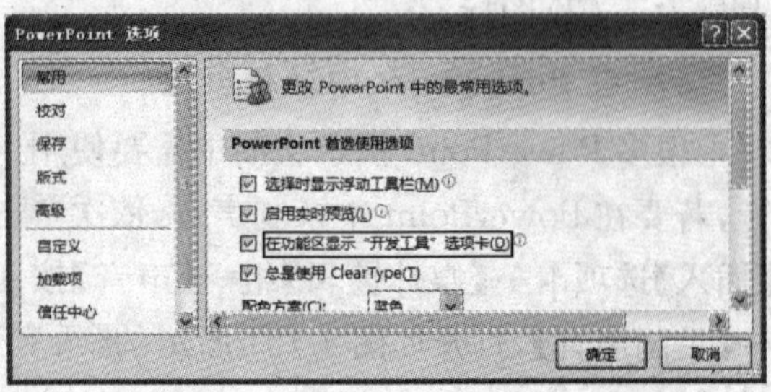

图 4-103 【PowerPoint 选项】对话框

操作完毕后，PowerPoint 2007 主界面功能区中就增加了一个【开发工具】选项卡，如图 4-104 所示。Office 2007 有关于宏、调用外部应用程序的操作均归类在【开发工具】中，用户在任意 Office 组件中开启了【开发工具】选项卡，那么在其他 Office 组件，如：Word、Excel 中都有效。

图 4-104 【开发工具】选项卡

单击功能区中的【开发工具】选项卡，在其中的【控件】组中，单击【其他控件】按钮，进入【其他控件】对话框，在控件列表中选择【Shockwave Flash Object】对象（控件列表内容很多，用户可以按键盘"s"键，快速定位控件），单击【确定】按钮完成，如图 4-105 所示。

图 4-105 【其他控件】对话框

控件插入后，在文档窗口中并不会增加任何新的内容，这时光标指针被自动设置为十字形，用户可以自由拖动鼠标来决定 Flash 控件的大小，如图 4-106 所示。

控件被插入后，还需要进行 Flash 参数设置。鼠标右键单击刚插入的控件，然后在右键菜单中选择【属性】命令，出现【属性】对话框，如图 4-107 所示。用鼠标选中其中的【自

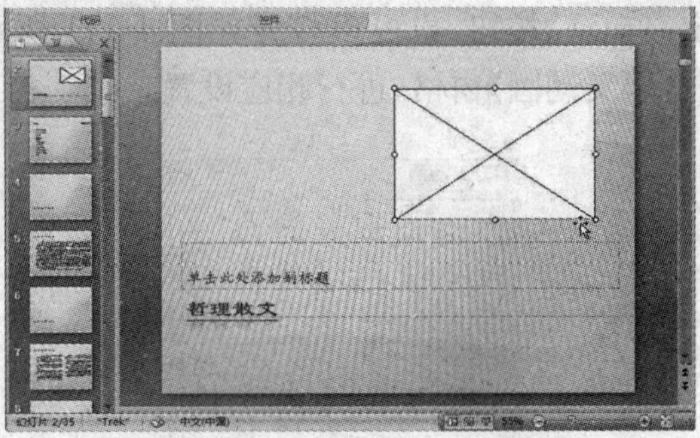

图 4-106 在幻灯片中插入控件

定义】栏后，其右侧会出现一个【...】按钮，单击该按钮，进入【属性页】对话框，如图 4-108 所示。

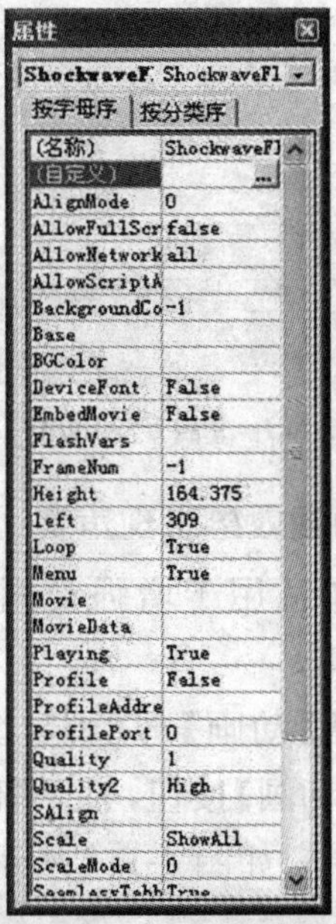

图 4-107 【属性】对话框

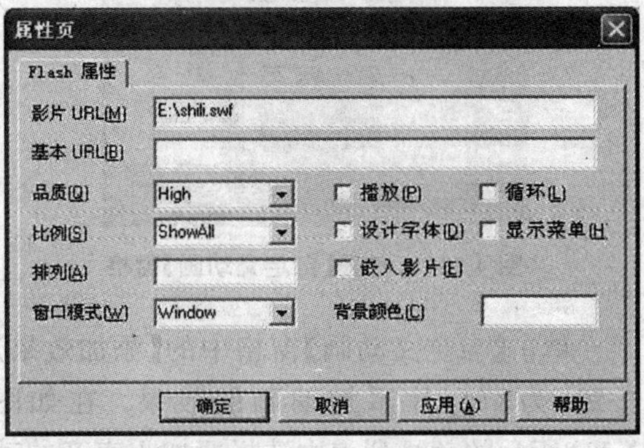

图 4-108 【属性页】对话框

在【属性页】对话框中，需要在【影片 URL】中键入 Flash 动画的完整本地路径，如果需要 Flash 动画自动播放，还要勾选【播放】选项。“影片 URL”地址除了支持本地路径外，还支持网络路径，例如“http://www.my-home.com//flash.swf”，不过在幻灯片演示时该网络路径必须有效，如果 Flash 动画很大，载入动画的时间也相对较长。

完成以上操作，就可以在 PowerPoint 2007 中看到插入的 Flash 动画了，当幻灯片放映时，该动画就会播放。

69. 在幻灯片中插入视频

一般的视频文件可以直接插入。使用这种方法将视频文件插入到幻灯片中后，PowerPoint 只提供简单的【暂停】和【继续播放】控制，而没有其他更多的操作按钮供选择。

首先切换到需要插入视频文件的幻灯片，单击【插入】选项卡→【媒体剪辑】组→【文件中的影片】按钮，或单击【影片】按钮，然后在弹出的下拉列表中选择【文件中的影片】。打开【插入影片】对话框，在此对话框中选择好视频文件后，单击【确定】按钮，弹出如图 4-109 所示的对话框，用于选择影片的播放方式。如果选择【自动】，则当幻灯片放映时自动播放该影片；如果选择【在单击时】，则当幻灯片放映时在影片上单击鼠标后才播放该影片。

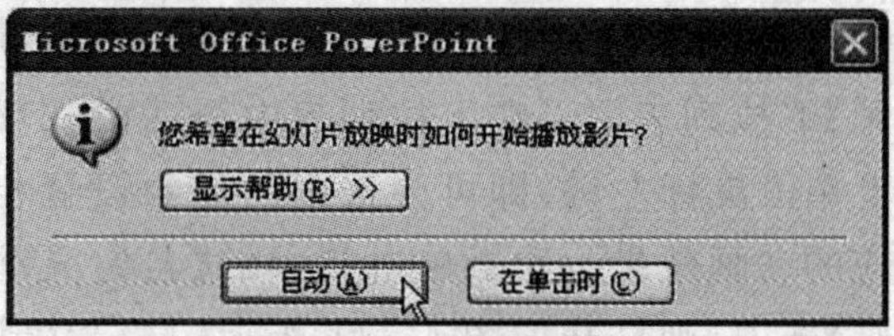

图 4-109 选择播放方式

单击【自动】或【在单击时】按钮，视频文件就插入到幻灯片中了。用鼠标选中视频文件，并将它移动到合适的位置。在播放过程中，可以将鼠标移动到视频窗口中，单击一下，视频就能暂停播放。如果想继续播放，再用鼠标单击一下即可。

70. 在幻灯片中插入来自剪辑管理器的影片

如果要插入来自剪辑管理器的影片，首先切换到需要插入视频文件的幻灯片，然后单击【插入】选项卡→【媒体剪辑】组→【影片】按钮→【剪辑管理器中的影片】，打开窗口右侧的【剪贴画】窗格。

在【剪贴画】窗格中的【结果类型】下拉列表中选中【影片】项，单击【搜索】按钮，则在下方的列表中就会列出剪辑管理器中的影片搜索结果。选中其中的一个影片双击鼠标左键，即完成影片的插入。

4.8 放映幻灯片

71. 设置对象的动画效果

使用【动画】选项卡【动画】选项组的【动画】下拉列表框，如图 4-110 所示，可以快速地给幻灯片中的对象设置动画效果。

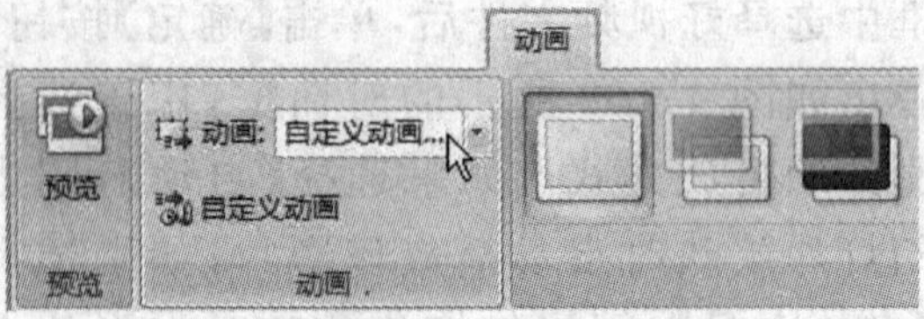

图 4-110 【动画】选项组

首先在幻灯片上选中需要设置动画效果的对象，单击【动画】选项卡→【动画】组→【动画】下拉列表框。在下拉列表中合适的选项上单击鼠标左键，即可为选中的对象设置相应的动画效果。如果单击其中的【自定义动画】选项，则打开如图 4-111 所示【自定义动画】窗格，在该窗格中，可以为选中的对象设置更多的动画效果，修改动画效果，并可以对动画的各种参数进行设置。例如，为动画添加“进入动画”、“强调动画”、“退出动画”，设置动画的动作路径，设置动画的开始时间和速度等。单击【动画】选项卡【动画】组的【自定义动画】按钮，也可以打开如图 4-111 所示【自定义动画】窗格，进行相应设置。

图 4-111 【自定义动画】窗格

72. 随动画效果出现声音

这项操作适用于增强动画的效果，以营造生动的场景。

首先激活【动画】选项卡，在【动画】组中单击【自定义动画】按钮，打开窗口右侧的【自定义动画】窗格，如图 4-112 所示。

图 4-112 打开【自定义动画】窗格

单击【自定义动画】窗格中的【添加效果】按钮，为幻灯片添加动画的效果。在如图 4-112所示的动画列表中选择要加入声音的动画，单击鼠标右键，弹出如图 4-113 所示的快捷菜单。在菜单中选择【效果选项】，打开【效果选项】对话框，如图 4-114 所示。在【增强】栏中单击【声音】下拉列表，选择一已有声音或选择【其他声音】，从一个声音文件中导入一个伴随动画的声音。单击【确定】按钮关闭对话框，即可完成设置。

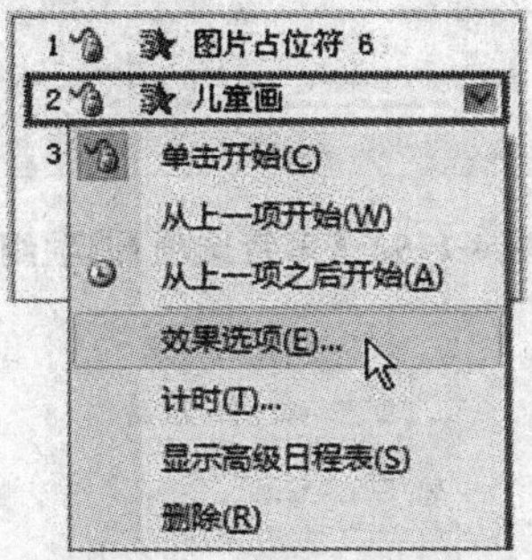

图 4-113 右键快捷菜单

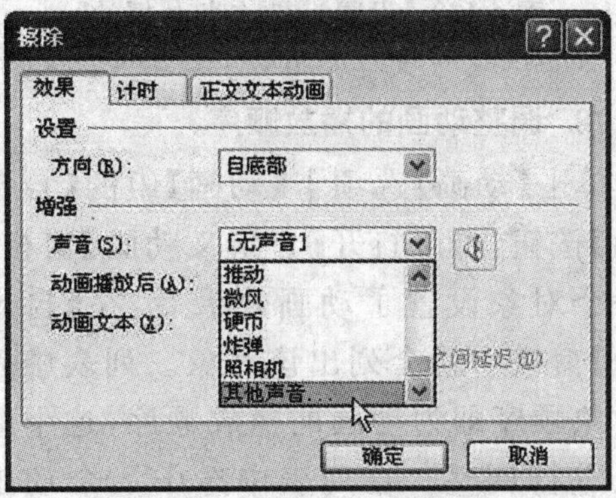

图 4-114 【效果选项】对话框

73. 删除对象的动画效果

当为一个对象设置了动画效果后，在如图 4-115 所示的【自定义动画】窗格中就会列出该对象。在列表中选中该对象，单击窗格中的【删除】按钮，即可将该对象的动画效果删除。

74. 设置进入动画的播放时间

当为一个对象设置了动画效果后，在【自定义动画】窗格中就会列出该对象。在列表中选中该对象，单击右侧的下拉按钮，弹出如图 4-114 所示的下拉列表。在列表中选中【计时】，单击鼠标左键，打开如图 4-116 所示的对话框，对话框的名称为当前对象的动画类型名称。在该对话框中可以设置动画的开始时间、延迟时间、播放速度、是否重复等参数。

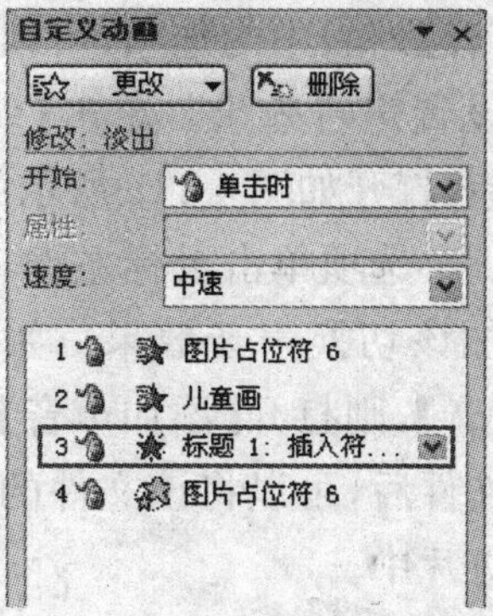

图 4-115 【自定义动画】窗格

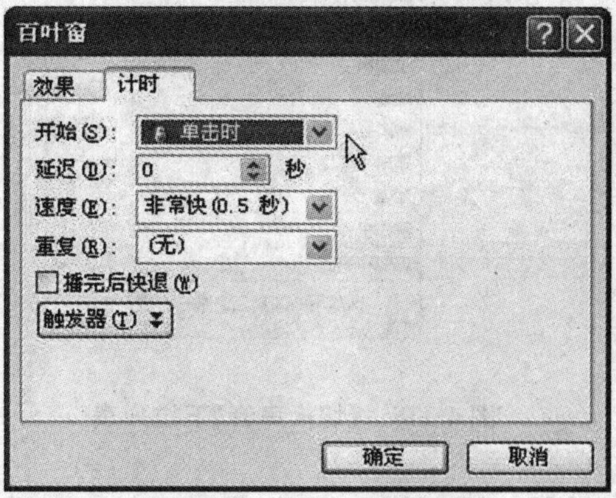

图 4-116 【百叶窗】对话框

75. 设置幻灯片切换的动画效果

使用【动画】选项卡【切换到此幻灯片】选项组的【切换样式】列表中的选项，如图 4-117 所示，可以快速地给幻灯片切换设置动画效果。单击列表右侧的【向上滚动】按钮或【向下滚动】按钮，则样式列表的内容会上下滚动。单击列表右侧的【下拉】按钮，根据需要在下拉列表中选中一个样式，即可完成幻灯片切换动画的设置。要取消切换效

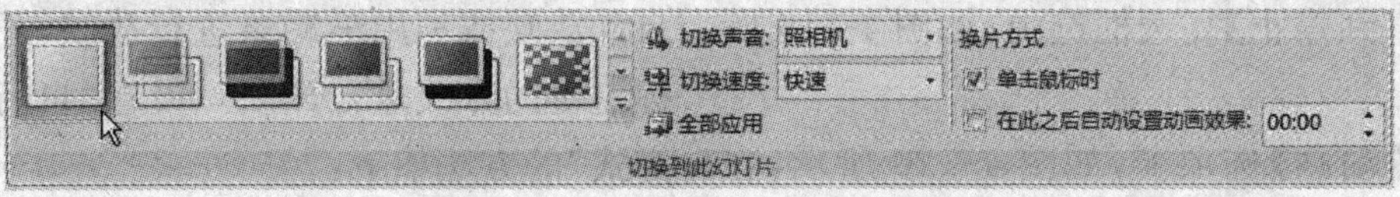

图 4-117 【切换到此幻灯片】选项组

果，可在【幻灯片切换样式】下拉列表选中【无切换效果】选项。

76. 设置幻灯片切换时的声音效果

使用【动画】选项卡【切换到此幻灯片】组的【切换声音】列表中的选项，可以快速地给幻灯片切换设置声音效果。单击【切换声音】下拉列表按钮，打开如图 4-118 所示的下拉列表，选中其中一个选项单击鼠标左键，即可给当前幻灯片添加该切换声音效果。如果选择其中的【其他声音】，则打开【添加声音】对话框。选择好声音文件后，可以将该文件的声音添加到指定的幻灯片中。

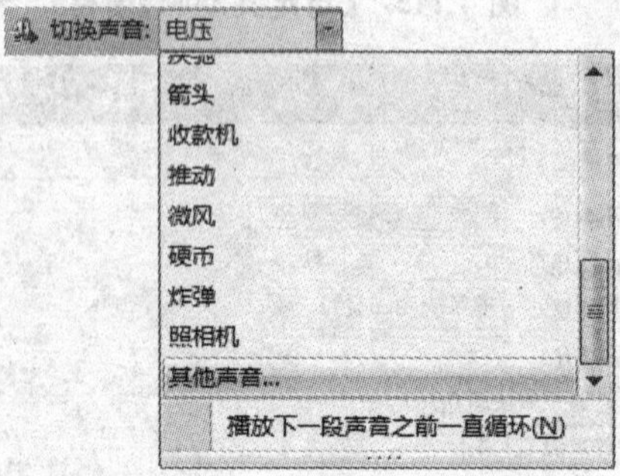

图 4-118 【切换声音】下拉列表

77. 循环播放声音直至幻灯片结束

在缺省的情况下，插入到幻灯片中的声音播放后，当切换到下一个幻灯片时就会停止。有时需要在幻灯片的播放过程中持续播放声音，例如图片欣赏的幻灯片，不需要使用者的讲解，往往是伴随着声音出现一幅幅图片。

首先，在演示文稿编辑模式中，使当前幻灯片为声音播放时的第一张幻灯片，采用前述的方法在幻灯片中插入声音。单击【声音工具选项】选项卡，将【声音选项】组中的【循环播放，直到停止】复选框选中，如图 4-119 所示。

激活【动画】选项卡，如图 4-120 所示，在【动画】选项组中将声音的播放设置为“跨幻灯片播放”(注意：设置此项时幻灯片中的声音图标必须为选中状态)。经过上述设置，幻灯片中的声音就可以在播放过程中持续播放，直到放映结束。

图 4-119 【声音选项】选项组

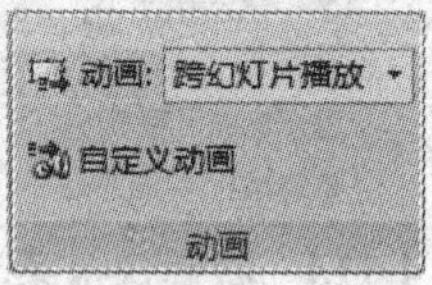

图 4-120 设置为“跨幻灯片播放”

78. 调整动画的播放顺序

单击【动画】选项卡【动画】组的【自定义动画】按钮，可以打开【自定义动画】窗格，当为一个对象设置了动画效果后，在【自定义动画】窗格中就会列出该对象。列表中列出的对象顺序即为动画的播放顺序，这个顺序可以进行调整。在列表中选中一个动画对象，单击窗格下方的【重新排序】按钮或，即可将此对象的排序位置上移或下移一个，从而使动画的播放顺序得到调整。

79. 设置观众自行浏览放映方式

默认情况下，PowerPoint 采用“演讲者放映方式”即全屏模式播放。不过，如果想采用窗口播放模式，则需要设置为观众“自行浏览放映方式”。观众自行浏览放映方式是一种在 Windows 窗口下放映的方式，放映时 PowerPoint 状态栏会显示出来，此时可以翻页、打印、Web 浏览等操作，但此时演示文稿只能够自动放映或利用滚动条进行放映，不能单击鼠标左键的方式进行放映。设置“自行浏览放映方式”的方法如下：

单击【幻灯片放映】选项卡【设置】组的

设置幻灯片放映】按钮，如图 4-121 所示，打开【设置放映方式】对话框，如图 4-122 所示。在【放映类型】栏中选中【观众自行浏览】单选项。在【放映幻灯片】和【放映选项】栏中可以根据需要进行设置。设置完成后单击【确定】按钮，关闭对话框。单击【幻灯片放映】选项卡【开始放映幻灯片】组中的按钮，即开始按这种模式进行放映。如果只需要一两次这种放映模式，可以不做以上设置，放映时按下 Alt 键，然后单击功能区中【幻灯片放映】选项卡【开始放映幻灯片】组中的按钮即可。

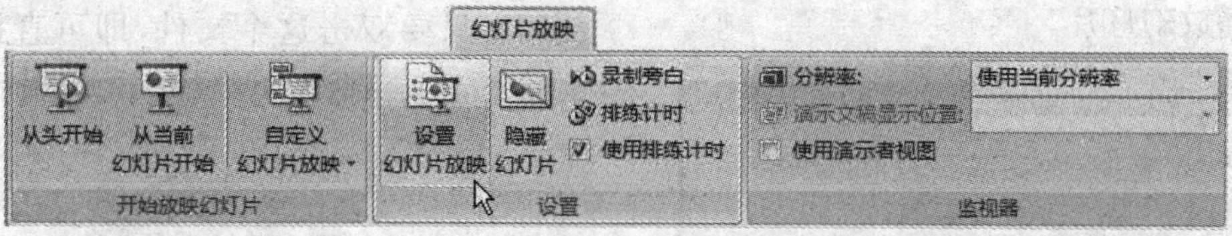

图 4-121 【幻灯片放映】选项卡

80. 设置在展台浏览放映方式

展台浏览放映方式是一种全屏放映方式，其特点是不需要控制就可以自动放映，在放映过程中鼠标不起作用，按 Esc 键则结束放映。设置"展台浏览放映方式"的方法如下：

单击【幻灯片放映】选项卡【设置】组的【设置幻灯片放映】按钮，打开如图 4-122 所示的【设置放映方式】对话框。在【放映类型】栏中选中【在展台浏览】单选项。在【放映幻灯片】和【放映选项】栏中可以根据需要进行设置。设置完成后单击【确定】按钮，关闭对话框。单击【幻灯片放映】选项卡【开始放映幻灯片】组中的按钮，即开始按这种模式进行放映。

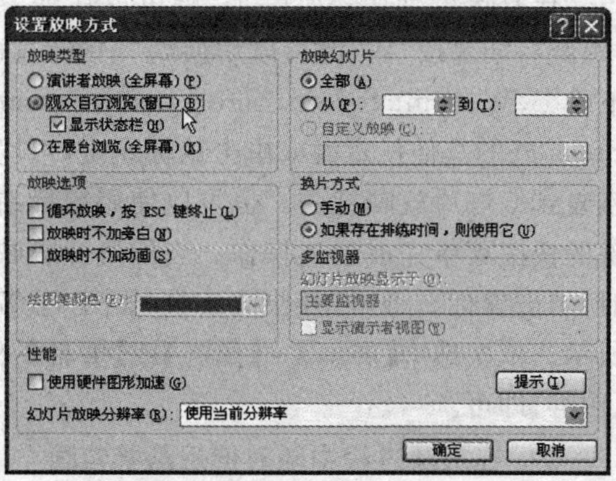

图 4-122 【设置放映方式】对话框

81. 采用小屏幕模式放映幻灯片

如果想采用小屏幕播放模式来播放幻灯片，可按下 Ctrl 键不松开，然后单击功能区中【幻灯片放映】选项卡【开始放映幻灯片】组中的按钮即可。这时启动的幻灯片放映模式是与全屏放映模式的操作完全一样的小屏幕放映模式，放映窗口只占四分之一的显示屏幕。

82. 循环放映幻灯片

如想让幻灯片播放到结束后，自动回到开头，重新开始播放，先打开想要播放的幻灯片，单击【幻灯片放映】选项卡【设置】组的【设置幻灯片放映】按钮，打开如图 4-122 所示的【设置放映方式】对话框。在【放映选项】栏中勾选【循环放映，按 Esc 键终止】复选框。设置完成后单击【确定】按钮，关闭对话框。

83. 按预定的速度播放幻灯片

如果想要按预定的速度播放幻灯片，可以使用以下方法：

单击【幻灯片放映】选项卡【设置】组的【排练计时】按钮，开始放映幻灯片，同时打开【预演】工具栏，如图 4-123 所示。

图 4-123 【预演】工具栏

【预演】工具栏中显示出当前幻灯片放映

的时间，单击其中的【下一个】按钮，则播放下一个幻灯片，单击【暂停】按钮，则停止播放。播放结束后，弹出如图 4-124 所示的【Microsoft Office PowerPoint】对话框，单击【是】，则保留时间的设置，单击【否】，则取消之前的时间设置。设置完成后，就可以按预定的速度播放幻灯片。

图 4-124 【Microsoft Office PowerPoint】对话框

84. 隐藏鼠标指针

当幻灯片放映时，单击鼠标右键，打开快捷菜单，如图 4-125 所示。依次选中【指针选项】→【箭头选项】→【永远隐藏】即可。

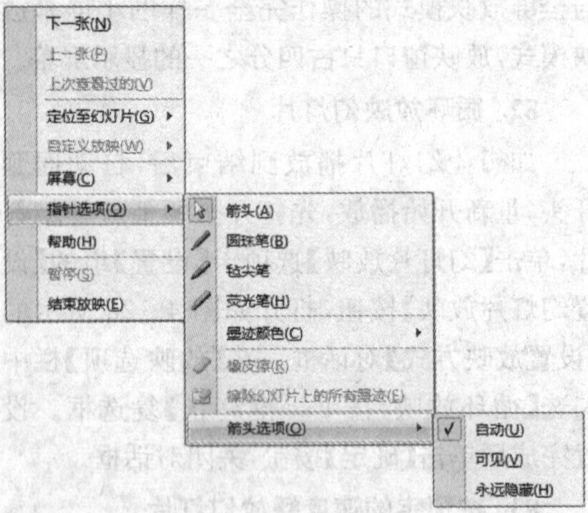

图 4-125 右键快捷菜单

技巧 在想要隐藏鼠标时，按下键盘的“A”键或“=”键。再按一次，或移动鼠标，就可以显示鼠标。如果想永久隐藏指针，可以按下组合键“Ctrl+H”，立即隐藏指针，按下组合键“Ctrl+U”，在 15 秒钟内隐藏指针。

85. 将演示文稿保存为自动播放的文件

首先启动 PowerPoint，然后单击窗口左上方的【Office】按钮，打开如图 4-126 所示的下拉列表。依次选中【另存为】→【PowerPoint 放映】，打开【另存为】对话框，将演示文稿存为扩展名为“.ppsx”的放映文件。以后，使用者只要双击这个文件，即可直接进入播放状态，不会打开 PowerPoint 应用程序。

图 4-126 【Office】下拉列表

86. 显示黑白屏

在幻灯片的放映过程中，有时会做一些与正在放映的这张幻灯片无关的事情。这时可以将演示屏幕切换成“黑屏”或“白屏”。

在放映过程中，按下“B”键可以切换到“黑屏”，如果按“W”键可以切换到“白屏”，按下除 B、W、Print Screen、Scroll Lock、Pause/Break 外的其他任意键或单击鼠标左键，可以恢复到幻灯片放映视图。也可以使用鼠标右键的快捷菜单完成上述操作。当幻灯片放映时，单击鼠标右键，打开快捷菜单，如图 4-127 所示。依次选中【屏幕】→【黑屏】或【屏幕】→【白屏】即可。

87. 在放映过程中随时使用画笔勾画

当播放幻灯片时，单击鼠标右键，打开快捷菜单，如图 4-128 所示。选中【指针选项】，

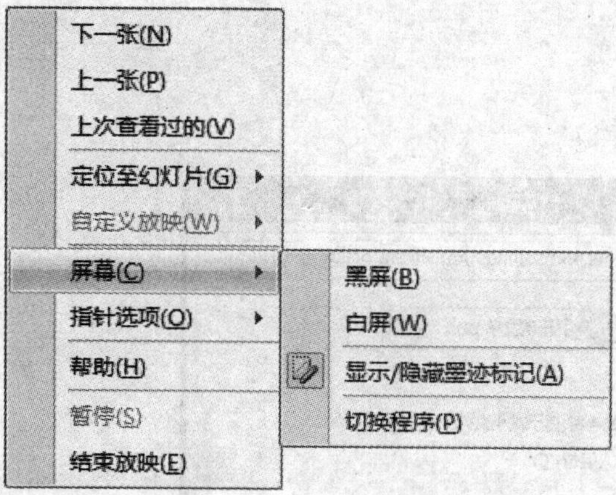

图 4-127 右键快捷菜单

然后在下一级列表中的【圆珠笔】、【毡尖笔】、【荧光笔】三个中选择一种绘图笔，就能在幻灯片上画图或写字了。还可以选择【墨迹颜色】，选择绘图笔的绘制颜色。

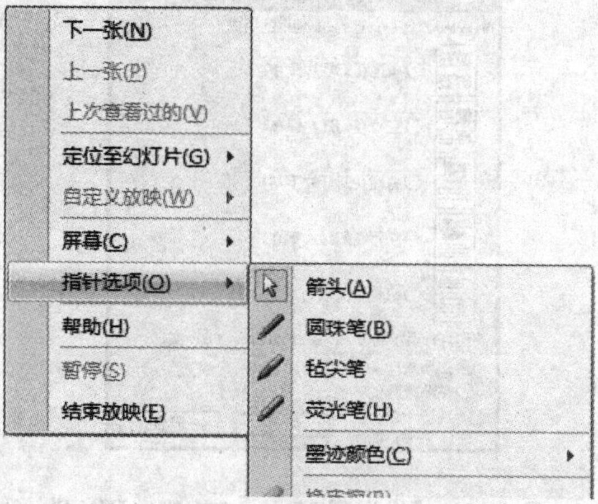

图 4-128 右键快捷菜单

技巧 按下组合键“Ctrl＋P”，将指针改变成绘图笔。按下组合键“Ctrl＋A”，则将绘图笔改变成指针。如果想要擦去幻灯片上勾画的字迹，可以按“E”键，便全部擦净。或使用右键菜单中的【指针选项】→【橡皮擦】，手工进行擦除。

4.9 保存和打印

88. 复制演示文稿时同时复制文稿中设置的字体

有时会遇到这样的情况，在一台电脑上制作好的演示文稿，复制到另一台电脑上播放时，可能由于两台电脑安装的字体不同，影响到演示文稿的播放效果。那么，能不能在复制演示文稿时同时复制文稿中设置的字体呢？

单击 PowerPoint 窗口左上方的【Office】按钮，单击列表中右下方的【PowerPoint 选项】按钮，打开【PowerPoint 选项】对话框，如图 4-129 所示。单击左侧的【保存】，然后勾选右侧的【将字体嵌入文件】复选项，则其下方的两个单选项变为可用。根据需要选择【仅嵌入演示文稿中使用的字符】或【嵌入所有字符】选项，单击【确定】按钮返回，然后再保存（或另存）相应的演示文稿即可。

89. 将演示文稿转换为 Word 文档

首先启动 PowerPoint，然后单击窗口左上方的【Office】按钮，打开如图 4-130 所示的下拉列表。依次选中【发布】→【使用 Microsoft Office Word 创建讲义】。

打开【发送到 Microsoft Office Word】对话框，如图 4-131 所示。设置好相应的选项后，单击【确定】按钮。此时，系统会启动 Word，并新建一个文件，保存演示文稿的内容，保存一下相应的文件就行了。转换到 Word 文档中的演示文稿内容，并不是普通的文本和图片，而只是将一张张幻灯片作为图片插入在 Word 文档中。

90. 将演示文稿保存为图片

启动 PowerPoint，打开相应的演示文稿，单击 PowerPoint 窗口左上方的【Office】按钮，依次单击【另存为】→【其他格式】，打开【另存为】对话框，单击【保存类型】右侧的下拉

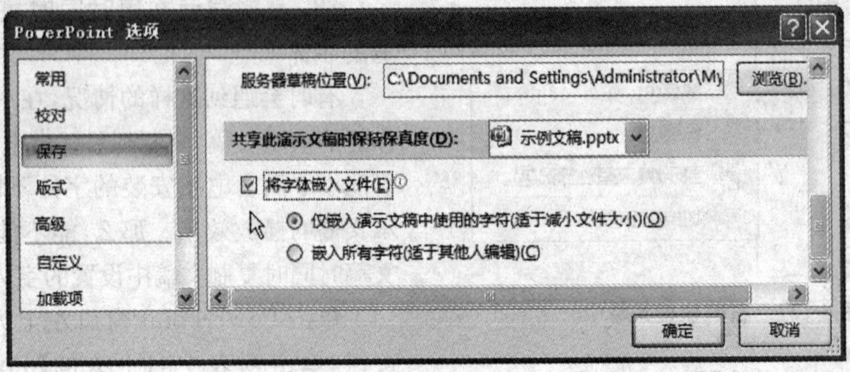

图 4-129 【PowerPoint 选项】对话框

图 4-130 【Office】下拉列表

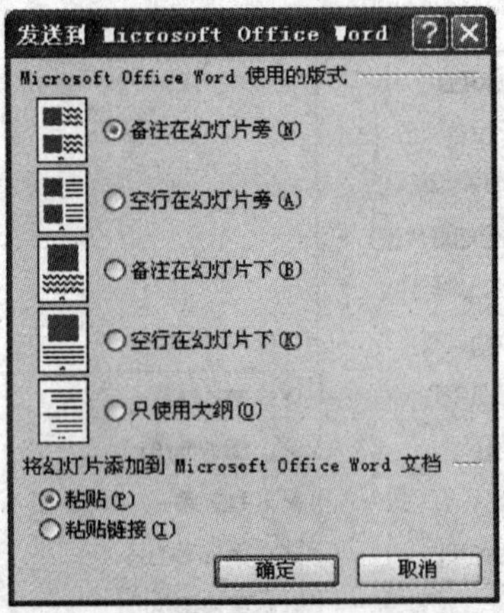

图 4-131 【发送到 Microsoft Office Word】对话框

按钮，在随后弹出的下拉列表中，选定一种图形类型，如图 4-132 所示，给文件取名后单击【保存】按钮。此时，系统会弹出如图 4-133 所示的对话框，根据需要，单击其中一个按钮即可。在进行保存时所输入的名称，并不是图形文件名称，而是用来保存图形文件的文件夹名称，图形文件是“幻灯片 1.jpg”、“幻灯片 2.jpg”等。

91. 加密演示文稿

启动 PowerPoint，打开相应的演示文稿，单击 PowerPoint 窗口左上方的【Office】按钮，依次单击【准备】→【加密文档】，如图4-134 所示。打开【加密文档】对话框，设置好密码，单击【确定】按钮，弹出【确定密码】对话框，再输入一次密码，单击【确定】按钮，然后再将演示文稿保存一下即可。

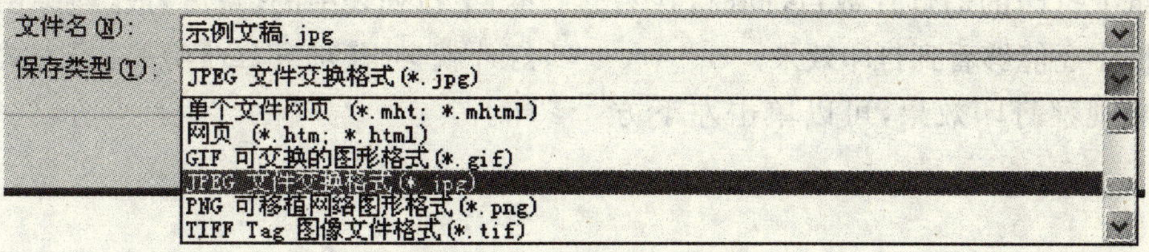

图 4-132　选定一种图形类型

图 4-133　【Microsoft Office PowerPoint】对话框

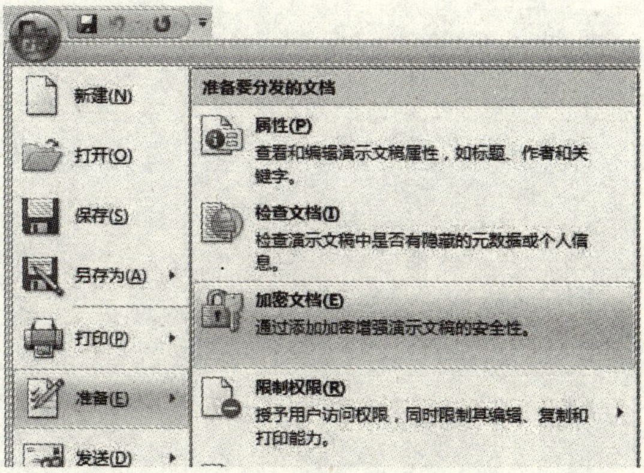

图 4-134　【Office】下拉菜单

92. 在一页中打印多个幻灯片

打开要打印的演示文稿，单击左上方的【Office】按钮，打开如图 4-135 所示的下拉菜单。选择【打印】→【打印】，打开【打印】对话框，如图 4-136 所示。

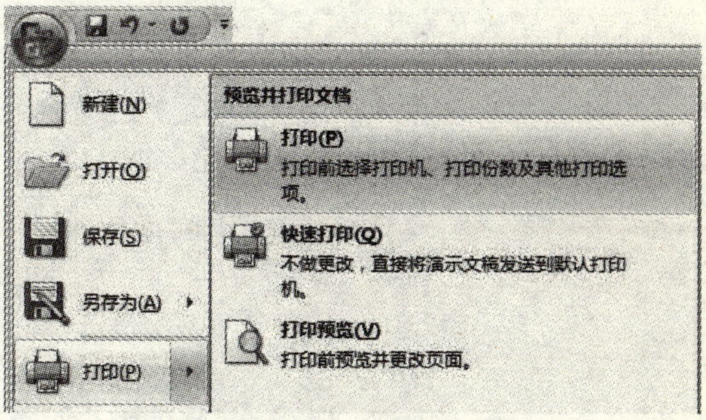

图 4-135　【Office】下拉菜单

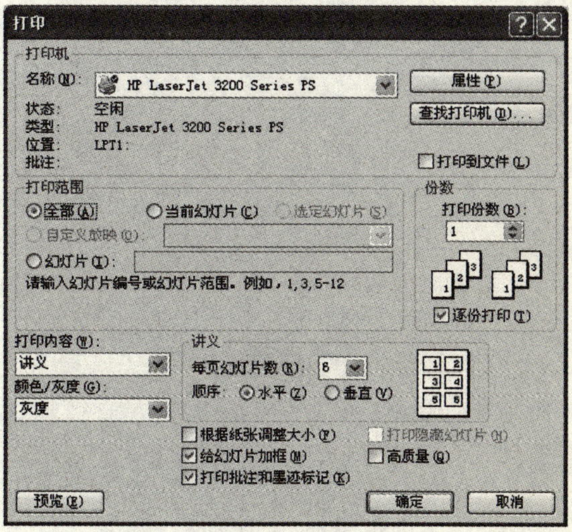

图 4-136　【打印】对话框

在【打印内容】下拉列表中选择【讲义】，

此时，右侧的【讲义】组合框会被激活，就可以在【每页幻灯片数】右边的下拉列表中选择想要在一张纸上打印的幻灯片数目，同时，在右边的预览框中还能够看到打印效果。

如果想观察打印效果，可以单击左下方的【预览】按钮，打开【预览】窗口。如果想使用灰度和黑白打印效果，可以单击【颜色/灰度】下拉列表中的【灰度】或【纯黑白】，彩色幻灯片就会用【灰度】或【纯黑白】方式预览或打印。

第 5 章

Access 2007 使用技巧

5.1 数据库设计

1. 新建数据库

Microsoft Office Access 2007 提供了大量可使创建新数据库的过程更加方便的改进功能，在首次启动 Access 时，或者在关闭数据库而不关闭 Access 时，将显示【开始使用 Microsoft Office Access】页，可以从此页开始创建新数据库、打开现有数据库，或查看来自 Microsoft Office Online 的特色内容。

在【开始使用 Microsoft Office Access】页中的【新建空白数据库】下，单击【空白数据库】按钮，如图 5-1 所示。

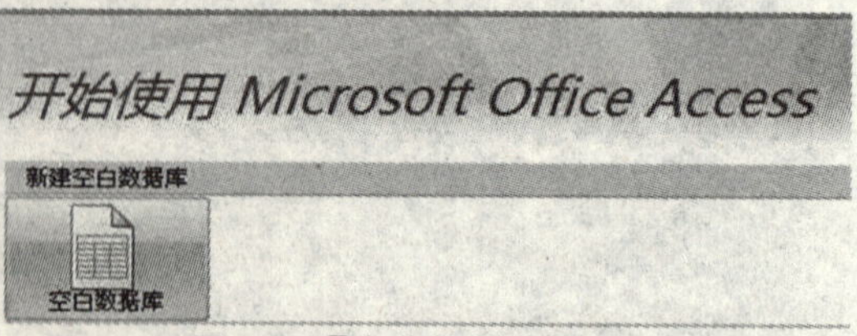

图 5-1 【空白数据库】按钮

单击【空白数据库】按钮后，将会在 Ac-

……窗格，如图

Access 将创建含有名为 Table1 的空表的数据库，然后在数据表视图中打开 Table1，并且将游标置于【添加新字段】列中的第一个空单元格中。

2. 使用模板创建数据库

Access 提供了各种各样的模板，使用这些模板可以加快数据库创建过程。模板是预设的数据库，其中包含执行特定任务时所需的所有表、查询、窗体和报表。例如，有些模板可用于跟踪问题、管理联系人或记录费用；有些模板则包含一些可以帮助演示其用法的示例记录。可以按原样使用模板数据库，也可以对这些数据库进行自定义以更好地满足用户的需要。

如果数据库已经打开，单击 Microsoft Access 窗口左上方的【Office】按钮，然后单击【关闭数据库】按钮以显示【开始使用 Microsoft Office Access】页。在【开始使用 Microsoft Office Access】页的中间显示了多个本地模板，如图 5-3 所示。

……人】

……窗

文件夹，请单击，通过浏览找到要保存数据库的文件夹，然后单击【创建】按钮。

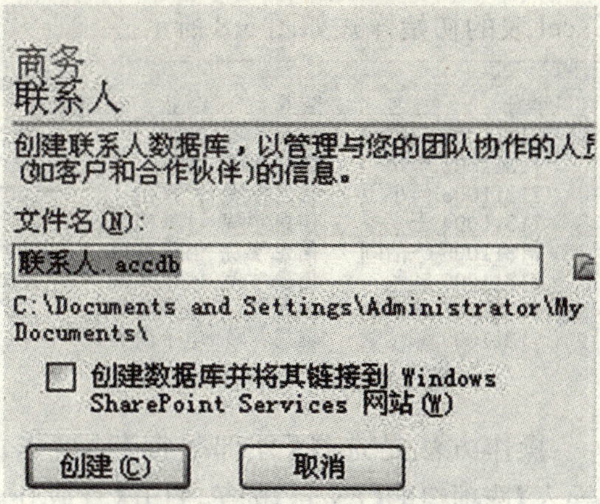

图 5-4　【联系人】任务窗格

Access 将创建或下载数据库，然后将其打开，此时将显示一个窗体，如图 5-5 所示，用户可以开始在其中输入数据。

3. 同时打开多个数据库

在单个 Access 实例中，每次只能打开一个数据库，也就是说，在启动 Access 并打开一个数据库后，必须关闭第一个数据库，才能打开另一个数据库。虽然在一个实例中不能打开多个数据库，但可以同时运行多个 Access 实例，每个实例都可以有一个打开的数据库。每次启动 Access 时，就会打开它的一个新实例。例如，要想同时打开两个 Access 数据库，需要启动 Access，打开第一个 Access 数据库，然后启动 Access 的新实例，打开第二个数据库。

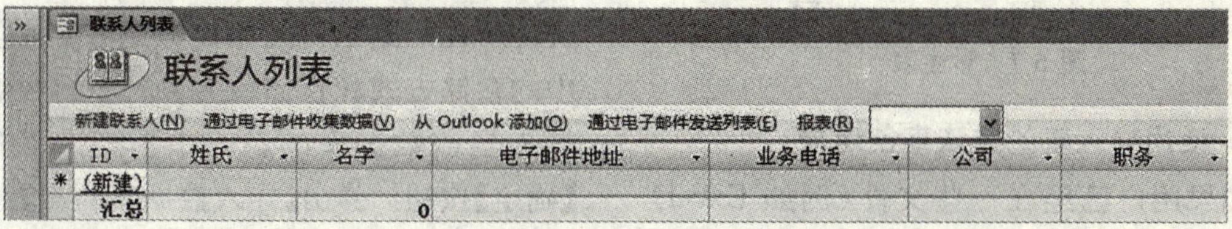

图 5-5　联系人列表

4. 解决数据库窗口不见问题

在使用 Microsoft Office Access 2003 或早期的版本时，可以使用数据库窗口来创建数据库，但在用 Microsoft Office Access 2007 创建新数据库或打开在旧版本 Access 中创建的数据库时，将不显示"数据库"窗口。在 Office Access 2007 中，"数据库"窗口被一项名为"导航窗格"的新功能所取代，一般会在窗口的右侧出现"导航窗格"。

5. 在 Access 2007 中处理数据访问页

Microsoft Office Access 2007 不再支持数据访问页。如果用户希望在 Web 上部署数据输入窗体并在 Access 中存储所生成的数据，则可以将数据库部署到 Microsoft Windows SharePoint Services 3.0 服务器上，并使用 Windows SharePoint Services 所提供的工具。

如果用户打开一个使用早期版本 Access 创建的数据库(例如 Access 2003 的 .mdb 文件)，并且该数据库包含数据库访问页，则可以在 Windows Internet Explorer 中查看这些页。只不过用户不能对这些页进行任何操作。

5.2　表设计

6. 在数据库中创建表

单击【创建】选项卡中【表】选项组中的【表】按钮，在 Access 窗口左侧出现【表 1：表】，在其上单击鼠标右键，在弹出菜单中选择【设计视图】，如果用户还未保存表 1，则会弹出【另存为】对话框，如图 5-6 所示，在文本框中输入表名，例如要建立学生表，则在其中输入"学生"，然后单击【确定】按钮。这样一个空表就建好了，这个表中只包含了一个

"ID"字段。

图 5-6 【另存为】对话框

这里先删除预置的"ID"字段，加入"学号"、"姓名"、"年级"、"院系"和"专业"字段，建立的字段默认类型为【文本】类型，如图 5-7 所示。

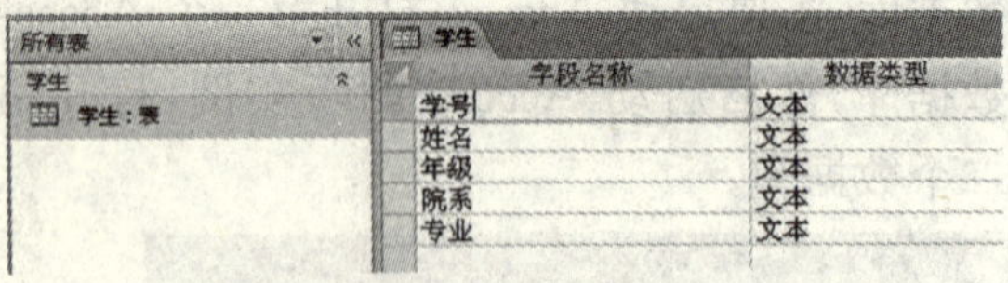

图 5-7 学生表

7. 使用导入表的方法来创建表

如果用户已经在一些文件（例如 Excel）中建立了一些表格，这些表格正好是数据库中要用到的表，那么可以通过 Access 的数据导入功能，来导入这些表。

例如在 Excel 文件中已经建立好了一张学生表，现要使用导入表方法来创建学生表。Excel 表的初始样式如图 5-8 所示。

	A	B	C	D	E
1	学号	姓名	院系	专业	年级
2	71311001	包黎年	信息学院	数学	2007
3	71311002	李娟	信息学院	数学	2007
4	71311003	何小卫	信息学院	计算机	2007
5	71311004	王平平	信息学院	计算机	2007
6	71311005	陈治同	信息学院	信息系统	2007
7	71311006	赵荣	信息学院	信息系统	2007
8	71311007	徐清泉	信息学院	电子商务	2007
9	71311008	邹伟斌	信息学院	电子商务	2007

图 5-8 要导入的 Excel 表

操作方法是选择【外部数据】选项卡的【导入】选项组的【Excel】按钮，打开【获取外部数据—Excel 电子表格】对话框，如图 5-9 所示，在该对话框中，在【文件名】中选择 Excel 文件所在的路径，在【指定数据在当前数据库中的存储方式和存储位置】中选择【将源数据导入当前数据库的新表中】选项，然后单击【确定】按钮。弹出【导入数据表向导】对话框，如图 5-10 所示，在该对话框中选择【显示工作表】，然后在其后的列表框中选择【学生基本情况表】，单击【下一步】按钮。

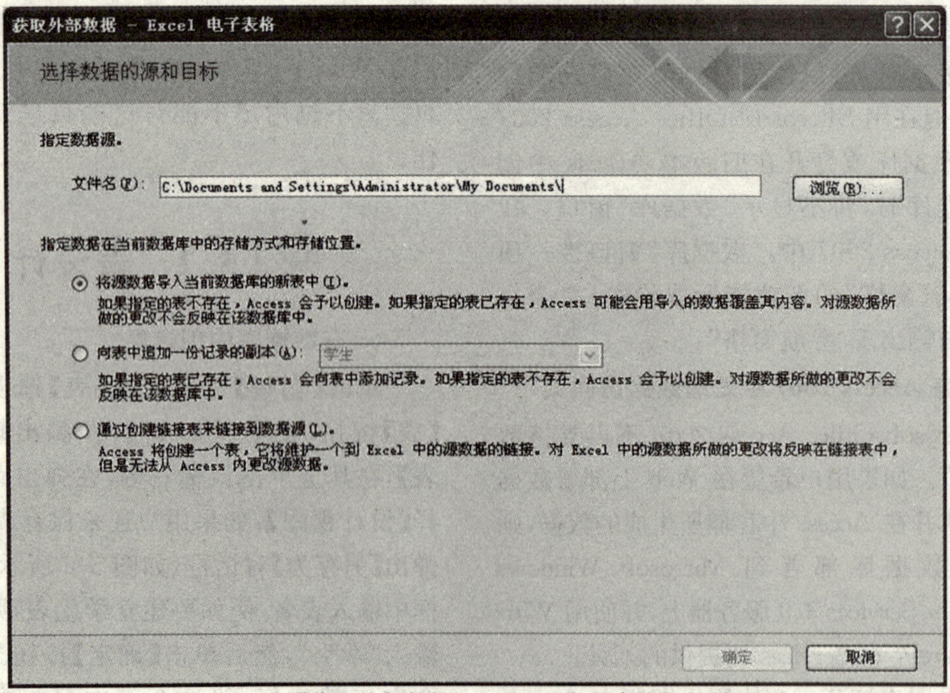

图 5-9 【获取外部数据——Excel 电子表格】对话框

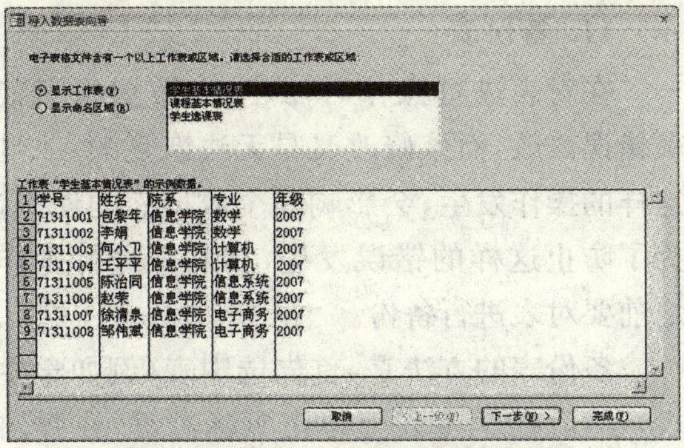

图 5-10 【导入数据表向导】对话框

在图 5-11 所示的对话框中，选择【第一行包含列标题】复选框，单击【下一步】按钮。

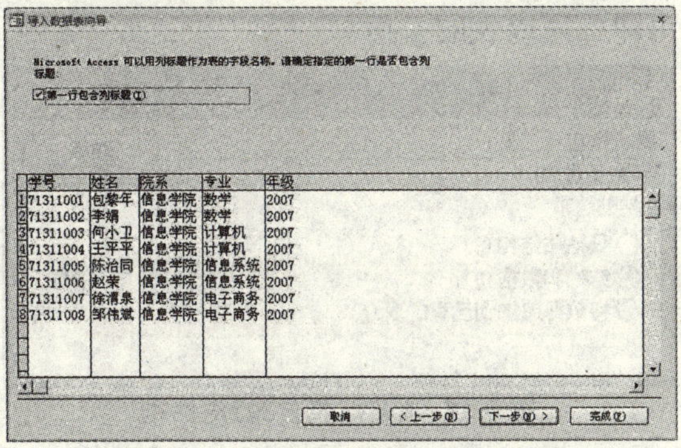

图 5-11 【导入数据表向导】对话框

在图 5-12 所示的对话框中的【字段选项】中，设置【字段名称】为【学号】，【数据类型】为【文本】，单击【下一步】按钮。

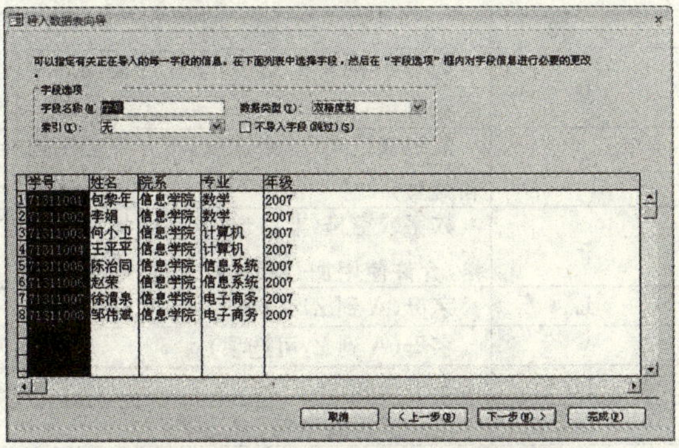

图 5-12 【导入数据表向导】对话框

在图 5-13 所示的图中，选择【我自己选择主键】，然后在其后的下拉框中选择【学号】，单击【下一步】按钮。

在图 5-14 所示的图中，输入表名，单击【完成】按钮即可。在导入表的同时，表中的

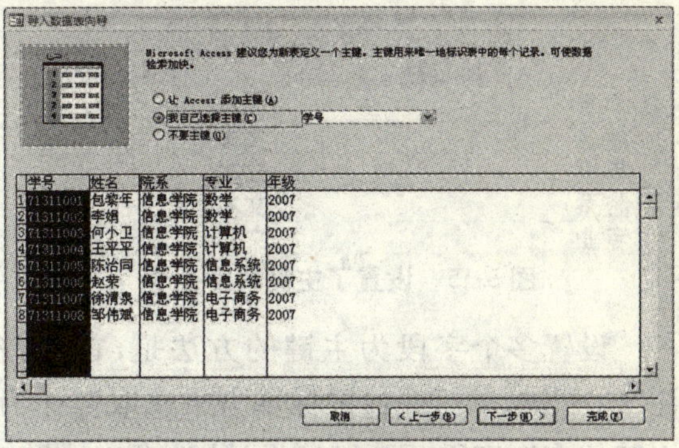

图 5-13 【导入数据表向导】对话框

数据也同时导入进来了。导入后的表格可能有些地方不满足要求，可以通过【设计视图】打开该表对表进行修改。

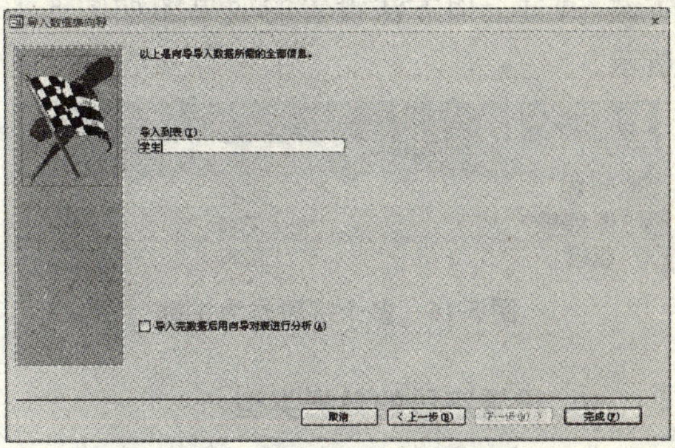

图 5-14 【导入数据表向导】对话框

8. 添加主键

添加主键的方法是，首先在要添加主键的表上单击鼠标右键，在弹出菜单中选择【设计视图】命令，这时可以在主框架区看到表的各个字段，在要作为主键的字段上单击鼠标右键，在弹出菜单中选择【主键】命令即可，设置后在该字段的前面多了一个钥匙符号。

另一种方法是通过【设计】选项卡中【工具】选项组中的【主键】命令来设置。例如给“学生”表设置“学号”字段为主键，设置后的效果图如图 5-15 所示。

9. 将多个字段同时设置为主键

有的时候需要同时将一个表的多个字段设置为主键，而使用上面介绍的方法只能将一个字段设置为主键。

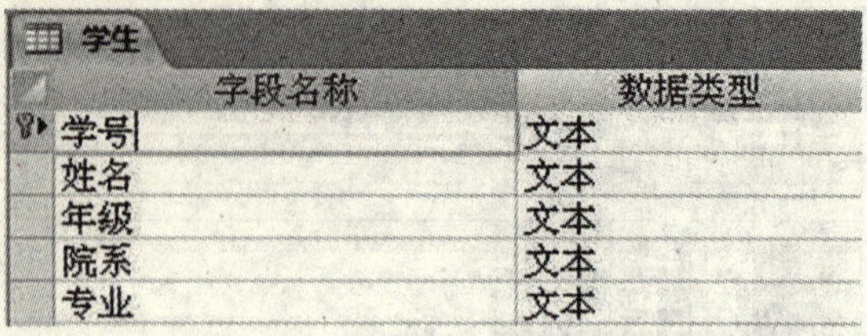

图 5-15　设置了主键的学生表

设置多个字段为主键的方法是，首先按住“Ctrl”键，然后通过鼠标单击来选取要作为主键的多个字段，再通过【设计】选项卡中【工具】选项组中的【主键】命令来设置。例如，有一个学生选课表，表中有“学号”、“课程号”和“成绩”字段，要将“学号”和“课程号”设置为主键，通过上面方法设置的效果图如图 5-16 所示。

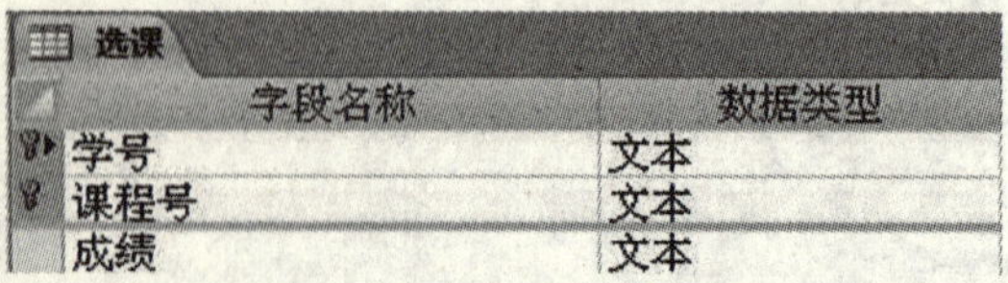

图 5-16　多个字段作为主键

10. 设置字段的数据类型

为表建立的字段默认的数据类型为文本类型，如果要修改为其他类型，可以首先在表上单击鼠标右键，在弹出菜单中选择【设计视图】命令，进入表的设计模式下，然后在【数据类型】列下相应的字段行，单击下拉箭头，在下拉菜单中选择其他类型即可。例如将学生表的“年级”字段的数据类型修改为【数字】，如图 5-17 所示。

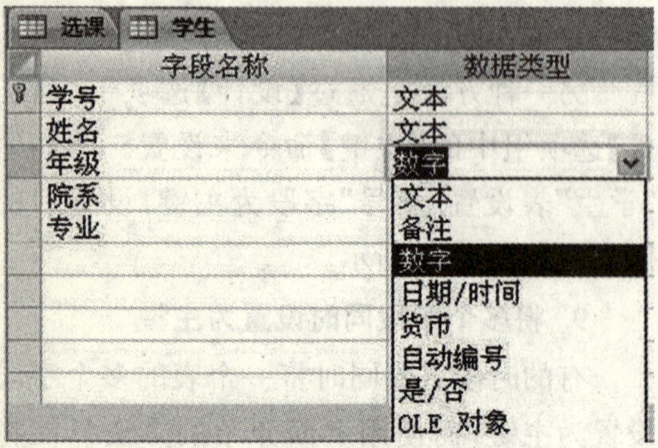

图 5-17　设置字段的数据类型

11. 备份表

在对表进行操作时，如果对数据作了某项错误修改，而该修改又是无法恢复的，一旦这样的操作发生，会影响整个数据库的使用，为了防止这样的错误发生，在对表进行操作之前要对表进行备份。

备份表的方法是，首先选中表(例如学生表)，然后在学生表上单击鼠标右键，在弹出菜单中选择【复制】命令；然后再【粘贴】，出现【粘贴表方式】对话框，如图 5-18 所示，输入【表名称】，例如：学生备份表，单击【确定】按钮即可完成表的备份。

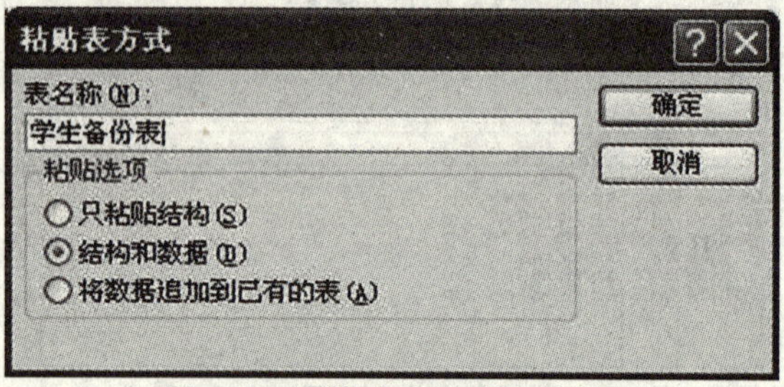

图 5-18　【粘贴表方式】对话框

12. 对字段定义掩码

字段的掩码可以用来控制在字段中的输入值，掩码的字符含义如表 5-1 所示。

表 5-1　掩码的字符

字　符	说　明
0	数字(0 到 9，必选项，不允许使用加号+和减号-)
9	数字或空格(非必选项；不允许使用加号和减号)
#	数字或空格(非必选项；空白将转换为空格，允许使用加号和减号)
L	字母(A 到 Z，必选项)
?	字母(A 到 Z，可选项)
A	字母或数字
&	任一字符或空格(必选项)
C	任一字符或空格(可选项)
<	使其后所有的字符转换为小写
>	使其后所有的字符转换为大写
\	使其后的字符显示为原义字符　(例如：\A 显示为 A)
密码	将“输入掩码”属性设置为“密码”，以创建密码项文本框，文本框中键入的任何字符都按字面字符保存，但显示为 *

例如设置“年级”字段掩码，使其只能由四位数字组成，首先要选择“年级”字段，然后在【常规】选项卡下的【输入掩码】中输入“0000”，如图 5-19 所示，以后再向“年级”字段输入数据的时候，只能输入 4 位数字。

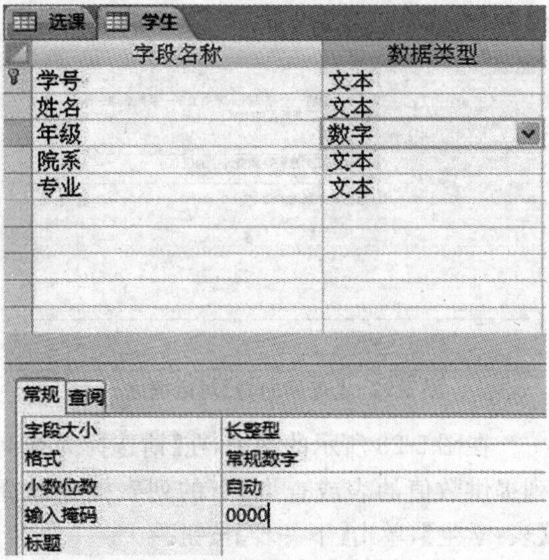

图 5-19 设置掩码

13. 设置字段的默认输入

有时，需要成批的向数据表中输入数据，数据表的某个字段的内容是相同的，这个时候是没有必要每一行都重复输入的。例如，向“学生”表中输入学生的基本情况，“学院”字段输入的都是“信息学院”，可以这样来设置。首先，在“学生”表上单击鼠标右键，在弹出菜单中选择【设计视图】命令，进入表的设计模式下，然后选择“院系”字段，在下面的【常规】选项卡中，找到【默认值】项，在其后输入“信息学院”即可，如图5-20所示。

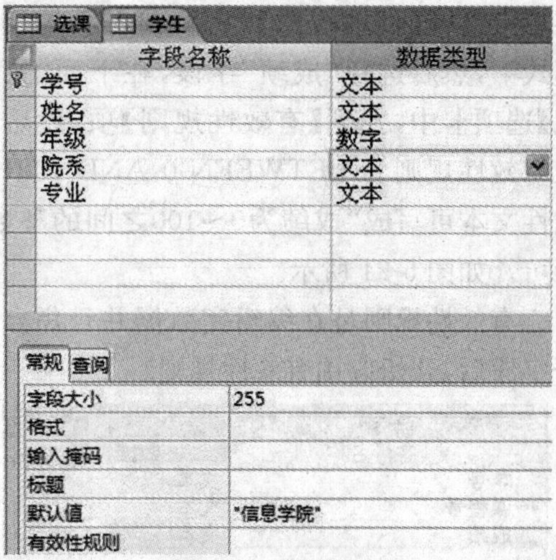

图 5-20 设置默认值

14. 设置和应用有效性规则

有时，需要对输入的数据做一些限制，防止非法的数据输入到表中，这可以通过有效性规则来设置。当输入的数据违反了有效性规则时，会将有效性文本设置的提示信息显示给用户。有效性规则通常和有效性文本搭配使用。有效性规则使用的符号如表 5-2 所示。

表 5-2 有效性规则符号

符号	含义	示例	示例说明
＜	小于	＜1000	—
＞	大于	＞0	—
＝	等于	＝“北京”OR“天津”OR“上海”OR“重庆”	—
＞＝	小于等于	＞＝0 AND ＜100	—
＜＝	大于等于	＞＝ ＃1/1/96＃ And ＜＃1/1/97＃	必须输入 1996 年的日期
＜＞	不等于	＜＞0	—
IN	是否为其后定义列表中的成员	IN(“北京”，“天津”，“上海”，“重庆”)	—
BETWEEN …AND…	是否在其后定义的取值范围中	BETWEEN 0 AND 100	—
LIKE	是否与其后定义的样式字段匹配	LIKE ″[！0－9]＃＃＃＃＃″	任何字符(除了 0～9)开头，结尾 5 位数字

下面通过一个实例来说明。例如在学生选课表中,"成绩"字段只允许输入 0～100 之间的数字,当输入的数字不在该区间范围内的时候,要显示提示信息。设置的方法是首先在"学生选课"表上单击鼠标右键,在弹出菜单中选择【设计视图】命令,进入表的设计模式下,然后选择"成绩"字段,在下面的【常规】选项卡中,找到【有效性规则】项,然后输入有效性规则为 BETWEEN 0 AND 100,有效性文本可写成"成绩为0～100之间的整数"即可。如图 5-21 所示。

有效性规则是在编辑完数据并且焦点离开字段后,开始应用有效性规则。

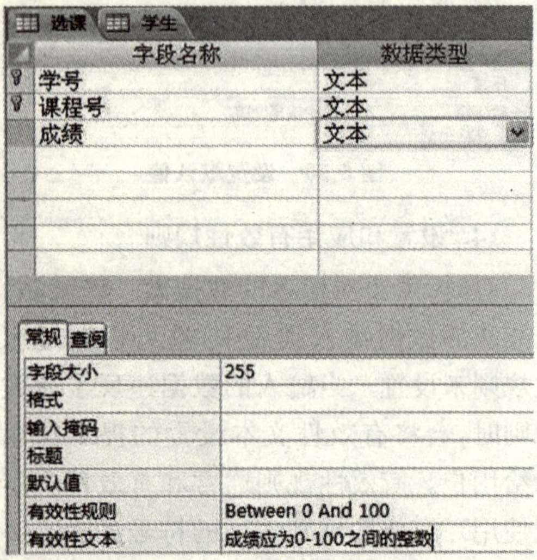

图 5-21　设置有效性规则

15. 利用查阅向导快速向表中输入数据

查阅向导主要是为输入数据提供方便的,当用户输入某个字段的数据时,可以通过在下拉列表中选择一个值来进行输入。例如:学生选课表的"课程码"字段要输入课程表中课程代码,而代码相对于课程名来说是难于记忆的,这时如果能从课程表里选择课程码就相对容易多了,使用查阅字段可以实现。

将"学生选课"表中的外键"学号"更改为"查阅字段"为例,创建用于查阅其他表数据的字段。首先,在 Access 窗口的左侧选择"学生选课"表,单击鼠标右键,在弹出菜单中选择【设计视图】命令,进入表的设计模式下,然后找到"学号"字段,在该字段对应的【数据类型】下拉列表框中选择【查阅向导…】选项,弹出【查阅向导】对话框,如图 5-22 所示,在该对话框中选择【使用查阅列查询表或查询中的值】,单击【下一步】按钮。

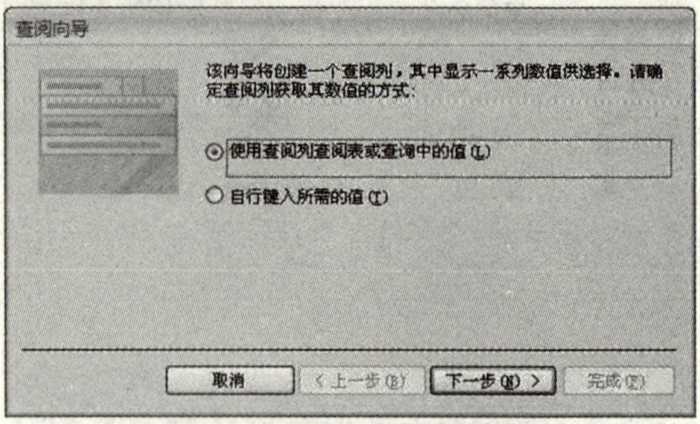

图 5-22　【查阅向导】对话框之一

在图 5-23 所示的图中,在【请选择为查询列提供数值的表或查询】下的列表框中选择【表:学生】,单击【下一步】按钮。

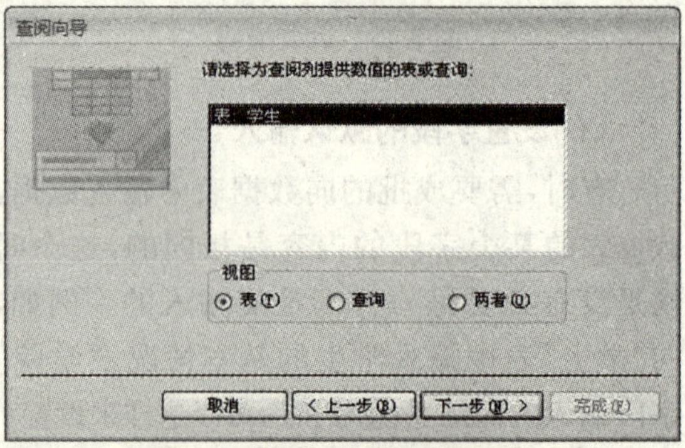

图 5-23　【查阅向导】对话框之二

在图 5-24 所示的图中,单击【>>】按钮,将所有字段移动到【选定字段】框中,单击【下一

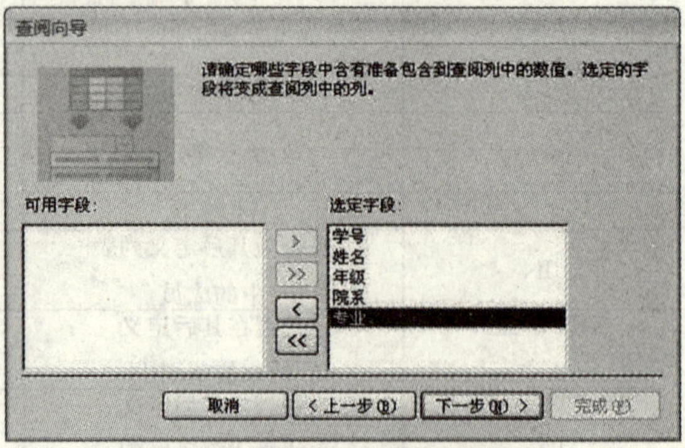

图 5-24　【查阅向导】对话框之三

步】按钮。

在图 5-25 所示的图中，选择【学号】的升序排列，单击【下一步】按钮。

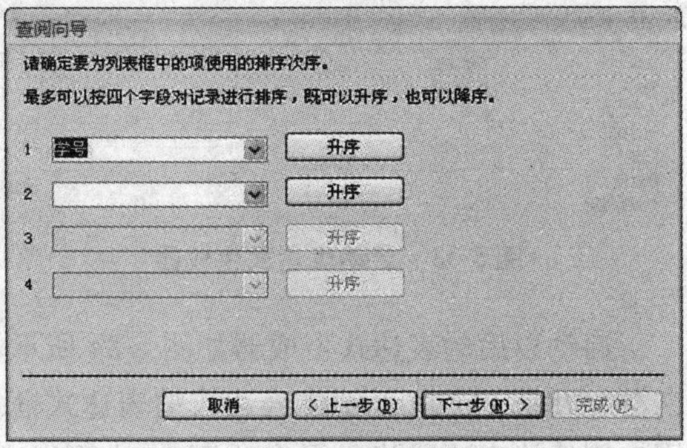

图 5-25　【查阅向导】对话框之四

在图 5-26 所示的图中，可以调整列的宽度和选择是否隐藏键值(指是否显示主键列)，单击【下一步】按钮。

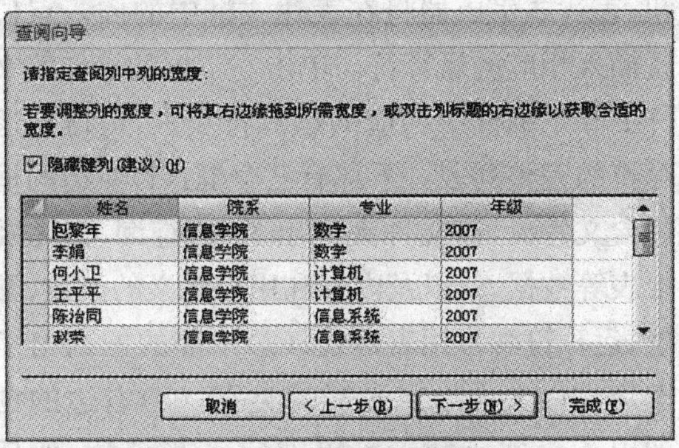

图 5-26　【查阅向导】对话框之五

在图 5-27 所示的图中，保留默认的可用字段【学号】，单击【完成】按钮。

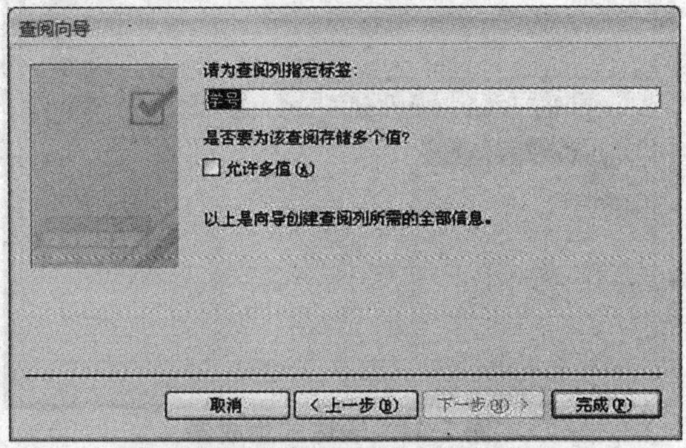

图 5-27　【查阅向导】对话框之六

当向表中输入数据时，会出现弹出数据框，如图 5-28 所示。

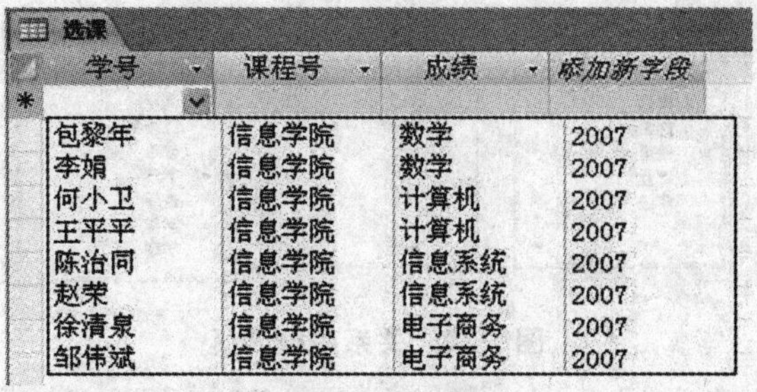

学号	课程号	成绩	添加新字段
包黎年	信息学院	数学	2007
李娟	信息学院	数学	2007
何小卫	信息学院	计算机	2007
王平平	信息学院	计算机	2007
陈治同	信息学院	信息系统	2007
赵荣	信息学院	信息系统	2007
徐清泉	信息学院	电子商务	2007
邹伟斌	信息学院	电子商务	2007

图 5-28　最终效果

16. 定义表之间的关系

表之间并不是孤立存在的，而是存在着某种关系，例如，一个学生可以选修多门课，一门课也可以有多个学生选修。用户在确定了表之间的关系以后，可以在数据库中加以定义。

首先单击【数据库工具】选项卡【显示和隐藏】选项组的【关系】按钮，在主框架区将显示【关系】选项卡，单击【设计】选项卡【关系】选项组中【显示表】按钮，弹出【显示表】对话框，如图 5-29 所示。

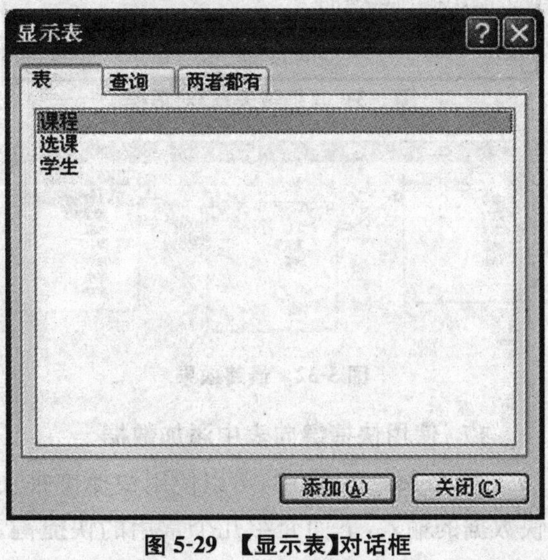

图 5-29　【显示表】对话框

在该对话框中，依次选择三个表并单击【添加】按钮，将三个表添加到主框架区中，添加后的效果如图 5-30 所示。

然后建立表之间的关系，首先单击【学生】表的【学号】字段，点住鼠标不放，拖动到【学生选课】表的【学号】字段上，弹出【编辑关

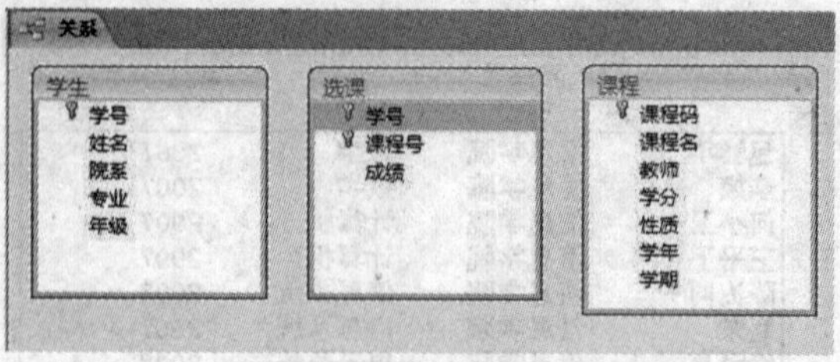

图 5-30 关系主框架区

系】对话框，如图 5-31 所示，在该对话框中，选择【实施参照完整性】复选框，其他默认，单击【创建】按钮即可。【课程】表的【课程码】字段和【学生选课】表的【课程号】字段的关系建立类似，不再赘述。

最终效果如图 5-32 所示。

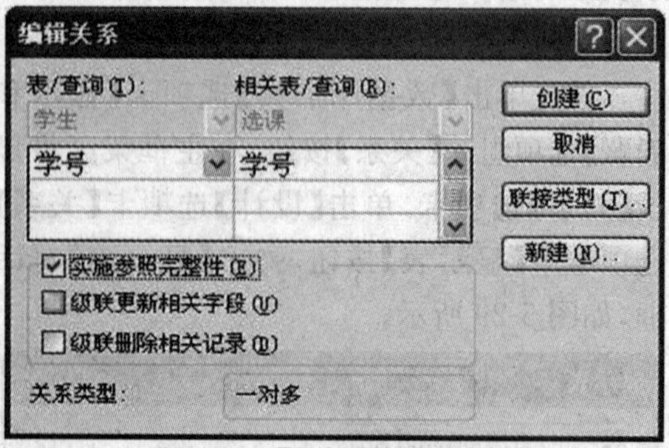

图 5-31 【编辑关系】对话框

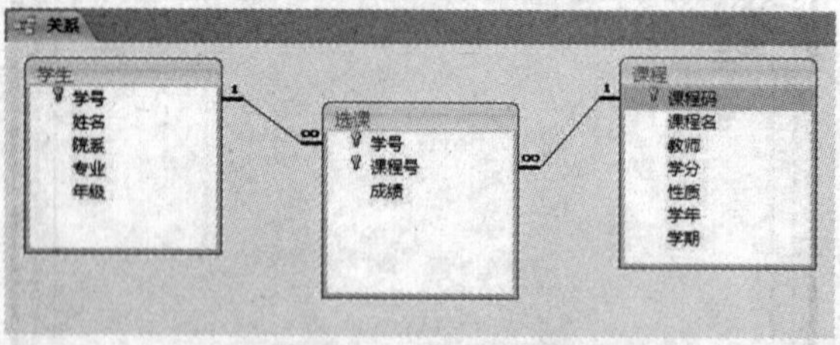

图 5-32 最终效果

17. 使用快捷键向表中添加数据

在 Access 2007 中，可以使用快捷键来加快数据的输入，下面介绍几个常用的快捷键。"Ctrl＋;"表示插入当前日期；"Ctrl＋Shift＋;"表示插入当前时间；"Ctrl＋'"表示插入与上一条记录相同字段的值。

18. 使用表达式生成器

有时，会遇到一些比较复杂的公式，这些公式如果通过手动的输入，非常麻烦，用户可以利用表达式生成器来输入，启动表达式生成器的方法有很多，一种启动方法是单击【默认值】的右侧的按钮来启动，如图 5-33 所示。

图 5-33 启动表达式生成器

启动以后的表达式生成器如图 5-34 所示，在左上方是一个用于创建表达式的表达式框。用户创建的表达式将显示在此框中，也可以直接在表达式框中键入表达式的部分内容，也可以通过选择下面的函数来生成；中部列出了常用的运算符的按钮。如果单击运算符的某个按钮，表达式生成器将在表达式框中的插入点位置插入相应的运算符。单击左下框的操作符文件夹和中部框中相应的运算符类别，可得到运算符的完整列表。下部有三个框：(1)左边的框包含文件夹，该文件夹列出了表、查询、窗体及报表等数据库，以及内置和用户定义的函数、常量、运算符和常用表达式；(2)中部的框列出了选定文件夹内指定元素的类别；(3)右边的框列出了一些函数。可以选定一些函数，然后双击或者点击"粘贴"。

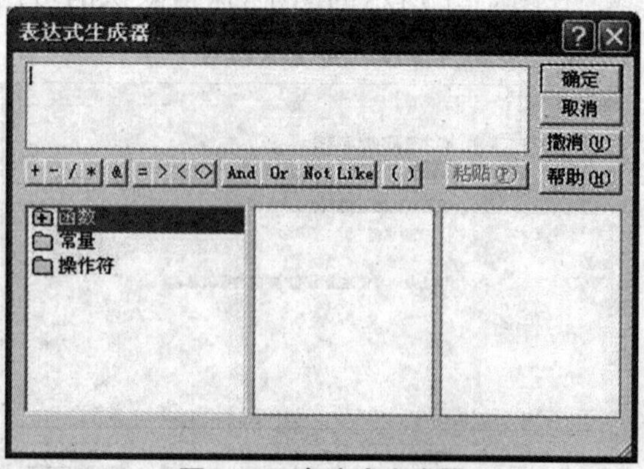

图 5-34 表达式生成器

19. 对数据表中的行进行计数

有的时候数据表中的数据非常多，但又

希望对表中的数据进行统计有多少个，这时可以利用汇总行功能来完成，汇总行是 Microsoft Office Access 2007 中的新增功能，它简化了对行进行计数的过程。在早期版本的 Access 中，必须在查询或表达式中使用函数（例如 Count 或 DCount）才能对行进行计数。

首先，在数据表视图中打开表或查询，然后单击【开始】选项卡的【记录】选项组中【合计】按钮，如图 5-35 所示。

这时会在表的下方出现【汇总】行，该行显示在星号（*）行的下方。单击单元格左侧的下拉箭头，然后从列表中选择【计数】。Access 将对列中的项目（行）数进行计数，并显示结果。最终效果如图 5-36 所示。

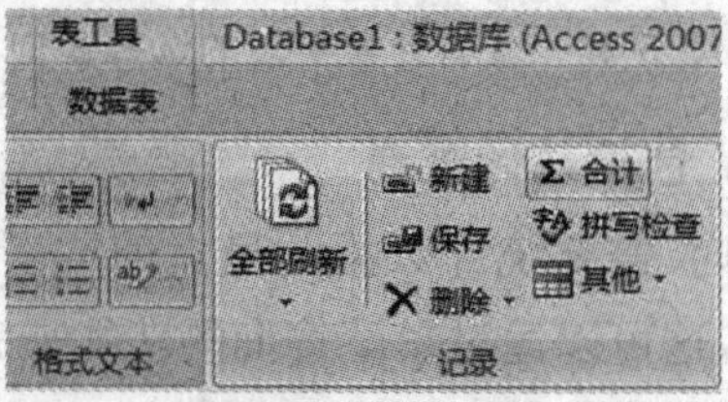

图 5-35　合计

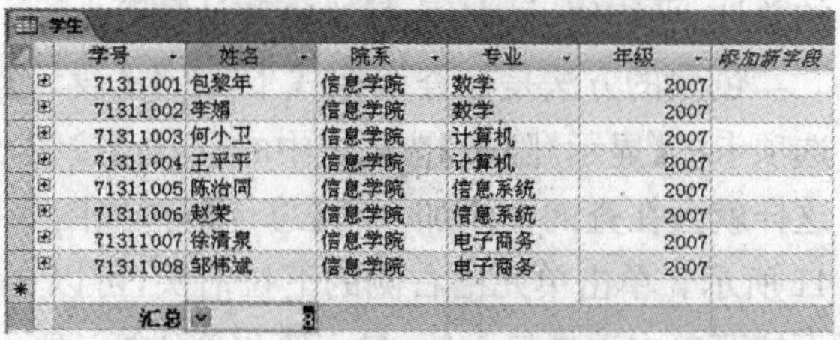

	学号	姓名	院系	专业	年级	添加新字段
⊞	71311001	包黎年	信息学院	数学	2007	
⊞	71311002	李娟	信息学院	数学	2007	
⊞	71311003	何小卫	信息学院	计算机	2007	
⊞	71311004	王平平	信息学院	计算机	2007	
⊞	71311005	陈治同	信息学院	信息系统	2007	
⊞	71311006	赵荣	信息学院	信息系统	2007	
⊞	71311007	徐清泉	信息学院	电子商务	2007	
⊞	71311008	邹伟斌	信息学院	电子商务	2007	
*						
汇总	8					

图 5-36　最终效果

5.3　查询设计

20. 创建单表查询

所谓单表查询指数据只来源于一个表，例如，创建选择查询“07 级学生名单”，操作的方法如下。

首先单击【创建】选项卡的【其他】选项组中【查询设计】按钮，弹出【显示表】对话框，如图 5-37 所示，在该对话框中选择【表】选项卡，在列表中选择【学生】，然后单击【添加】按钮。可以看到表出现在其后的选择查询窗口中，然后单击【关闭】按钮关闭该对话框。

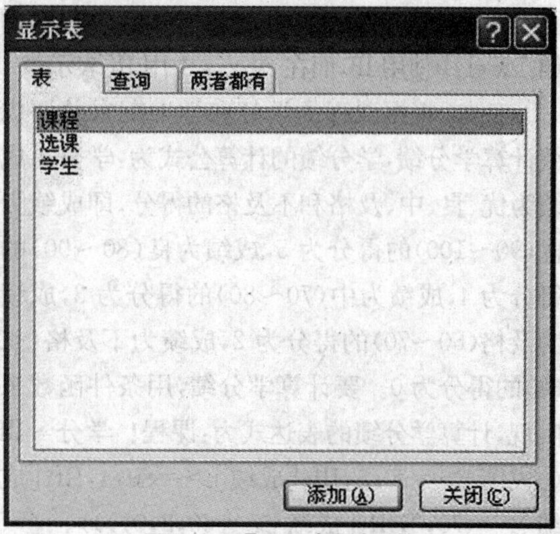

图 5-37　【显示表】对话框

在【字段】分别选择“学号”、“姓名”、“年级”即可，然后设置查询条件，使光标停在“年级”下方的【条件】单元格内，可以直接输入或者通过表达式生成器来输入条件表达式，这里的表达式比较简单，要查询的是 07 级，即“年级”为 2007，取消对“年级”的【显示】上的复选框的选择，使之不显示，如图 5-38 所示。最后可以单击【设计】选项卡的【结果】选项组中的【运行】按钮，查看结果。

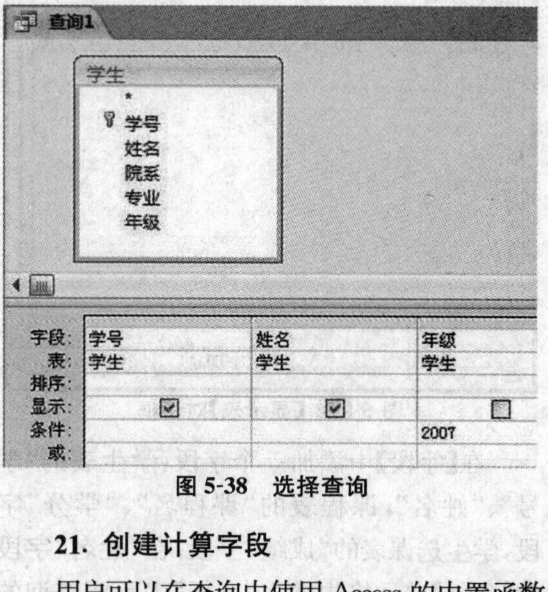

图 5-38　选择查询

21. 创建计算字段

用户可以在查询中使用 Access 的内置函数

为表的字段定义计算操作，并可以将计算结果作为新的字段。内置函数建立的方法和 Excel 中建立的方法一样，但有些函数的名字可能不相同，例如：Excel 中使用 IF，而在 Access 中用 IIf 表示。

例如，根据课程的学分和学生期末总评成绩计算学分绩，学分绩的计算公式为：学分＊成绩为优、良、中、及格和不及格的得分，即成绩为优(90～100)的得分为 5，成绩为良(80～90)的得分为 4，成绩为中(70～80)的得分为 3，成绩为及格(60～70)的得分为 2，成绩为不及格(＜60)的得分为 0。要计算学分绩，用条件函数来实现，计算学分绩的表达式为：课程！学分＊IIf([成绩]＞＝90，5，IIf([成绩]＞＝80，4，IIf([成绩]＞＝70，3，IIf([成绩]＞＝60，2，0))))。

例如，要创建含有计算字段的选择查询"李娟成绩单"，首先单击【创建】选项卡的【其他】选项组中的【查询设计】按钮，会弹出【显示表】对话框，如图 5-39 所示，在该对话框中选择【表】选项卡，将其中的【学生】、【课程】和【学生选课】表添加到查询中，然后单击【关闭】按钮关闭该对话框。

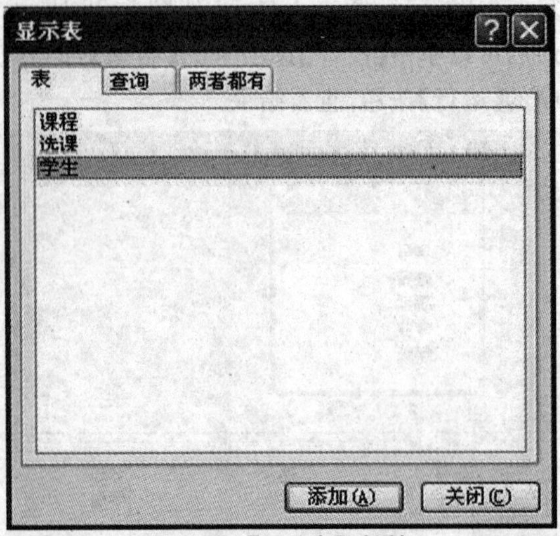

图 5-39 【显示表】对话框

在【字段】中添加 5 个字段：学生表的"学号"、"姓名"，课程表的"课程名"、"学分"字段，学生选课表的"成绩"字段，在"姓名"字段的【条件】单元格中输入"李娟"表示要查询的是李娟同学的成绩。然后将光标移至【字段】行最后的空白列，输入上面的计算表达式"学分绩：课程！学分＊IIf([成绩]＞＝90，5，IIf([成绩]＞＝80，4，IIf([成绩]＞＝70，3，IIf([成绩]＞＝60，2，0))))"，对于计算表达式的输入可以直接在该单元格内输入，也可以在表达式生成器中输入，如图 5-40 所示。最后可以单击【设计】选项卡的【结果】选项组中的【运行】按钮查看结果。

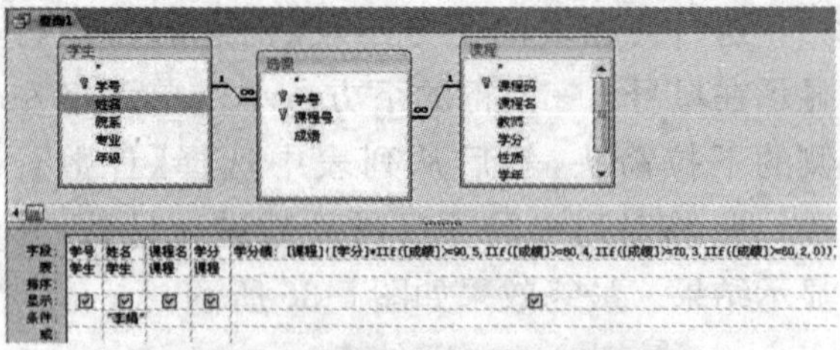

图 5-40 含有计算字段的选择查询

22. 创建总计查询

有时，需要统计数据的最大值或者最小值等信息，这可以通过总计查询的功能来完成，总计查询用于统计不同组的数据，可以统计他们的总计、平均值、最大值、最小值和计数等。

创建的方法是在查询模式下，单击【设计】选项卡的【显示/隐藏】选项组中的【汇总】按钮，这样就会在查询中添加一行【总计】行，如图 5-41 所示。单击单元格右侧的下拉箭头，可以在下拉菜单中选择最大值、最小值和总计等计算。

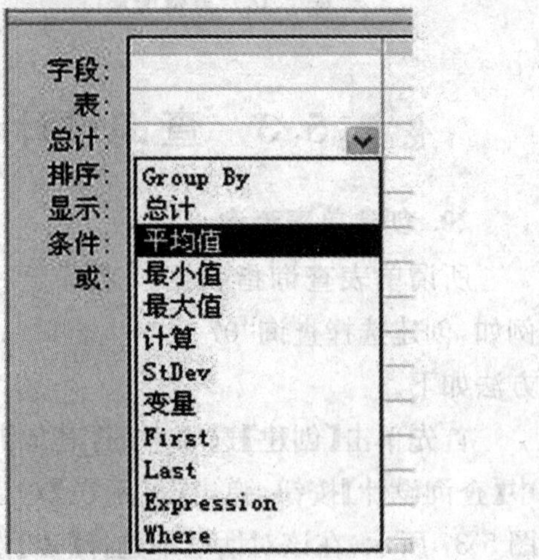

图 5-41 添加总计行